DAS BUCH DER ZAHLEN

DAS GEHEIMNIS DER ZAHLEN UND WIE SIE DIE WELT VERÄNDERTEN

PETER J. BENTLEY

DAS BUCH DER ZAHLEN

DAS GEHEIMNIS DER ZAHLEN UND WIE SIE DIE WELT VERÄNDERTEN

Aus dem Englischen von Carsten Heinisch

Der Primus Verlag dankt Prof. Dr. Wolfgang Nolte für die
fachliche Durchsicht der Übersetzung.

Die englische Originalausgabe ist 2008 bei
Cassell Illustrated (Octopus Publishing Group Ltd.)
unter dem Titel *The Book of Numbers* erschienen.
© 2008 Octopus Publishing Group Ltd., London
© Text copyright, 2008 Peter Bentley

Die Deutsche Nationalbibliothek verzeichnet diese Publikation
in der Deutschen Nationalbibliografie; detaillierte bibliografi-
sche Daten sind im Internet über http://dnb.dnb.de abrufbar.

Sonderausgabe
© der deutschen Ausgabe by Primus Verlag, Darmstadt
3. Auflage 2012
Die Herausgabe des Werkes wurde durch die Vereins-
mitglieder der WBG ermöglicht.
Gedruckt auf säurefreiem und alterungsbeständigem Papier
Einbandgestaltung: Jutta Schneider, Frankfurt a. M.
Satz und Redaktion der deutschen Ausgabe:
bookwise GmbH, München
Printed in China
www.primusverlag.de
ISBN 978-3-86312-033-7

Lizenzausgabe für die WBG
(Wissenschaftliche Buchgesellschaft), Darmstadt
Einbandgestaltung der WBG-Lizenzausgabe:
Peter Lohse, Heppenheim
www.wbg-wissenverbindet.de
ISBN 978-3-534-24266-5

Zahlen umströmen uns wie die Luft, wo immer wir auch sind. Wir treiben in Strömen von Zahlen. Wir hören Zahlen im Kopfhörer unserer MP3-Player, wir tragen sogar sich ändernde Zahlen am Handgelenk.

BEVOR ALLES

KAPITEL -1

Wir leben in Zahlen, sprechen in Zahlen, lassen uns von Zahlen unterhalten. Zahlen bestimmen unser Leben, sie wecken uns, sagen uns, wohin wir gehen sollen, welcher Weg zu nehmen ist und wann wir wieder aufbrechen sollen. Zahlen sind die obersten »Richter«, sie bewerten und vergleichen scheinbar unparteiisch und mit höchster Autorität. Aber Zahlen lügen auch, sie können alles andere als wahr sein. Zahlen können unser Leben retten, aber die falschen Zahlen ruinieren uns. Zahlen können unsere Freunde, ein Sicherheitsnetz oder Glücksbringer sein. Aber sie können auch töten.

Vor Tausenden von Jahren, als man Wissenschaft und Religion noch nicht unterschied, schienen Zahlen der Schlüssel zum Verständnis der Welt zu sein. Sie rieseln vielleicht nicht als offener Code über den Bildschirm wie im Film *Matrix*. Und doch scheinen Figuren und Phänomenen Zahlenmuster innezuwohnen, die überzufällig wiederkehren. Dieselben Verhältnisse tauchen überall in der Natur auf, etwa zwischen dem Durchmesser und dem Umfang eines Kreises oder in der Krümmung einer Muschel. Dieselben geometrischen Formen und die darin verborgenen Zahlen findet man an den unwahrscheinlichsten Stellen, etwa in den Abständen der Planeten in unserem Sonnensystem. Selbst etwas so Unwahrscheinliches wie

ANFÄNGT

die Lichtgeschwindigkeit scheint eng mit dem Bauplan des Universums zusammenzuhängen. Früher glaubte man, solche Zahlen verwiesen auf den geheimnisvollen Plan Gottes. Wer diese Zahlen verstünde, könnte die göttlichen Botschaften in der Schöpfung lesen. Wer es wagte, die unbekannten Bereiche der Zahlen zu erforschen, erkundete damit das Wesen ihrer Welt und enthüllte die Einzelheiten des Lebens, des Universums und des großen Ganzen. Heraus kam keine einzelne Zahl, sondern eine ganze Sammlung wichtiger Zahlen und die Werkzeuge, mit ihnen umzugehen.

Heute hat die Wissenschaft sozusagen den Platz der Religion eingenommen. Aber noch immer glauben wir, dass mit unserem Universum wesentliche Zahlen verbunden sind. Wir wissen jetzt, dass sie die sichtbaren Zeichen im Gewebe unserer Welt sind. Manche dieser Muster sind so deutlich, dass sie sofort ins Auge fallen: Zahlen wie π, e und θ. Andere Zahlen bilden die Fäden des Gewebes: wie 0, 1, 2, 3 und $\sqrt{2}$. Manche ragen aus dem Gewebe heraus wie kleine Fusseln, etwa 10 oder 13. Andere Begriffe, wie c oder ∞, verweisen auf Größe und Form des Gewebes. Und manche, wie i, sind nur als blasse Schatten einer Komplexität sichtbar, die den ganzen Stoff durchzieht.

Die Erforscher dieser grundlegenden Wahrheiten heißen heute Mathematiker, Astronomen oder Physiker. Doch wie wir sie auch nennen, sie waren und sind vor allem Entdecker. Sie haben das Gewebe nicht gefertigt, das sie untersuchen. Sie haben die Zahlen oder die mathematischen Ideen nicht erfunden, so wie ein Autor eine Geschichte erfindet. Sie suchten nach der Wahrheit und versuchten sie zu erklären. Dazu mussten sie eine neue Zahlensprache erfinden, um ihre Entdeckungen ausdrücken zu können. Einige verfolgten diese Ziele im Namen der Wissenschaft, einige für die Religion, einige für den Ruhm.

Viele der Entdecker, die wir in diesem Buch kennenlernen, gelten als Genies – aber sie waren auch Menschen. Ihr Leben war oft kompliziert, sie erlebten Rückschläge und Niederlagen oder hatten ganz persönliche Probleme und Defekte. Galileo brach sein Medizinstudium ab, Newton wollte sein Elternhaus niederbrennen, Bernoulli stahl die Werke seines Sohns, Pascal war ein Rüpel, Einstein hatte ein uneheliches Kind. Einige wurden wegen der Zahlen ermordet, andere verloren den Verstand. Wenn sie alle in einem Raum wären, verstünde man in dem Durcheinander sein eigenes Wort nicht. Aber sie alle hatten einen Sinn für Zahlen, der sie zu besonderen Menschen machte. Sie sind in der ganzen Welt zu Hause, doch ihre Sprache ist universal. Und wie sich ihre Erklärungen immer weiter verbesserten, so verbesserte sich auch ihre Zahlensprache.

Diese Pioniere brachten uns bei, wie man aus Zahlen Figuren, Winkel und Verbindungen bildet, sodass wir Land vermessen und komplizierte Maschinen bauen können. Wir entdeckten die Zahlen für aufeinander einwirkende Wellen und damit die Musik. Wir erfuhren von schwingenden Pendeln und den bizarren Eigenschaften des Lichts. Wir lernten, wie man mit Zahlen Ort, Geschwindigkeit und Beschleunigung angibt, sodass wir die Bewegung der Himmelskörper und den Lauf unserer Erde besser verstehen. Wir lernten, Zeit, Raum und verschiedene Grade der Unendlichkeit mit Zahlen anzugeben. So konnten wir verstehen, wie unterschiedlich die Zeit verläuft und wie das Universum entstand. Und wir lernen noch immer – aus Zahlen, die subatomare Teilchen beeinflussen oder in komplexen Systemen wie der Wirtschaft, der Gesellschaft und dem Bewusstsein wirken. Diesen Erkenntnissen verdanken wir unsere moderne Welt mit Telefon, Auto, Musik, Computern und Flugzeugen. Erst diese Erkenntnisse ermöglichen es uns, unsere modernen Geräte zu bauen und unsere Arbeit zu erledigen. Unser ganzer Lebensstil hängt davon ab, dass wir die Zahlen begreifen.

Dieses Buch handelt von den Entdeckern der Zahlen und den Erfindern der Mathematik. Ihre Motive mögen uns manchmal überraschen, noch überraschender aber sind die Zahlen selbst.

Albert Einstein sagte einmal: »Es gibt zwei Arten, sein Leben zu leben: entweder so, als wäre nichts ein Wunder, oder so, als wäre alles eines. Ich glaube an Letzteres.« Zahlen werden Sie nicht daran hindern, die Wunder der Welt zu entdecken, ganz im Gegenteil. Zahlen sind wunder-voll. Gehen Sie mit diesem Buch auf Entdeckungsreise.

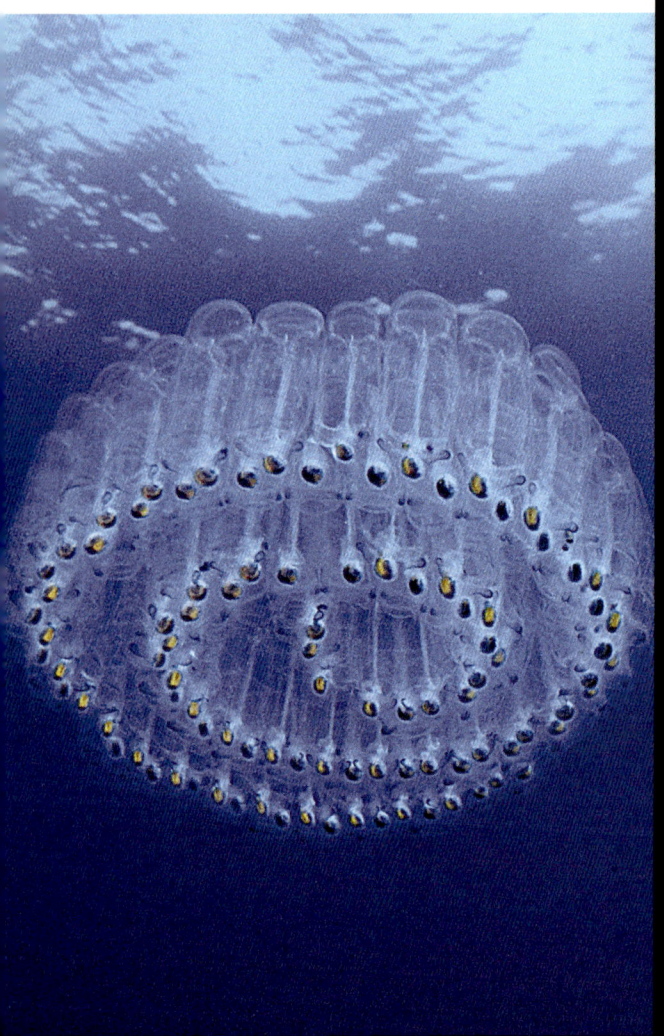

Soweit wir wissen, sind die Menschen die einzigen Geschöpfe auf der Erde, die Zahlen kennen und mit ihnen rechnen. Wir können zwar einem Papagei das Zählen oder einem Hund ganz einfache Rechnungen beibringen, aber von sich aus beschäftigen sich Tiere nicht mit Zahlen. Heißt das, dass es ohne uns keine Zahlen und kein Zählen gäbe? Was sind Zahlen überhaupt?

VIEL LÄRM UM

KAPITEL 0

Zahlen sind Wörter (und Zeichen), mit denen wir bestimmte Muster beschreiben können. Muster zu erkennen ist für alles Leben auf der Erde lebenswichtig. Selbst der einfachste Organismus muss zwischen Dingen unterscheiden können, die er selbst fressen kann, und solchen, die ihn fressen wollen. Komplexere Organismen unterscheiden zudem zwischen *mehr* oder *weniger* Nahrung. Tiere, die Junge aufziehen, brauchen ein sehr gutes Gespür dafür, ob alle ihre Jungen da sind oder nicht. Andere Tiere unterscheiden zwischen zwei hellen Flecken, die vielleicht die Augen eines Beutejägers sind, und mehreren Lichtflecken, möglicherweise eine Tarnung oder zufällige Reflexe. Nicht nur der Mensch, auch viele Tiere haben daher ein Gehirn, das bestimmte Muster sehr gut erkennen und deuten kann.

Zahlen sind Wörter einer besonderen Sprache: der *Mathematik*. Wir sind die einzigen Lebewesen auf Erden, die diese Sprache benutzen, und natürlich die einzigen, die »Zahlen sprechen«. Aber Muster gibt es immer, egal ob wir sie benennen

oder nicht. Vielleicht nennen wir ein bestimmtes Muster ähnlicher Dinge »drei« und ein anderes »vier«. Aber sie zu benennen oder zu zählen ändert ihre Anzahl nicht. Es ist wie die Frage, ob ein brechender Ast im einsamen Wald auch dann ein Geräusch macht, wenn niemand zuhört. Natürlich gibt es ein Geräusch – der Schall braucht keine Ohren – er ist eine Schwingung der Luft. So ist eine Zahl (oder ein Muster), die niemand sieht, doch eine Zahl, auch wenn wir nicht dabei sind.

Zahlen schreiben

Seit Tausenden von Jahren sind die Zahlen unsere Freunde. Obwohl wir sie etwa zur selben Zeit entdeckt haben dürften wie die Steinaxt, hat es lange gedauert, bis sie ihre uns heute vertraute Form erlangt hatten. Die Zahlen sind nicht über Nacht entstanden. Kein genialer Höhlenmensch erwachte eines Morgens, griff sich einen Stein und schrieb 1, 2, 3 in den Sand. Die Zahlen begannen als unerkannte, unausgesprochene und unbenannte Geister. Erst im Lauf einer lange währenden Entwicklung kamen sie zu ihrer festen Form, die heute die Welt regiert.

Schon vor vielen Tausend Jahren, als die Menschen nur wenige Worte sprachen, vor der Erfin-

NICHTS

Rechts: Die Anzahl der Punkte bei einem Marienkäfer hängt von der Art ab. Die Punkte könnten als Abschreckung gegen Fressfeinde wirken.

dung der Schrift und des Geldes, schon bevor es Begriffe für die Zahlen gab, kannte der Mensch Zahlen. Obwohl er sie nicht benennen konnte, benutzte er sie, wenn auch nicht so wie wir heute. Er kannte nur den Unterschied zwischen eins, zwei, drei und vielen; größere Mengenangaben waren ihm unbekannt. Auch der intelligenteste heutige Mensch hätte – wäre er damals geboren worden – kaum sechs und sieben Äpfel durch bloßes Draufschauen unterscheiden können. Trotz seines »modernen« Gehirns wäre es ihm schwergefallen, den Unterschied zu beschreiben. Warum? Weil das Zählen noch nicht erfunden war.

Das Zählen ist eine knifflige Angelegenheit – besonders, wenn man keine Ahnung davon hat, was Zahlen sind. Die ersten zählenden Menschen werden Magier oder Schamanen gewesen sein. Ihre magische Zählfähigkeit war nötig, als verschiedene Stämme begannen, einander zu bekämpfen. Wer einen Stamm anführt und eine große Anzahl von Kriegern für die Verteidigung

Unten: Maya-Relief zum Machtwechsel nach dem Tod von König Pacal I. Die Zahlen werden durch menschliche Körper dargestellt. (Detail einer Schmuckplatte, 702 n. Chr.)

(oder den Angriff) befehligt, will wissen, ob alle Krieger aus der Schlacht wieder zurückgekehrt sind oder nicht. Manche Stämme hatten den Brauch, eine Entschädigung entsprechend der Verluste zu verlangen (ich habe fünfzehn Mann verloren, jetzt bekomme ich fünfzehn Büffel von dir). Aber wie handelt man eine faire Entschädigung aus, wenn es kein Wort für fünfzehn gibt und man nicht zählen kann?

Man benutzt einen ganz einfachen Trick: Beim Auszug in den Kampf legt jeder Krieger einen Stein an eine Sammelstelle. Bei der Rückkehr nimmt jeder wieder einen Stein fort. Die Anzahl der liegen gebliebenen Steine ist gleich der Anzahl der getöteten Männer. Der Anführer kann dann für jeden Stein ein Stöckchen nehmen (die sind leichter zu tragen als Steine), mit ihnen zu dem anderen Stamm gehen und für jedes Stöckchen einen Büffel verlangen. Ohne zu zählen, ja ohne überhaupt eine Vorstellung von Zahlen zu haben, sind auf diese Weise ganz exakte Handels- und Tauschgeschäfte möglich.

Der Nachteil von Steinen oder Stöckchen ist, dass sie viel Platz brauchen und manchmal verloren gehen. Man mag mit einem Kübel Steine oder einem Bündel Stöcke eine Zahl »schreiben« können – unkompliziert ist das aber nicht. (Dennoch war dieses Prinzip in einigen Gegenden noch lange in Gebrauch: In Elam im heutigen Iran fand man 6000 Jahre alte Behälter mit verschieden geformten Tontäfelchen für Zählzwecke.)

Doch seit etwa 30 000 Jahren gibt es auch effektivere Wege, Zahlen zu schreiben. Dies beweisen Funde von Tierknochen mit Kerbmustern. In prähistorischer Zeit schlug man Kerben mit Steinäxten in die Knochen und konnte so Zahlen

Oben: System zum Zählen mit den Fingern (Blatt 1V von De Numeris, *ein Manuskript aus dem* Codex Alcobacense *des deutschen Theologen und Gelehrten Hrabanus Maurus, 780–856).*

aufzeichnen. Eine Kerbe pro Tag maß das Verstreichen der Zeit, sodass man die Mondphasen oder die Jahreszeiten mit großer Genauigkeit vorhersagen konnte. Mit einer Kerbe pro Tier stellten die ersten Hirten fest, ob die Herde am Abend noch vollständig war. Mit einer Kerbe pro Beutetier wiesen die besten Jäger ihren Mut und ihre Fähigkeiten nach. Interessanterweise waren die Kerben oft in Gruppen zu fünf zusammengefasst. Dafür gibt es zwei Gründe: Erstens hat die menschliche Hand fünf Finger, und wir benutzen unsere Finger ja auch gerne zum Zählen. Doch die Fünfergruppen haben noch einen weiteren Grund: Das menschliche Hirn kann nämlich zwei Mengen aus vielen Elementen nicht besonders gut auf einen Blick unterscheiden. Den Unterschied zwischen vier,

Oben: Ein weiteres Bild zu einem System zum Zählen mit den Fingern (aus dem Codex Alcobacense *des Hrabanus Maurus, 9. Jahrhundert).*

Ursprünge stecken in den »Kerbhölzern« der Urzeit. Die Römer verwendeten ein »V« für die Zahl 5 aus demselben Grund, wie ein prähistorischer Mensch seine Kerben in Gruppen zu fünf schlug – man erkennt V viel besser auf einen Blick als IIIII. Hinweise auf den Ursprung der römischen Ziffern findet man auch in der Sprache. Auf Latein heißt *rationem putare* einfach »zählen«. Das Wort *ratio* bedeutet »ein Verhältnis zwischen Dingen«, und *putare* steht für »einen Baum beschneiden«. Wenn also die Römer über das Zählen sprachen, sagten sie das mit Worten, die eigentlich »entdecke den Zusammenhang zwischen den Dingen, und mache Schnitte in Holz« bedeuten.

Obwohl sie schon weit über zweitausend Jahre alt sind, blieben römische Ziffern bis heute in Gebrauch. In manchem Buch sind die ersten Seiten in derselben Weise nummeriert, wie es ein Römer getan hätte. Die Zifferblätter vieler Uhren tragen römische Ziffern, Könige werden mit römischen Ziffern bezeichnet (z. B. Ludwig XIV.), mancherorts schreibt man den Monat bei Datumsangaben mit römischen Ziffern (6. XII.), und Jahreszahlen an Gebäuden werden oft mit römischen Ziffern in den Stein gemeißelt, z. B. 1977 als MCMLXXVII oder 2008 als MMVIII.

Selbst die uralte Idee von Kerben zum Zählen ist nicht vergessen: Noch heute benutzt man Strichlisten, um sehr schnell zu zählen. Man schreibt senkrechte Striche in Gruppen zu fünf, wobei man mit dem jeweils fünften die ersten vier Striche durchstreicht – die Gruppen sind so leicht lesbar. Selbst in unserer computerisierten Welt verwenden wir also ein Zählverfahren, das noch ein Höhlenmensch erkennen würde.

fünf oder sechs Kerben in einer Reihe zu beschreiben ist also ziemlich schwer – und fast unmöglich, wenn man nicht zählen kann. Gruppiert man die Kerben aber zu je fünf (was wegen der fünf Finger an einer Hand ganz leicht ist), dann wird die damit notierte Zahl plötzlich überschaubar.

Genau dieselbe Methode verwendeten auch die Römer einige zehntausend Jahre später. Es ist kein Zufall, dass die römischen Ziffern als I, II, III, IV, V usw. geschrieben werden – ihre

Rechts: Ein Zuñi in zeremonieller Kleidung.

Von Zahlen sprechen

So wie sich die Symbole zum Schreiben von Zahlen nur langsam entwickelt haben, so brauchten auch die Laute zu ihrer Benennung Zeit. Möglicherweise bestand zur Zeit der Höhlenmenschen deren Wort für fünf aus etwas wie »ö-ö-ö-ö-ö«. Aber das ist natürlich nicht die beste Art, eine Zahl auszusprechen – besonders wenn es sich um eine große Zahl handelt. Es gab eine einfache Lösung: Man braucht jeweils einen unterschiedlichen Laut für jede Zahl. Überall auf der Welt zählten Menschen meist mithilfe ihrer Finger (oder anderer Körperteile), und die Worte für Zahlen hatten demnach meist etwas mit Fingern oder Händen zu tun, so etwa bei den Zuñi, einem Pueblo-Indianervolk in New Mexico (Kasten).

Als es immer mehr Menschen gab, als sie in Dörfern und Städten siedelten und miteinander handelten, stieg der Bedarf an Zahlen. Man brauchte kürzere, leichtere Worte für Zahlen, sodass ein Tauschgeschäft wie »alle Finger und einer mehr ausgestreckt Krüge Milch im Tausch für alle Finger und zwei zusammen und mit den anderen ausgestreckt an Eiern« sich schneller aussprechen ließ. Vor rund viertausend Jahren entwickelten einige Völker kürzere Sprechweisen für Zahlen. Sie hatten keine Ahnung, wie sehr sich diese Begriffe verbreiten würden. Die Wörter dieser Bauern und Jäger sind noch heute die Grundlage für die Zahlwörter in ganz Europa und darüber hinaus, darunter in Sprachen wie Afghanisch, Armenisch, Deutsch, Englisch, Französisch, Friesisch, Gälisch, Griechisch, Hindi, Italienisch, Latein, Niederländisch, (Alt-)Persisch, Polnisch, Portugiesisch, Russisch, Sanskrit, Schwedisch, Spanisch, Tschechisch u. v. m.

Zahlen in Zuñi

1	töpinte	»zum Beginn«
2	kwilli	»mit dem vorigen ausgestreckt«
3	kha'i	»der Finger genau in der Mitte«
4	awite	»alle Finger gestreckt außer einem«
5	öpte	»der vollzähligo«
6	topalïk'ye	»einer mehr als das, was schon gezählt ist«
7	kwillik'ya	»zwei zusammen und mit den anderen ausgestreckt«
8	khailïk'ya	»drei zusammen und mit den anderen ausgestreckt«
9	tenalïk'ya	»alle außer einem mit den anderen ausgestreckt«
10	ästem'thila	»alle Finger«
11	ästem'thila topayä'thl'tona	»alle Finger und einer mehr ausgestreckt«

Links: Zweitausend Jahre alte Felszeichnungen aus den Kulturen der Fremont, Anasazi, Navajo und Anglo.

Gegenüber: Eine Reliefskulptur zeigt einen zeitlichen Bele-gungsplan des kaiserlichen römischen Markts. Es werden römische Ziffern verwendet.

Alle diese Sprachen gehören zur großen indo-europäischen (früher sagte man auch: indoger-manischen) Sprachfamilie. Sie stammen alle von einer einzigen mehrere Tausend Jahre alten Ursprache ab. Obwohl wir nicht genau wissen, wo deren Sprecher lebten, lässt sich mithilfe von Sprachvergleichen eine Vorstellung gewinnen, wie sie die Zahlen benannten. Der Kasten zeigt die verbreitetsten heutigen Annahmen. Wer einige Fremdsprachen beherrscht, wird erken-nen, wie Tausende Jahre, Tausende Akzente und Hunderte Sprachen die Zahlwörter aus den auf-geführten »Urworten« verändert haben.

Obwohl einige der Wörter fremd aussehen, sind erstaunlich viele von ihnen als Zahlen erkennbar – insbesondere wenn man sich klar-macht, wie sich andere Wörter in den verschie-denen europäischen Sprachen verändert haben. Trotz aller Kriege gegeneinander: Die ähnlichen Zahlwörter zeigen, dass die europäischen Völker gemeinsame Wurzeln haben. Unsere Zahlen ver-binden uns in einer gemeinsamen Geschichte.

Urversionen der Zahlwörter

1	*oi-no, *oi-ko, *oi-wo
2	*dwõ, *dwu, *dwoi
3	*tri, *treyes, *tisores
4	*kwetwores, *kwetesres, *kwetwor
5	*pénkwe, *kwenkwe
6	*seks, *sweks
7	*septm
8	*októ, *oktu
9	*néwn
10	*dékm

Die Erfindung des Nichts

Obwohl die Menschen nun die Zahlen schreiben und aussprechen konnten, hatten sie doch noch etwas außer Acht gelassen: Sie hatten noch nicht an *nichts* gedacht. Die Null war noch nicht erfunden, und das war ein großes Problem.

Um das zu erkennen, stelle man sich eine einfache Subtraktion mit römischen Ziffern vor:

$$\overline{\text{LXXXIV}} - \text{DCCLIII} = \overline{\text{LXXVIIIICCLI}}$$

Selbst wenn man weiß, was die Buchstaben bedeuten, ist das nicht einfach. Hier die römischen Ziffern:

I = 1   V = 5   X = 10   L = 50

C = 100   D = 500   M = 1000

Eine Linie über einer Zahl bedeutet »multipliziere mit 1000«. Beim Schreiben einer Zahl in römischen Ziffern ordnet man die Symbole normalerweise nach ihrem Wert, sodass die höheren Werte links von den kleineren stehen. Wenn ein kleinerer Wert links von einem größeren steht, bedeutet das »ziehe den Wert ab«. Also ist VI gleich 6, aber IV gleich 4.

Dieselbe Rechnung mit arabischen Ziffern erscheint erheblich einfacher:

$$
\begin{aligned}
& 80004 \\
- \;\; & \underline{753} \\
= \;\; & 79251
\end{aligned}
$$

Warum kommt uns diese Rechnung viel einfacher vor? Nun, wir bringen mit der Position der Ziffern in der Zahl eine zusätzliche Bedeutung in die Rechnung, den »Stellenwert«. Die ganz rechts stehende Zahl ist immer »ein Wert unter zehn«. Eine Stelle links davon bedeutet sie »eine Anzahl von Zehnern«. Noch eine Stelle weiter nach links ist »eine Anzahl von Hundertern« usw. So fassen wir 753 auf als drei plus fünf Zehner plus sieben Hunderter – also siebenhundertdreiundfünfzig.

Den Römern wäre dies grotesk vorgekommen. Für sie bedeutete die Ziffer C immer hundert oder die Ziffer L fünfzig, unabhängig von der Position innerhalb einer Zahl. Die Römer kannten also nicht den Stellenwert eines Zahlensystems. Daher können wir unsere Zahlen beliebig hintereinander schreiben und leicht mit ihnen rechnen, während die Römer dazu einen Abakus brauchten.

Stellenwert-Zahlensysteme sind leicht zu benutzen und zu verstehen. Sie haben jedoch einen Nachteil: Wie schreibt man die Zehn? Wenn es kein eigenes Symbol für diesen Wert gibt (z. B. X), dann muss man die Größe der Zahl aus ihrer Position ablesen. Aber was tut man, wenn es keine Werte kleiner als zehn gibt, die man rechts neben das Symbol für die Eins schreiben könnte? Es hat Tausende Jahre gedauert, bis jemand auf die Idee kam, dass wir eine neue Zahl brauchten – die Null.

Das *Nichts* wurde vor etwa 1800 Jahren in Indien erfunden. Obwohl schon die Babylonier, Griechen, Maya und Chinesen erkannt hatten, dass man ein besonderes Symbol als Platzhalter braucht, um die anderen Zahlen auf die richtigen Plätze zu setzen, fanden erst die Inder heraus, dass die Null mehr als nur ein Platzhalter ist: Für sie war die Null erstmals eine richtige Zahl.

Die wohl wichtigste Schrift zur Null stammt aus dem Jahr 628 von dem damals etwa 30-jährigen hoch angesehenen indischen Mathematiker Brahmagupta, der später die Sternwarte in Ujjain leitete. Brahmagupta erklärte in seinem Buch mit dem Titel *Brahmasphutasiddhanta* (»Die Öffnung des Universums«) die Bewegung der Planeten und beschrieb den Weg zur genauen Berechnung ihrer Bahn. Zu diesem Zeitpunkt galt die Null gemeinhin nur als ein notwendiger Platzhalter,

Oben: Die Sternwarte von Ujjain im indischen Bundesstaat Madhya Pradesh, die einst von dem Mathematiker Brahmagupta geleitet wurde.

mit dem man die richtigen Stellungen der Ziffern sicherstellte. Aber Brahmagupta ging darüber hinaus. Sein Buch beschreibt als erstes erhaltenes Zeugnis, was die Null eigentlich ist: »Null ist das Ergebnis der Subtraktion einer Zahl von sich selbst.«

Das scheint offensichtlich, aber vor 1400 Jahren waren solche Ideen kein Allgemeingut und außerhalb Indiens überhaupt nicht verständlich. Für die meisten Menschen gab es, wenn man etwa von drei Eiern drei wegnahm, kein Ergebnis – es war ja nichts mehr da. Brahmagupta gab dem Nichts einen Namen: Er nannte es »Null« und behauptete, das sei eine richtige Zahl. Zum Beweis schrieb er eine Reihe von mathematischen Regeln über den Umgang mit der Null auf:

»Wenn man null zu einer Zahl addiert oder von einer Zahl abzieht, bleibt die Zahl unverändert; und eine Zahl mit null malgenommen wird null.«

Das lernen Kinder heute schon in den ersten Klassen, aber im Jahr 628 konnte so etwas nur ein genialer Mathematiker denken. Brahmagupta war klar, dass sich die Null auch auf das Rechnen mit positiven und negativen Zahlen (damals als »Güter« und »Schuld« bezeichnet) auswirkt. Für eine Schuld von -7 und Güter von $+7$ sind seine Rechenregeln im Kasten rechts aufgeführt.

Doch so klug er auch war: Mit Divisionen und mit der Null kam er etwas durcheinander. Er zog folgende Schlüsse: »Eine positive oder eine negative Zahl ergibt durch null dividiert einen Bruch mit der Null als Nenner«, beispielsweise $7 \div 0 = \frac{7}{0}$ und $-7 \div 0 = -\frac{7}{0}$

»Null geteilt durch eine positive oder negative Zahl ist entweder null oder ein Bruch mit der Null als Zähler und der entsprechenden Zahl als Nenner«, also $0 \div 7 = 0$ oder $\frac{0}{7}$

»Null geteilt durch null ist null«, d. h. $0 \div 0 = 0$. Mit anderen Worten: Brahmagupta war es offenbar nicht klar, wie er mit der Division und der Null umgehen sollte. Und er glaubte, null durch null wäre null – was schlicht falsch ist. (Wer daran zweifelt, tippe die drei obigen Rechnungen in den Taschenrechner und sehe sich an, was der anzeigt.)

Zu seiner Zeit war es jedoch nicht leicht zu erkennen, dass diese Lösung falsch war – jedenfalls rechneten andere große Mathematiker noch Jahrhunderte später nach seinen Regeln. Erst vor

---

Brahmaguptas Regeln zur Null

»1 Schuld minus 0 ist 1 Schuld« $-7 - 0 = -7$

»1 Gut minus 0 ist 1 Gut« $7 - 0 = 7$

»0 minus 0 ist 0« $0 - 0 = 0$

»1 Schuld, abgezogen von 0, ist 1 Gut« $0 - (-7) = 7$

»1 Gut, abgezogen von 0,
ist 1 Schuld« $0 - 7 = -7$

»Das Produkt von 0 und 1 Schuld $0 \cdot -7 = 0$
oder 1 Gut ist 0«   und $0 \cdot 7 = 0$

»Das Produkt von 0 mit 0 ist 0« $0 \cdot 0 = 0$

»Eine positive oder eine negative Zahl ergibt durch 0 dividiert einen Bruch mit der 0 als Nenner«

$$7 \div 0 = \frac{7}{0} \text{ und } -7 \div 0 = -\frac{7}{0}$$

»0 geteilt durch eine positive oder negative Zahl ist entweder 0 oder ein Bruch mit der Null als Zähler und der entsprechenden Zahl als Nenner«

$$0 \div 7 = 0 \text{ oder } \frac{0}{7}$$

»0 geteilt durch 0 ist 0« $0 \div 0 = 0$

einigen hundert Jahren erkannte man das große Problem: Die Null gehorcht nämlich keineswegs immer den obigen Regeln für die anderen Zahlen. Nehmen wir das Beispiel $7 \div 0$. Was könnte das sein? Nun, $7 \div 2$ ist 3,5, mit anderen Worten: Die Hälfte von 7 ist 3,5. $7 \div 1$ ist 7, denn es gibt sieben Einer in der Sieben. $7 \div 0,5$ ist 14, denn es gibt zwei Hälften für jeden Einer und sieben Einer in der Sieben.

Je kleiner also die Zahl ist, durch die geteilt wird, umso größer ist das Ergebnis. Führt man diesen Gedanken fort, könnte man glauben, $7 \div 0$ sei unendlich, denn man kann 7 in unendlich viele Teile zerlegen, jedes von der Größe null. So argumentierte der indische Mathematiker Bhaskara (auch Bhaskara Atscharja, »Bhaskara der Lehrer«) im 12. Jahrhundert, etwa 500 Jahre nach Brahmagupta. Auch er war Leiter der Sternwarte von Ujjain, die sich zum wichtigsten mathematischen Zentrum Indiens entwickelt hatte. Er schrieb mehrere Bücher über Mathematik und untersuchte als Erster die Lösungen für einen neuen Typ von Gleichungen. Manche seiner mathematischen Texte klingen für uns heute wie Poesie, beispielsweise:

O Schöne! Aus einer Gruppe von Schwänen
spielen ⅞-mal die Wurzel der Anzahl am Rande
des Beckens.
Die zwei, die verbleiben, spielen den Zweikampf
der Liebe im Wasser.
Wie ist die Anzahl der Schwäne zusammen?

Doch trotz seines mathematischen Genies und seiner Dichtkünste war seine Lösung zum Teilen durch null falsch. Er behauptete, $7 \div 0$ ergäbe unendlich. Doch beim Nachdenken ergibt das keinen Sinn: Selbst eine unendliche Ansammlung von Nichts ist immer noch nichts – wie könnte jemals 7 herauskommen?

Um das Dilemma zu lösen, muss man sich klarmachen, dass Teilen und Malnehmen im Grunde dasselbe sind. 7 geteilt durch 2 ergibt 3,5, denn wenn man 3,5 mit zwei malnimmt, erhält man 7. Die Frage, was 7 durch null ergibt, lässt sich also umdrehen zu: Was muss man mit null malnehmen, um 7 zu erhalten?

Die Antwort: Es gibt keine Antwort! Es gibt keine Zahl, die multipliziert mit null gerade 7 ergibt. Die Lösung für ein Problem, in dem eine Zahl durch null geteilt wird, ist *nicht definiert*. Die Frage hat keinen Sinn, die »Lösung« gehorcht den Regeln nicht. Die Division durch null muss man also um jeden Preis vermeiden. (Es ist erstaunlich, wie oft ein Computerprogramm den Rechner abstürzen lässt, weil darin versehentlich dennoch eine Zahl durch null geteilt wird!)

Leider widerspricht diese Idee (dass die Division einer Zahl durch null ein undefiniertes Ergebnis hat) anscheinend so sehr der menschlichen Intuition, dass noch heute in manchen Lehrbüchern die Lösung »unendlich« genannt wird. Bhaskaras 900 Jahre altes Argument scheint besser in den Köpfen hängen zu bleiben als die richtige Antwort.

Und was ist mit dem Gegenteil, also mit $0 \div 7$? Mit dem gleichen Gedanken wie eben können wir die Frage nach dem Ergebnis von $0 \div 7$ umdrehen und fragen, welche Zahl man mit 7 malnehmen muss, um 0 zu erhalten. Dann ist die Lösung offensichtlich – um null zu bekommen, müssen wir mit null malnehmen. Das Ergebnis von null durch irgendetwas muss immer null sein. Das hatte der kluge Kopf Brahmagupta also richtig erkannt.

Es bleibt allerdings ein noch vertrackteres Problem: Was ist null durch null? Diese Frage haben Mathematiker jahrhundertelang falsch beantwortet. Wie schon gesehen, hat eine Zahl geteilt durch null ein undefiniertes Ergebnis, und wir wissen, dass null eine Zahl ist; ist also null durch null auch undefiniert? Nein, nicht ganz.

Null lässt sich nicht durch null teilen; aber machen wir ein Gedankenspiel. Wir beginnen mit großen Zahlen, machen sie immer kleiner und lassen sie allmählich immer näher auf null zulaufen, z. B.: 128 durch 128, dann 64 durch 64, dann 32 durch 32 und so fort. Die Antwort ist scheinbar 1. Wenn die Folge immer kleiner wird und auf »nichts durch nichts« zuläuft, weil wir immer dieselbe Zahl durch sich selbst teilen, nähert sie sich dem Wert 1 (die Mathematiker sagen: Die Folge »geht gegen 1«). Doch nun verändern wir die Folge ein wenig. Wir wählen den ersten Wert siebenmal so groß und lassen noch einmal alles schrumpfen, bis wir uns wieder dem »nichts durch nichts« annähern. Nun geht die Folge gegen 7.

$$\frac{128}{128}, \frac{64}{64}, \frac{32}{32}, \frac{16}{16}, \cdots, \frac{0}{0} \to 1$$

$$\frac{7\cdot128}{128}, \frac{7\cdot64}{64}, \frac{7\cdot32}{32}, \frac{7\cdot16}{16}, \cdots, \frac{7\cdot0}{0} \to 7$$

Mit diesem Argument kann man leicht zeigen, dass null durch null alles Mögliche sein kann. Die

Guillaume François Marquis de l'Hospital, et du Montellier, Comte de Saintememe, et d'Antremonts, Seigneur d'Ouques, et autres lieux.

Oben: Guillaume de L'Hospital schrieb das erste Lehrbuch zur Analysis. Es bestand aus den Lektionen seines Lehrers Johann Bernoulli.

Antwort ist also nicht undefiniert (im Sinne, dass sie völlig absurd wäre). Sie ist einfach nur *unbestimmt*, kann also eine beliebige Zahl sein. »Nichts durch nichts« ergibt etwas Beliebiges. Wer hätte das gedacht? Kein Wunder, dass Brahmagupta in diesem Fall mit seiner Antwort falsch lag!

Über tausend Jahre nach Brahmagupta wurde ein französischer Adliger namens Guillaume de L'Hospital für seine Folgen berühmt, die gegen null durch null gehen. Die Rechenregel zu ihrer Bestimmung heißt die L'Hospital'sche Regel. De l'Hospital wurde 1601 in Paris geboren. Er war zunächst Kavallerieoffizier, gab diesen Posten jedoch bald auf, weil er kurzsichtig war, oder wahrscheinlicher, weil er reich war, kein Geld brauchte und sich mit interessanteren Dingen zu

Oben: Der Schweizer Mathematiker Johann Bernoulli.

beschäftigen gedachte. Er beschloss, Mathematik zu studieren, und zahlte dem Schweizer Mathematiker Johann Bernoulli ein bedeutendes Gehalt für Privatstunden auf dem Familienlandsitz. Als L'Hospital sein Buch mit der heute berühmten Regel veröffentlichte, war Bernoulli sehr aufgebracht, denn das Buch bestand im Wesentlichen aus den Lektionen, die er L'Hospital gehalten hatte. Die einzige Erwähnung Bernoullis war eher gönnerhaft:

Ich bin den ehrenwerten Herren Bernoulli für ihre vielen gescheiten Ideen verpflichtet, besonders dem jüngeren M. Bernoulli, der jetzt Professor zu Groningen ist.

Bernoulli war so erzürnt, dass er nach L'Hospitals Tod 1704 behauptete, er sei der wahre Autor des Buchs. Es glaubten ihm aber nur wenige, bis 1922 Beweise gefunden wurden, lange nachdem beide gestorben waren.

Trotz des Plagiats wurde die L'Hospital'sche Regel aber nicht in Bernoulli-Regel umbenannt. Ein Trost mag sein, dass der Name Bernoulli heute in der Mathematik dennoch viel bekannter ist als der L'Hospitals, nicht nur wegen Johann, sondern vor allem wegen seines Sohnes Daniel, auf den auch die *Bernoulli-Gleichung* zurückgeht. Mit dieser Gleichung kann man etwa das Schweben eines Tischtennisballs auf einem stabilen Luftstrom beschreiben. Doch die Geschichte hat noch eine weitere Wendung: Vielleicht aus gekränkter Eitelkeit versuchte Johann, ein Werk seines Sohnes als sein eigenes auszugeben, und veröffentlichte ein Buch unter falschem Druckdatum, damit es so aussah, als sei es lange zuvor erschienen. Glücklicherweise ließ sich niemand von dem schändlichen Plan foppen. Johann führte ähnliche Fehden mit seinem Bruder Jakob, anderen Kollegen und Studenten, ja er versuchte sogar, Newtons Werke zu widerlegen.

Gibt es ein Jahr null?

Nullen bereiten nicht nur Mathematikern Schwierigkeiten – sie haben auch sonst einige Probleme verursacht. So geht zum Beispiel unser heutiger Kalender auf den italienischen Arzt und Astronomen Aloysius Lilius (Aloigi Giglio) aus Kalabrien zurück. Nach dessen Tod stellte sein Bruder die

Idee Papst Gregor XIII. vor, unter dessen Namen der Kalender dann 1582 eingeführt wurde. (Nach Lilius ist übrigens ein Mondkrater benannt.)

Doch 1582 war die Null beim Zählen noch nicht gebräuchlich. Im gregorianischen Kalender gibt es daher ebensowenig wie in seinem Vorläufer, dem julianischen Kalender (genannt nach Julius Cäsar), ein »Jahr null« – auf das Jahr 1 v. Chr. folgt unmittelbar das Jahr 1 n. Chr.

Wie alle Zählsysteme benutzt auch der Kalender Ordinalzahlen. Man verwendet sie zur Nummerierung von Folgen (das erste, das zweite …);

der gregorianische Kalender nummeriert so die zeitlichen Intervalle ganz ähnlich wie ein Lineal die räumlichen. Das Jahr 1 n. Chr. repräsentiert dann das Intervall von 0 bis zum Jahr 1 n. Chr. Kardinalzahlen hingegen stellen Größen oder Werte unabhängig von ihrer Reihen- oder Rangfolge dar. Weil die Null eine relativ neue Erfindung ist, benutzen

Unten: Papst Gregor XIII. leitet die Kommission zur Reform des julianischen Kalenders. Sein gregorianischer Kalender wurde 1582 eingeführt.

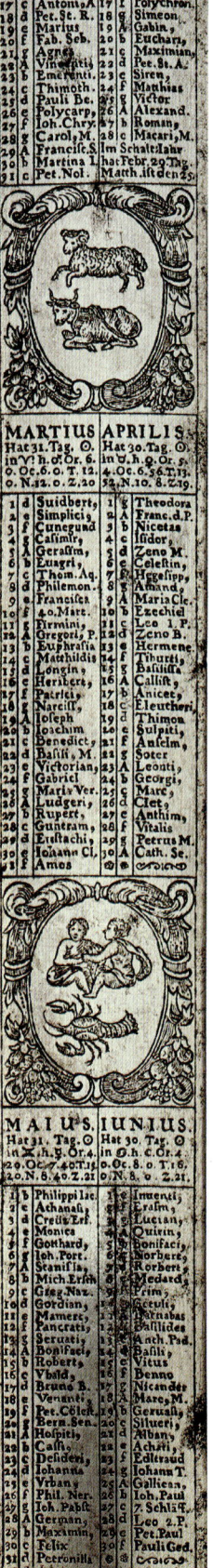

Unten rechts: Ein ewiger Kalender aus Bronze zur Bestimmung der Osterdaten im julianischen und im gregorianischen Kalender. Der julianische Kalender wurde im Jahr 45 v. Chr. durch Julius Cäsar eingeführt. Papst Gregor XIII. setzte 1582 einen reformierten Kalender mit einer besseren Schaltregel in Kraft.

Rechts: Blatt eines Kalenderschwerts (Deutschland, ca. 1686). Eingeätzt ist ein ewiger gregorianischer Kalender auf Basis des Jahres 1686, die Bilder zeigen Tierkreiszeichen.

wir die Null meist nur als Kardinalzahl. Wir definieren Größen mit der Null, zählen aber nicht mit ihr.

Wie kann man mit der Null zählen? In der Computerwissenschaft ist das kein Problem, dort wird die Null sogar häufig verwendet. Beim Zählen bis zehn mit einem Computer beginnt man mit der Null und endet mit neun. Das mag merkwürdig erscheinen, aber unser Kalender wäre vernünftiger, wenn er mit null begänne. A. D. steht für *Anno Domini* (»im Jahr des Herrn«), aber weil er mit 1 beginnt, feiert der Kalender den ersten Geburtstag des Herrn fälschlich am Tag seiner Geburt. Im Jahr A. D. 2 war Christus ein Jahr alt, im Jahr A. D. 3 war er zwei. (Davon abgesehen ist die Zeitrechnung nach Christi Geburt ohnehin ungenau, denn laut dem Matthäus-Evangelium lebte König Herodes bei Christi Geburt noch; er war nach den Quellen aber schon im Jahr 4 v. Chr. gestorben.)

Weil es keine Null gab, begann das zweite Jahrhundert im Jahr A. D. 101. Und die noch nicht so lange zurückliegenden Feiern zum Beginn des neuen Jahrtausends kamen alle ein Jahr zu früh – erst im Jahr 2001 waren die 2000 Jahre seit Christi Geburt wirklich vorbei.

Oben: Anbetung der Heiligen drei Könige *(Botticelli, 1475).* Der gregorianische Kalender zählt das Jahr eins als Christi Geburtsjahr – dabei wäre dies recht betrachtet das Jahr, in dem er sein erstes Lebensjahr vollendete.

Aber auch Computer gehen nicht immer völlig korrekt mit Daten um. Der sogenannte Millennium-Bug, den man beim Jahreswechsel 1999/2000 erwartete, wurde dadurch verursacht, dass in den meisten Programmen die Jahreszahlen mit nur zwei Ziffern angegeben wurden. Beim Wechsel von 99 zu 00 wurde das 00 eher als 1900 denn als 2000 interpretiert. Ende der Neunzigerjahre begannen Programmierer, überall die Software zu aktualisieren, um zu verhindern, dass ein besonders wichtiges Programm (etwa zur Steuerung von Kraftwerken oder Abrechnungssystemen) im vermeintlichen Jahr 1900 die Arbeit einstellen könnte. Die zwei hinzugefügten Nullen fügten auch den Bankkonten dieser Programmierer eine Reihe von Nullen hinzu. Ansonsten hat der Millennium-Bug zum Glück keine größeren Probleme verursacht.

Zahlen sind nicht nur ganze Einsen, Zweien oder Dreien. Bevor wir solch schwindelnd hohe Werte erreichen, müssen wir durch eine Welt von kleinen Zahlen zwischen null und eins. Dass es solche Zahlen gibt, ist lange bekannt – man braucht ja nur einen Apfel entzweizu– schneiden, um das Problem zu erkennen: Wie nennen wir denn die beiden gleichen Teile? Welche merkwürdigen Zahlen sollen wir denn da benutzen? Wie schreiben wir sie nieder, wie nennen wir sie, wie sind sie denkbar?

SMALL IS BEAUTIFUL

KAPITEL 0,000000001

Heute heißen diese Zahlen Brüche, aber es hat
Tausende von Jahren gedauert und Generationen
von Philosophen und Mathematikern beschäftigt,
bis man wusste, wie sie aussehen sollten und
warum sie sich so verhalten, wie sie sich verhalten.

Rationale Zahlen

Pythagoras war einer der ersten großen Ent-
deckungsreisenden durch die Zahlenwelt. Er lebte
von 569 v. Chr. bis etwa 475 v. Chr. (also zur gleichen Zeit wie Siddhartha Gautama, der später
Buddha genannt wurde). Das war, lange bevor
solche fortschrittlichen Begriffe wie Null aufkamen
und sogar noch bevor man die Division völlig verstanden hatte. Pythagoras wurde auf der griechischen Insel Samos geboren und führte ein ereig-
nisreiches Leben. Er reiste nach Ägypten, dessen
Philosophen und Sitten ihn stark beeinflussten,
und kam als Kriegsgefangener nach Babylon, wo
er unter anderem Mathematik und Musik studierte. Schließlich kehrte er in seine Heimat nach
Samos zurück, zog dann aber in die griechische
Kolonie Kroton in Süditalien. Dort gründete er
eine philosophisch-religiöse Sekte, die bald viele
Anhänger gewann. Die Mitglieder des innersten
Zirkels wurden *mathematikoi* genannt. Pythagoras
hielt sie an, seinen strengen Regeln zu folgen. Sie
mussten ihren Besitz aufgeben, Vegetarier werden
und folgende Überzeugungen annehmen:

Oben: Der griechische
Philosoph Pythagoras (hier
ein neuzeitlicher Holzschnitt)
war auch einer der ersten
Mathematiker der Welt.

1. dass die Welt in ihren Urprinzipien mathematischer Natur ist;
2. dass diese Philosophie für die geistige
   Reinigung verwendet werden kann;
3. dass die Seele sich mit dem Göttlichen vereinen kann;
4. dass bestimmte Symbole eine mystische
   Bedeutung haben;
5. und dass alle Jünger des Ordens loyal und
   verschwiegen sein sollten.

Für Pythagoras waren Mathematik, Philoso-
phie und Religion eng miteinander verflochten.
Der häufig zitierte angebliche Ausspruch des
Pythagoras »Alles ist Zahl« geht möglicherweise

Oben: Detail eines ägyptischen Wandbilds, das die Buchführung bei der Ernte zeigt. Die Ägypter erfanden neue Schreibweisen für Bruchzahlen.

auf Aristoteles' Schriften hundert Jahre später zurück: »die Pythagoreer …, die in der Idee der Mathematik aufgezogen wurden, glaubten, dass die Dinge Zahlen sind … und dass der ganze Kosmos ein Maßstab und eine Zahl ist«.

Die dem Pythagoras zugeschriebenen Arbeiten stammen von den Pythagoreern, aber nicht unbedingt von ihm selbst. Genaueres wissen wir nicht, denn es sind keine schriftlichen Aufzeichnungen aus dieser Zeit erhalten. Ausgerechnet sein bekanntester Lehrsatz könnte von einem seiner Anhänger und nicht von ihm selbst bewiesen worden sein. Die Aussage des Satzes selbst – die Summe der Quadrate über den kurzen Seiten eines rechtwinkligen Dreiecks ist dem Quadrat über der anderen Seite flächengleich – wurde schon auf einer babylonischen Tafel von 1900–1600 v. Chr. gefunden, tausend Jahre vor Pythagoras. Er oder seine Anhänger waren jedoch wohl die Ersten, die be-

wiesen, dass der Satz immer gilt. Man weiß heute, dass die Pythagoreer Geometrie betrieben und (wenigstens anfangs) glaubten, alle Zahlen seien rational, womit man Zahlen bezeichnet, die sich als eine ganze Zahl oder als ein Verhältnis von zwei ganzen Zahlen ausdrücken lassen. Man konnte also etwa »ein Viertel« mithilfe der ganzen Zahlen eins und vier schreiben, etwa 1:4. Erst viel später machte man die verstörende Entdeckung, dass es auch irrationale Zahlen gibt.

Pythagoras verwendete zwar nicht die Brüche, wie wir sie heute kennen, aber er und seine Anhänger untersuchten genau die Teiler (oder, andersherum gesagt, die Faktoren – also kleinere Zahlen, die miteinander multipliziert größere Zahlen ergeben) und Verhältnisse von Zahlen. Auf Pythagoras geht auch eine der ersten mathematischen Studien über Musik zurück: Er entdeckte, dass schwingende Saiten, deren Längen in ganzzahligem Verhältnis zueinander stehen, harmonisch klingen. Pythagoras war zudem ein guter Leierspieler und tröstete die Kranken mit seiner Musik.

Bruchteile waren beim Handel (ich tausche ein Viertel eines Schweins gegen ein Drittel von einem Sack Äpfeln) so wichtig, dass die Babylonier und die Römer bald Symbole und Wörter für bestimmte Bruchteile hatten und die Ägypter eine Methode entwickelten, Brüche zu schreiben. Die Schreibweise, die wir heute kennen ($\frac{1}{3}$ oder ⅓ als »ein Drittel«), verbreitete sich erst nach 628 n. Chr., als Brahmagupta sein Buch schrieb;

bis dahin hatte man immer nur zwei Zahlen über-
einandergeschrieben, ohne die waagerechte Linie
dazwischen, die den Bruchteil anzeigte. In Europa
kam die Linie erst 600 Jahre später auf. Der Erste,
der hier Brüche auf die heutige Weise schrieb,
dürfte Fibonacci gewesen sein.

Eine wichtige Periode

Während die Menschen recht bald begriffen
hatten, dass eine Zahl nicht immer ein Ganzes
beschreiben muss, brauchte die Dezimalschreibweise sehr viel länger, um sich weiter auszubreiten – und das trotz der recht großen Verbreitung des Abakus, der Bruchteile fast genauso
ausdrückt, wie wir dies heute kennen.

Die Römer benutzten Kiesel (sog. *calculi*) zum
Rechnen. Sie hatten Zählbretter mit eingeritzten

*Unten: Ägyptischer mathema-
tischer Papyrus, ca. 1550 v. Chr.*

Rillen, um die Kiesel zu halten, und jede Rille
entsprach einem Zahlenwert (1000, 100, 10, 1, ½,
⅓, ¼). Wenn ein Römer vom Rechnen sprach, dann
benutzte er die Worte *calculus ponere* (wörtlich
»Steinchen legen«) – von dorther stammen Wörter
wie kalkulieren und Kalkül. Ihre Methode, Zahlen
durch Bruchteile zu definieren, ist der Art, wie
Zahlen und Brüche mithilfe der Binärzahlen im
Computer gebildet werden, überraschend ähnlich.
Beispielsweise kann man leicht eine 1 oder eine 0
an einer bestimmten Stelle verwenden, um Bruchteile einer Zahl darzustellen:

0	1	1	1	0	1	1	0
8	4	2	1	½	¼	⅛	1/16

beispielsweise stellt 4+2+1+¼+⅛ = 7⅜ dar. Ersetzt man die Einser durch Kiesel, sieht das Ganze
ziemlich genau wie ein römischer Abakus aus.

Obwohl man hier der Idee, ein Dezimalkomma
einzuführen und Bruchteile als Dezimalbrüche
zu schreiben, schon recht nahe gekommen war,

*Oben: Der hölzerne chine-
sische Abakus ist seit über
700 Jahren im Gebrauch.*

dauerte es noch fast 1000 Jahre, bevor ein syri-
scher Mathematiker den entscheidenden Schritt
weiterkam. Abu'l Hasan Ahmad ibn Ibrahim Al-
Uqlidisi wurde um 920 n. Chr. wohl in Damaskus
geboren. Er schrieb den frühesten bekannten Text
darüber, wie man 7,375 statt $7\frac{3}{8}$ schreibt. Die Vorteile dieser Schreibweise waren so offensichtlich
wie die eines Stellenwertsystems mit Null – endlich wurden Rechnungen durch Aufreihen aller
Zahlen auf beiden Seiten des Kommas möglich.
Außerdem wurden die Zahlen weniger vieldeutig.
Man kann nämlich dieselben Brüche mithilfe verschiedener Zahlen schreiben; so ist $7\frac{3}{8}$ das glei-
che wie $\frac{59}{8}$ oder $\frac{118}{16}$ oder $\frac{177}{24}$ usw. Ein Dezimal-

bruch hingegen ist immer gleich, hier 7,375;
dadurch wird das Addieren viel einfacher.

Der Abakus wurde schnell so verändert, dass
er diese Neuerung ausnutzen konnte. Er erreichte
den Höhepunkt seiner Entwicklung, als man anstelle der römischen Kiesel verschiebbare Perlen
auf Stäbchen aufreihte. Der chinesische Abakus
dürfte das erfolgreichste Beispiel für diese Bauart
sein. Seine Form, die noch heute in einigen chine-
sischen Schulen verwendet wird, wurde vor rund
700 Jahren eingeführt. Jeder Stab stellt einen
anderen Wert dar, je einer für die Einser, Zehner,
Hunderter, Tausender usw. Die Stäbe rechts außen
sind die Zehntel und Hundertstel – die ersten
zwei Dezimalstellen. Damit konnte dieser Abakus
nicht nur sehr große Zahlen darstellen (auf einem
typischen Abakus mit zehn Stäben kann man bis
99 999 999,99 rechnen), sondern auch Zahlen bis
hinab zu 0,01. Die Geschwindigkeit, mit der ein
geübter Abakusnutzer addiert, ist bemerkenswert;
ein erfahrener Nutzer kann sich die Bewegung der
Perlen sogar im Kopf vorstellen und so erstaunliche Rechenleistungen vollbringen.

Klein denken

Sobald man winzige Zahlen als Bruch oder Dezimalbruch schreiben kann, öffnet sich eine ganz
neue Welt. Man kann nun über Dinge nachdenken,
die so klein sind, dass man sie kaum sehen kann.
Und noch wichtiger: Man kann sogar genau beschreiben, *wie* klein sie sind.

Wir wissen heute, dass vieles auf der Welt für
uns unsichtbar ist, weil es für die Augen zu klein

ist. Wir bestehen aus Billionen von Zellen, jede rund 100 000-mal kleiner als unsere Körper, also zwischen rund 7 und 30 Mikrometern (oder 0,000007 und 0,00003 m). Die Viren, die unsere Zellen infizieren, sind noch hundertmal kleiner, von 20 Nanometern (Polio) bis zu 300 Nanometern (Pocken), d. h. 0,00000002 bis 0,0000003 m. Viren können als einfachste Form des Lebens bezeichnet werden, sie sind nicht viel mehr als komplizierte Moleküle, und Moleküle bestehen aus Atomen. Ein Wasserstoffatom ist sehr klein, tausendmal kleiner als ein Virus – nur 0,5 Ångström oder 0,00000000005 m im Durchmesser. Atome ihrerseits bestehen aus noch kleineren Teilchen, den Protonen, Neutronen und Elektronen. Ein Proton ist mit rund 10 Femtometern oder 0,00000000000001 m einige tausendmal kleiner als ein Atom. Und Protonen wiederum bestehen

aus Quarks, die noch tausendmal kleiner sind, etwa 10 Attometer oder 0,00000000000000001 m. Doch die allerkleinsten Teilchen wären – wenn sie denn überhaupt existieren – die sogenannten Strings, von denen einige Physiker in der exotischen »Stringtheorie« behaupten, dass es sie gibt. Ein String hätte nur eine Größe von 0,00000000000000000000000000000000001 m.

Die Technologie, die mit solch winzigen Gebilden umgeht, heißt Nanotechnologie. (Der Titel dieses Kapitels ist 1 Nanometer entsprechend dem Dezimalbruch von 1/1 000 000 000 m.) Die

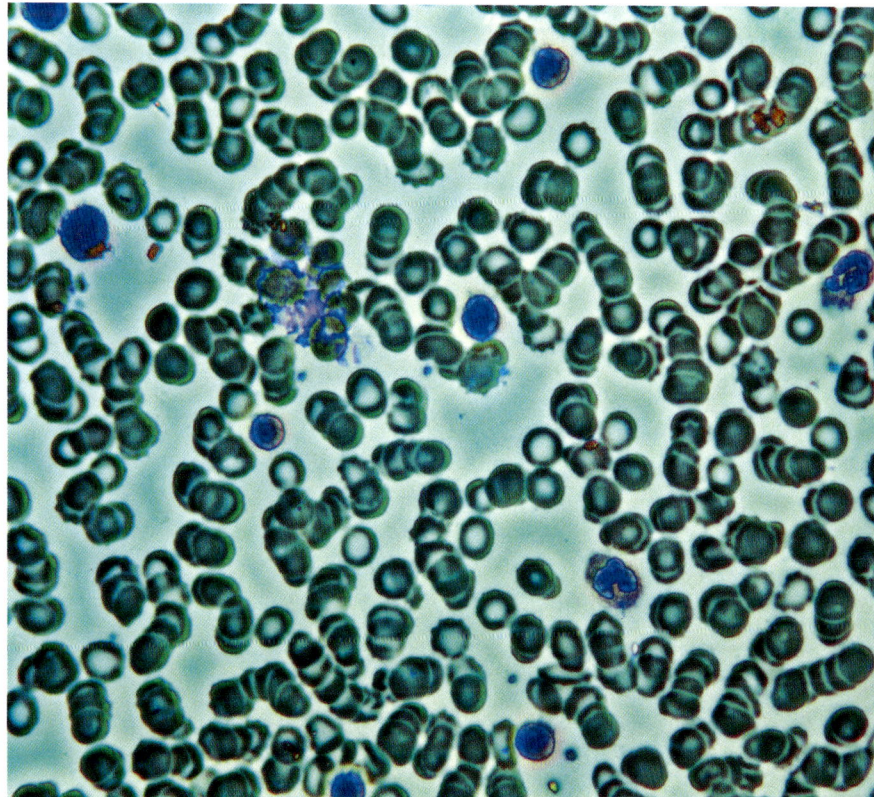

Rechts: Jeder von uns besteht aus Billionen von Zellen. Viren, die unsere Zellen infizieren, sind über hundertmal kleiner als die Zellen selbst.

DNS, das fadenförmige Molekül, aus dem alle unsere Gene bestehen, misst 2 nm im Durchmesser (voll ausgerollt wäre es allerdings 1,8 m lang – das Molekül ist stark geknäuelt). Jedes Gen darin hat nur die eine Aufgabe, ein spezielles Protein (ein Molekül aus Aminosäuren) zu bilden, und diese Proteine sagen den Zellen, wie sie sich entwickeln müssen. Eiweiße haben eine Größe zwischen etwa 3 und 10 nm.

Es wird immer noch erforscht, wie man Dinge auf solch winzigem Maßstab manipuliert, aber es gibt schon jetzt eine Fülle von Erfolgen. 2003 bauten Wissenschaftler an der Universität von Kalifornien in Berkeley den kleinsten elektrischen Motor mit einer Größe von weniger als 500 nm. Auch Siliciumchips schrumpfen rasch – die kleinsten Transistoren messen bislang keine 50 nm im Durchmesser. Wissenschaftler am Massachusetts Institute of Technology haben sogar eine Radioantenne im Nanoformat an ein Gen anschließen und die Funktion des Gens per Funk steuern können – funkgesteuerte Biologie!

Dank der Bruchzahlen können wir heute über das Kleinste nachdenken und die Abmessungen von Dingen wie Atomen genau beschreiben. Doch überraschenderweise gelang dem jungen Buddha schon vor rund 2500 Jahren – etwa zu derselben Zeit, als Pythagoras die Zahlen erforschte – ein schier unmögliches Kunststück mit winzigen Zahlen.

Die Geschichte stammt aus einer »Biografie« Buddhas, dem *Lalitavistara Sutra* (»die Entwicklung der Spiele«, eine Sammlung von Versen und Prosa). Siddhartha Gautama oder Bodhisattwa (so sein Name, bevor er zu Buddha wurde) wurde um 565 v. Chr. in der nordindischen Stadt Kapilavastu (heute in Nepal) geboren. Das *Lalitavistara Sutra* beschreibt einen Wettstreit zwischen Gautama und einem Mathematiker namens Arjuna, der vom Wissen des jungen Gautama sehr beeindruckt war. Arjuna fragt, wie man das kleinstmögliche Teilchen, das »erste Atom«, beschreibt. Gautama erklärt, wie die Größen verschiedener winziger Dinge in Vielfachen von 7 zusammenhängen. Die lange Antwort lässt sich so zusammenfassen:

Unten: Elektronenmikroskopische Aufnahme des Antriebsrads (orange) in einem Mikromotor.

Es hat einen geringeren Durchmesser als ein Haar und ist 100-mal dünner als ein Blatt Papier.

Es gehen 7 »erste Atome« (*paramanu raja*) auf 1 unmerkliches Stäubchen (*renu*),

7 des Letzteren auf 1 winziges Staubkorn (*truti*),

7 von jenen auf 1 vom Wind getragenes Staubflöckchen (*vayayana raja*),

7 von jenen auf 1 Staubflocke auf dem Fell eines Hasen (*shasha raja*),

7 von jenen auf 1 Staubflocke auf dem Fell eines Widders (*edaka raja*),

7 von jenen auf 1 Staubflocke auf dem Fell einer Kuh (*go raja*),

7 von jenen auf 1 Mohnkorn (*liksha raja*),

7 Mohnkörner auf 1 Senfkorn (*sarshapa*),

7 Senfkörner auf 1 Gerstenkorn (*yava*)

und 7 Gerstenkörner auf 1 Fingerglied (*anguli parva*).

Wenn 1 Fingerglied etwa 4 cm lang ist, dann können wir ausrechnen, welch kleinen Durchmesser (in Meter) das »erste Atom« hat, über das Buddha sprach:

$$0{,}04 \div 7 \div 7 \div 7 \div 7 \div 7 \div 7 \div 7 \div 7 \div 7 =$$
$$0{,}0000000001416 \text{ oder } 1{,}416 \cdot 10^{-10}$$

Das sind 141,6 Pikometer oder 1,416 Ångström, ziemlich genau die Größe eines Kohlenstoffatoms. Nicht schlecht für eine 2500 Jahre alte Rechnung, als noch niemand wusste, dass es Atome gibt!

Oben: Statue von Buddha, der erklärte, wie die Größen winziger Dinge in Vielfachen von 7 zusammenhängen.

Die erste Zahl, die man lernt,
möglicherweise auch die erste,
die man spricht, ist »Eins«. Die
Eins ist seit jeher eine Zahl voller
Nebenbedeutungen. Seit der
Mensch bemerkt hat, dass vier
Viertel wie durch Zauberei ein
Ganzes ergeben, bedeutet die Zahl
Eins Einheit, Ganzheit, Einzigartig-
keit und Zusammengehörigkeit.

ALLES IST EINS

KAPITEL 1

Oben: Die Eins – hier auf einer 1-Dollar-Note zu sehen – steht für die Einheit, für das Ganze, sie hat aber auch viele Nebenbedeutungen, gute wie schlechte.

Es rankt sich viel Aberglaube um die Zahl Eins, aber manches hat sogar einen gewissen Sinn. Man sagt: »Ein Ei zerbrochen, ein Bein gebrochen« – ein schöner Reim, um Kinder dazu anzuhalten, vorsichtig mit Eiern umzugehen. Oder »Es bringt Unglück, im Haus mit nur einem Pantoffel zu laufen« – man könnte sich den Zeh stoßen. Es heißt »Steck dein Geld nur in eine Tasche, sonst verlierst du es« – auch das klingt recht vernünftig. Aber es gibt auch weniger angenehme Vorstellungen, über deren Ursprung man sich nur wundern kann, etwa »Einhändige haben übersinnliche Kräfte«. Ist vielleicht ein Einhändiger durch die Hänseleien krank geworden und hat die Pöbelnden mit wüsten Warnungen verscheucht? Oder das recht üble »Eine Frau mit einem Auge ist eine Hexe«, das mehr nach Beschimpfung klingt als nach Aberglaube. Einige abergläubische Vorstellungen zur Zahl Eins sind mit Tieren verbunden, etwa »Wer eine Elster sieht, erfährt bald einen Tod« oder »Eine schwarze Katze bringt Unglück«. Und es gibt schlechte Vorzeichen zu bestimmten Daten. Aber etwas wie »Wer am ersten Tag des Monats die Haare wäscht, hat nur ein kurzes Leben« scheint gottlob nicht zu stimmen, wenn man überlegt, wie oft man sich heutzutage die Haare wäscht. Und für Hochzeiten gilt: »Es bringt Unglück, am 1. August oder am 1. Januar zu heiraten.«

Eins ist aber eine Zahl, die mehr als nur Angst und Schrecken verursachen kann. In vielen Religionen ist die Eins mit der Einheit Gottes verbunden. Wer von der Zahl Eins geträumt hat, habe – so hieß es früher – eine direkte Botschaft von Gott empfangen. Aber unglücklicherweise sagen alle Weltreligionen, dass es nur einen Gott gibt, der nur ihnen gehört, den wahren Gläubigen. Bei fünf Göttern wäre ja vielleicht ein bisschen mehr Raum für Kompromisse. Doch die Eins lässt keine Konzessionen zu. Sie ist eine einzige, eindeutige, exklusive Einheit, die zu Intoleranz und zu Jahrhunderten erbitterter, blutiger Kriege geführt hat.

Gott sei Dank hat die Eins aber auch freundlichere Nebenbedeutungen. Der Stein der Weisen – jener geheimnisvolle Katalysator, der unedle Metalle in Gold verwandeln und das ewige

Oben: Diagramm zur alchemistischen Erzeugung des Steins der Weisen, der sagenhaften »Eins-essenz«, die Metalle in Gold verwandeln sollte.

Leben verleihen sollte – galt dem Alchemisten William Gratacolle im 17. Jahrhundert als die »Eins-essenz«. Gratacolle fand in einem Traktat von 1652 noch Hunderte weitere Decknamen für den Stein der Weisen, von »Fischauge« bis zu dem recht merkwürdigen Begriff »Nabel des Manns der Mitte«; es ist jedoch unwahrscheinlich, dass der Begriff »Eins-essenz« bei der jahrhundertelangen Suche nach dem Stein der Weisen wirklich hilfreich gewesen ist.

Und natürlich benutzt man die Eins häufig in der Bedeutung »das Beste«. In China kann man sein Feng-Shui mit den richtigen Zahlen verbessern. Die Eins ist die erste der Yang-Zahlen und dabei aufs Engste mit Wachstum und Gedeihen verbunden. Im Westen benutzen wir das Wort »Eins« nicht immer in genau diesem Sinne. Bei Spielkarten beispielsweise nennen wir die »Eins« das »Ass«. Dieses Wort stammt höchstwahrscheinlich aus der Römerzeit: Das römische »As« war die kleinste Münze, bezeichnete aber auch »ein Ganzes« oder »eine Einheit«. Diese Bedeutung des »Asses« als die »Nummer Eins« hat sich bis heute gehalten.

Natürliche Zahlen

Doch auch die Mathematiker haben der Eins über die Jahrhunderte tiefe mystische Bedeutungen zugeschrieben. Zahlen sind eben, wie im letzten Kapitel gezeigt, nicht einfach nur klein, groß oder rational. Viele sind natürlich, einige sind vollkommen, manche sind befreundet, etliche sind prim. Solche Zahlen sind etwas Besonderes, weil sie seltene Eigenschaften haben. Da diese Eigenschaften aber nur zu bestimmten Zahlen gehören, ergeben sich neue Zahlenmuster: Muster innerhalb der Muster. Einige dieser Strukturen sind uralt und waren schon vor Pythagoras bekannt. Die pythagorei-

Rechts: Darstellung aus dem Werk De Lapide Philosophico *(auch* Liber Alze *genannt, Frankfurt 1678) mit vielen alchemistischen Symbolen. Hauptinhalt der Alchemie, des pseudowissenschaftlichen Vorläufers der Chemie, war die Suche nach dem Stein der Weisen, mit dem man nicht nur Gold herstellen konnte, sondern der auch das ewige Leben verleihen sollte.*

schen *mathematikoi* waren von einigen dieser besonderen Zahlenarten zutiefst fasziniert. Zur gleichen Zeit, als der junge Buddha seine Weisheiten erfuhr, die später Grundlage des Buddhismus wurden, untersuchten die Pythagoreer das Universum mithilfe der Zahlen. Sie glaubten, die Zahlen seien die Grundlage des Universums, und zwar im ganz realen Sinn: »Alles ist Zahl.« Indem sie die Zahlenmuster aufdeckten und untersuchten, wollten sie deren tiefere Bedeutungen enthüllen und so erklären, wie und warum das Universum genau so ist, wie es ist.

Jedes Kind lernt zuerst die natürlichen Zahlen, die man an einer Hand abzählen kann: 1, 2, 3, 4, 5 … Wir nennen diese Zahlen die *natürlichen* Zahlen – es sind die gewöhnlichsten und am häufigsten auftauchenden Zahlen. Natür-

liche Zahlen sind sozusagen die Tauben der Zahlenwelt – wohin man schaut, sind welche zu sehen. Man sollte sich nur umsehen und die Augen öffnen für die natürlichen Zahlen im eigenen Umkreis: Sie sitzen praktisch auf allen Dingen. Wenn keine Zahl niedergeschrieben ist, sollte man genauer hinschauen: Wie viele Bäume sind zu sehen? Wie viele Wolken oder Fenster oder Menschen? Das sind die natürlichen Zahlen, die im Geist heranwachsen, während man zählt.

Traditionell gilt die Eins als die erste natürliche Zahl. Das war aber nicht immer so – bei den alten Griechen war die Eins die »Einheit«, die natürlichen Zahlen begannen erst mit der Zwei als dem Sinnbild der »Vielheit«. Erst nach vielen Untersuchungen schlossen die Mathematiker, die Eins wäre die erste und somit die »natürlichste« Zahl.

Schließlich lässt sich jede andere natürliche Zahl bilden, indem man die entsprechende Anzahl an Einsen addiert. Es kann also keine natürlichere Zahl geben. Diese Ansicht war auch deshalb weitverbreitet, weil uns (wie gesehen) das Zählen ab der Null nicht natürlich vorkommt. Noch heute gibt es darüber verschiedene Ansichten – für einige ist die Null natürlich, für andere nicht. Letztlich ist das aber egal, solange man nur konsequent ist.

Ein Vorteil beim Zählen ab der Null ist, dass man damit genau sagen kann, wie mathematische Operationen auf natürliche Zahlen wirken.

So lässt sich etwa definieren, was das Addieren für jede natürliche Zahl bedeutet. Man kann sich fragen, wozu das gut sein soll – bei der Addition handelt es sich doch um eine ganz einfache und klar umrissene mathematische Operation. Wirklich? Woher weiß man denn, dass das Addieren von 1 zu einer natürlichen Zahl deren Wert wirklich um 1 erhöht? Es könnte ja eine merkwürdige Zahl dabei herauskommen, für die das gerade nicht gilt. In der Mathematik darf man nichts als gegeben hinnehmen, man muss alles definieren und genau festlegen. Erst wenn etwas bewiesen ist, wissen wir wirklich, dass es wahr ist.

Die Definition des Addierens

Wie definiert man die Addition? Man kann ja nicht einfach jede mögliche Summe auflisten und dann die Lösung dazuschreiben. Aber man kann einige stets gültige Axiome angeben:

$a + 0 = a$

$a + N(b) = N(a + b)$

$N(0) = 1$

Hier ist N die Nachfolgerfunktion (die zu einer natürlichen Zahl die nächste natürliche Zahl angibt), a und b sind zwei beliebige natürliche Zahlen.

Die Nachfolgerfunktion zählt einfach eins weiter. Dank dieser Axiome gilt: »Wer zählen kann, der kann auch addieren« – anders gesagt, lässt sich die Addition mithilfe der Nachfolgerfunktion ausdrücken.

Wenn wir also wissen wollen, was $a + 1$ für einen beliebigen Wert von a wirklich bedeutet,

gehen wir an die Axiome und schreiben 1 als N(0), denn der Nachfolger von 0 ist die 1:

$a + 1 = a + N(0)$

Dann wenden wir das zweite Axiom an (mit $b = 0$). Damit erhalten wir folgenden Ausdruck:

$a + N(0) = N(a + 0)$

Schließlich wenden wir das erste Axiom an und ersetzen $a + 0$ durch a:

$N(a + 0) = N(a)$

Damit ist bewiesen, dass $a + 1$ dasselbe ist wie N(a) – und zwar für beliebige Werte von a.

Auch andere Operatoren (z. B. Subtraktion, Multiplikation und Division) werden in der Mathematik entsprechend sorgfältig definiert. So wissen wir, dass sie genau das tun, was sie sollen.

Doch die Eins benötigt man nicht nur zum Definieren einer Addition, sie spielt auch eine wichtige Rolle beim Multiplizieren. Sie heißt »multiplikativ neutral«, weil sie keine Wirkung hat: Eins mit einer beliebigen Zahl multipliziert ergibt dieselbe Zahl – ein wichtiges Axiom (eine wahre, nicht beweisbare Aussage) in der Mathematik. Genauso ist die Null »additiv neutral«, wie wir im Additionsbeweis gesehen haben. Auf solchen Axiomen baut die Mathematik auf.

Vollkommene Zahlen

Eines der ersten Zahlenmuster, das die Pythagoreer entdeckten, sind die vollkommenen Zahlen. Sie zeichnen sich dadurch aus, dass man sie als Summe ihrer Teiler schreiben kann. Die 6 ist die erste vollkommene Zahl, denn sie lässt sich durch 1, 2 und 3 teilen, und diese Zahlen ergeben in ihrer Summe wieder 6. Nicht alle Zahlen sind vollkommen. Die 8 ist es sicher nicht, denn 1, 2 und 4 ergeben zusammen nur 7. Auch die 9 ist es nicht, denn 1 und 3 ergeben zusammen nur 4. Die vollkommenen Zahlen sind sogar sehr selten, denn unter den ersten zehn Millionen natürlichen Zahlen findet man gerade einmal vier vollkommene Zahlen:

Oben: Der heilige Augustinus. Detail aus einem Mosaik in der Basilika San Paolo fuori le Mura (Rom).

$6 = \quad 1 + 2 + 3$

$28 = \quad 1 + 2 + 4 + 7 + 14$

$496 = \quad 1 + 2 + 4 + 8 + 16 + 31 + 62 + 124 + 248$

$8128 = \quad 1 + 2 + 4 + 8 + 16 + 32 + 64 + 127 + 254 +$
$\qquad\quad\ 508 + 1016 + 2032 + 4064$

Schon die zwanzigste vollkommene Zahl ist unvorstellbar groß: Sie hat 5834 Stellen; sie hier abzudrucken würde also eine ganze Seite füllen.

Die ersten vier vollkommenen Zahlen sind schon seit über 2000 Jahren bekannt. Ihre Bedeutung wurde seit ihrer Entdeckung diskutiert. Als Mathematik, Philosophie und Religion noch als Ausprägungen ein und derselben Sache galten, war es wohl am plausibelsten anzunehmen, Gott bevorzuge vollkommene Zahlen. So schrieb der heilige Augustinus (354–430) in seinem Werk *De civitate Dei* (»Vom Gottesstaat«):

»[Die Schöpfung wurde in sechs Tagen vollendet]
wegen der Vollkommenheit der Sechszahl; nicht
also als hätte Gott eines Zeitraumes bedurft, …
sondern weil durch die Sechszahl die Vollkommenheit der Werke angedeutet wird.«

Entsprechend galt die Zahl 28 als von Gott er-
wählt, weil der Mond in 28 Tagen einmal die Erde
umkreist (heute wissen wir, es sind 27,332 Tage).

*Unten: Die Details der
Mondbewegung um die
Erde wurden benötigt, um
Horoskope zu berechnen.*

Die vielleicht beste Aussage zu vollkommenen Zahlen stammt von René Descartes:

»Wie vollkommene Männer sind auch vollkommene Zahlen sehr selten.«

Befreundete Zahlen

Während nur sehr wenige Zahlen vollkommen sind, treten Paare von »befreundeten Zahlen« häufiger auf. Bei diesen Zahlenpaaren ergeben die Teiler der einen Zahl in der Summe gerade den »Freund«. Die bekanntesten Beispiele für befreundete Zahlen sind 220 und 284:

Teiler von 220 sind:

$1 + 2 + 4 + 5 + 10 + 11 + 20 + 22 + 44 + 55 + 110 = 284$

Teiler von 284 sind: $1 + 2 + 4 + 71 + 142 = 220$

Befreundete Zahlen sind schon ebenso lange bekannt wie vollkommene Zahlen, ihre Bedeutung wurde aber ganz anders beurteilt. Galten die vollkommenen Zahlen als die Säulen, auf denen das Universum ruht, so sah man befreundete Zahlen als ideale Gefährten an, als zwei, die zusammengehören. Es überrascht also kaum, dass Liebespaare sich vor 2000 Jahren Talismane und Medaillons geschenkt haben sollen, die mit den Zahlen 220 und 284 verziert waren; offenbar gab es auch viele Hochzeiten zwischen Personen, deren Geburtstage, Horoskope, Körpergrößen (oder sonstige Merkmale)

Oben: Pierre de Fermat,
der Begründer der modernen
Zahlentheorie (zeitgenössische
Radierung).

als befreundete Zahlen zueinander passten. Nach einigen Quellen antwortete Pythagoras auf die Frage, was ein Freund sei, sinngemäß »Ein Freund ist wie ein anderes Ich, so wie 220 und 284.«

Im 11. Jahrhundert führte ein arabischer Gelehrter ein Experiment zur erotischen Wirkung befreundeter Zahlen durch. Dazu ließ er die eine Person etwas essen, das mit 220 betitelt war, die andere Person erhielt gleichzeitig ein Gericht, das den Namen 284 trug. Leider ist über den Ausgang des Experiments nichts überliefert.

Trotz des großen Interesses an befreundeten Zahlen waren über Jahrhunderte nur die Beispiele 220 und 284 bekannt. Das nächste Paar soll Pierre de Fermat (siehe auch Kapitel √2) entdeckt haben: 17 296 und 18 416. Diese Ehre gebührt allerdings dem arabischen Gelehrten Ibn Al-Banna, der ihm einige Jahrhunderte zuvorkam. René Descartes, der Philosoph, der den berühmten Satz »Ich denke, also bin ich« prägte, fand das dritte Paar befreundeter Zahlen: 9 363 584 und 9 437 056 (doch auch dieses Paar soll schon vorher bekannt gewesen sein). Bis 1747 fand der Mathematiker Leonhard Euler über 30 Paare befreundeter Zahlen, wobei einige davon leider falsch sind. Aber die wohl aufregendste Entdeckung machte 1866 ein 16-jähriger italienischer Bursche namens Niccolò Paganini (der nichts mit dem berühmten Geiger zu tun hat) mit dem befreundeten Paar 1184 und 1210. Dies ist das zweitniedrigste Paar überhaupt, doch trotz der Bemühungen der besten Mathematiker war es über zwei Jahrtausende völlig übersehen worden.

Primzahlen

Vollkommene und befreundete Zahlen bestehen aus ihren Teilern, also kleineren natürlichen Zahlen, deren Produkt genau die Zahl ergibt. Wie gezeigt, hat 6 die Teiler 1, 2 und 3 – das sind also die Zahlen, die genau in 6 »hineinpassen«. Gibt es auch Zahlen, in die keine anderen Zahlen »hineinpassen«? Dabei müssen wir die 1 ausschließen, denn wie bereits früher bewiesen, passt 1 in jede natürliche Zahl. Wenn wir nun die Zahlen betrachten, die – außer der 1 und sich

selbst – keine Teiler haben, dann sind wir bei den Primzahlen.

Primzahlen sind wirklich etwas Besonderes. Sie können weder vollkommen noch befreundet sein, denn sie lassen sich ohne Rest nur durch 1 oder durch sich selbst teilen. Doch trotz ihrer Besonderheit gibt es sehr viele davon. Die ersten zehn Primzahlen sind 2, 3, 5, 7, 11, 13, 17, 19, 23 und 29. Aber die Reihe geht weiter. Sie sind bei Weitem nicht so schwer zu finden wie vollkommene oder befreundete Zahlen, dennoch sind sie eng mit ihnen verbunden.

Im dritten Band von Stephen Kings Fantasy-Saga *Der dunkle Turm* versuchen Roland, Eddie, Jake, Susannah (Detta) und Oy verzweifelt, eine zerfallende Stadt mit dem letzten Zug zu verlassen. Der Zug ist intelligent und etwas bösartig; er lässt sie ein Rätsel lösen, bevor sie einsteigen können: Sie »müssten seine Pumpe zum Laufen bringen (*prime his pump*), damit er fährt. Aber seine Pumpe läuft rückwärts.« Detta findet heraus, dass sie die Primzahlen in eine Zahlenraute eingeben müssen, und zwar rückwärts. Sie erklärt den anderen, worum es sich handelt:

»Primzahlen sin wie ich – einmalich und speziell. Muß 'ne Zahl sein, die man durch Addition von zwei annern Zahlen bekommt, und darf nie teilbar sein, außer durch eins un' sich selbah. Eins isse Primzahl, weils eben so is. Zwei is eine, weil man se bekommt, wenn man eins und eins zusammenzählt, und man kann se nur durch eins und zwei teiln, is aber *einzige* gerade Primzahl. Alle annern geraden kannste vergessen.«

»Kapier ich nicht«, sagte Eddie.

»Weilste nur 'n dummer weißer Junge bist«, sagte Detta, aber nicht unfreundlich. Sie studierte die Raute noch einen Moment, dann strich sie mit der Kohle rasch über alle Knöpfe mit geraden Zahlen, auf denen sie schwarze Schlieren hinterließ.

»Drei isse Primzahl, aber kein Produkt, wasse durch *Multiplikation* mit drei bekommst, kanne Primzahl sein«, sagte sie.

Susannah strich mit der Kohle über die Vielfachen von drei, die übrig geblieben waren, nachdem alle geraden Zahlen durchgestrichen waren: neun, fünfzehn, einundzwanzig und so weiter.

»Dasselbe mit fünf und sieben«, murmelte sie ... »Man muss nur noch die Übriggebliebenen durchstreichen, so fünfundzwanzig. ... Da«, sagte sie müde. »Übrig sind alle Primzahlen zwischen eins und hundert. Ich bin ziemlich sicher, das ist die Kombination, die das Tor öffnet.«[1]

Und so war es auch. Nach der Eingabe des Codes konnte die Gruppe ihre Reise fortsetzen.

Hier hat Susannah das »Sieb des Eratosthenes« verwendet, um die Primzahlen auszusieben. Der griechische Gelehrte Eratosthenes wurde um 276 v. Chr. in Kyrene (heute Schahhat, Libyen) geboren und arbeitete am ägyptischen Hof in Alexandria. Er bestimmte den Erdumfang verblüffend genau, ebenso die Neigung der Erdachse, entwarf einen Kalender mit Schaltregel und katalogisierte fast 700 Sterne. Er starb um 202 v. Chr. in Alexandria. Sein Sieb ist ein Verfahren zur Bestimmung

Oben: Neuzeitliches Fantasie-
porträt des Eratosthenes
(über sein wirkliches Aussehen
ist nichts bekannt).

aller Primzahlen, so wie in Stephen Kings Roman beschrieben. Wie Susannah in der Geschichte dürfte auch Eratosthenes geglaubt haben, die Eins sei die erste Primzahl. Das glaubte man jahrhundertelang. Schließlich kann man 1 durch 1 und durch sich selbst (also ebenfalls 1) teilen, und es bleibt kein Rest. Erst im 20. Jahrhundert wurde die Eins endgültig aus der Liste der Primzahlen gestrichen, wobei man sich hauptsächlich auf die Erkenntnisse Euklids stützte.

Obwohl schon die Pythagoreer und andere Mathematiker der damaligen Zeit von den Primzahlen fasziniert waren und ihnen sicherlich auch mystische Bedeutung zuschrieben, gelang erst Euklid ein Durchbruch. Euklid wurde um 365 v. Chr. geboren und wirkte als Mathematiker

[1] Zitate aus Stephen King: Der dunkle Turm, Bd. 3: Tot. München 1992, S. 568 u. S. 572ff.

das lerne?« Euklid rief seinen Sklaven und sagte ihm: »Gib diesem armen Mann eine Münze, er muss Gewinn aus dem schlagen, was er lernt.«

Haben nicht Generationen von Studenten ihren Lehrern dieselben Fragen gestellt, seit die Mathematik erfunden wurde?

Euklids bekanntestes Arbeit sind *Die Elemente*. Dieses bemerkenswerte dreizehnbändige Werk bildet die Grundlage der modernen Mathematik. Es soll nach der Bibel das meistübersetzte, meistgedruckte und meistgelesene Buch des Abendlandes sein (und es ist natürlich um einiges älter als die Bibel). Es gilt als das großartigste

in Alexandria. Über sein Leben ist außer seinen mathematischen Werken nur wenig bekannt (es steht nicht einmal vollkommen fest, ob diese Werke von einem einzelnen Menschen stammen oder von einer Gruppe von Mathematikern). Doch einige Anhaltspunkte weisen darauf hin, dass Euklid nicht nur wirklich existiert hat, sondern dass er auch Humor hatte. Der griechische Autor Stobaios überliefert folgende Anekdote:

Ein Mann wollte bei Euklid in Geometrie unterwiesen werden. Als er das erste Theorem lernen sollte, fragte er: »Was habe ich davon, wenn ich

Oben: Arabische Abschrift
von Euklids Elementen.

Oben: Darstellung des Astronomen und Geografen Ptolemäus (links) und des Mathematikers und Physikers Euklid.

mathematische Lehrbuch aller Zeiten. Viele der Bände beschäftigen sich mit der Geometrie; sie definieren wichtige Begriffe und Eigenschaften von Dreiecken, Rechtecken, Kreisen und Verhältnissen in der ebenen und in der räumlichen Geometrie. Diese Begriffe sind bis heute gültig geblieben, und die euklidische Geometrie ist noch heute die Hauptstütze der Architektur und aller anderen Konstruktionen in unserer modernen Welt. In den Büchern VII bis IX konzentriert sich Euklid auf die Zahlentheorie. Am Anfang von Buch VII ist er sogar so gründlich, eine genaue Definition der Zahl Eins anzuführen:

»Einheit ist das, wonach jedes Ding eines genannt wird.«

Euklids Gründlichkeit war legendär. Indem er einige unmittelbar einsichtige, nicht weiter beweisbare Wahrheiten (Axiome) definierte, konnte er darauf alle weiteren Beweise über Zahlen und geometrische Figuren stützen. Einer seiner weitreichendsten Sätze betrifft Primzahlen. Er beweist dabei den wichtigsten je gefundenen Zusammenhang zwischen natürlichen Zahlen und Primzahlen. Sein Satz ist so wichtig, dass man ihn als »Fundamentalsatz der Arithmetik« bezeichnet. Er besagt:

Jede natürliche Zahl größer als eins ist entweder eine Primzahl oder lässt sich eindeutig in ein Produkt von Primzahlen zerlegen.

Was bedeutet das? Man denke sich eine beliebige natürliche Zahl. Nun findet man heraus, welche Zahlen man multiplizieren muss, um genau diese Zahl zu erhalten. Nach Euklid müssen das Primzahlen sein. (Wenn man anfangs an eine

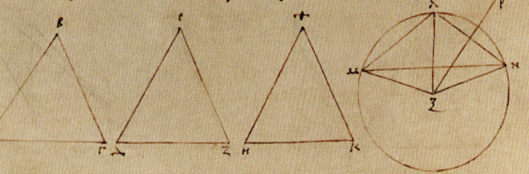

Oben: Griechische Ausgabe von Euklids Elementen.

Widerspruchsbeweis. Dabei geht man von der Vorstellung aus, dass eine Aussage entweder wahr oder falsch sein kann. Wenn ich also behaupte, eine Aussage sei immer wahr, und dann ein Gegenbeispiel finde, dann ist die Aussage sinnlos. Ein Beispiel für einen solchen Beweis ist die folgende Gedankenkette:

Meine Theorie ist, dass jeder Glaube gleichermaßen wahr ist und nicht geleugnet werden kann.

Harry glaubt an das fliegende Spaghettimonster, das die Sonne umkreist.

Ich leugne die Existenz des Spaghettimonsters.

Nach der Theorie ist Harrys Glaube wahr, UND mein Glaube ist wahr, obwohl wir beide das Gegenteil glauben. Harry glaubt, er habe recht, ich glaube, er habe unrecht. Wir können nicht beide recht haben, also muss die Theorie falsch sein.

So ähnlich wollte Euklid beweisen, dass sich jede natürliche Zahl größer als 1 in ein Produkt von Primfaktoren zerlegen lässt: Er versuchte, ein Gegenbeispiel zu finden. Es hätte mehrere geben können, aber ein einziges hätte genügt. So stellte er sich vor, er habe eine nicht zerlegbare Zahl gefunden, und zwar die kleinstmögliche. Diese hypothetische Zahl kann keine Primzahl sein, ist also ein Produkt von mindestens zwei Zahlen: $a \cdot b$, und die beiden dürfen keine Primzahlen sein. Aber Euklid hatte die *kleinste* nicht zerlegbare Zahl gefunden, also müssen a und b Produkte von Primzahlen sein (sonst widerspricht das der Annahme, dass er die kleinste Zahl gefunden

Primzahl gedacht hat, ist man an dieser Stelle fertig.) Wir probieren ein Beispiel aus, etwa die 72: 72 erhält man etwa als Produkt von 18 und 4. 18 ergibt sich als Produkt von 3 mal 2 mal 2, und die 4 ist 2 mal 2. Die kleinsten Faktoren von 72 sind also $2 \cdot 2 \cdot 2 \cdot 3 \cdot 3$, wobei 3 und 2 wiederum Primzahlen sind. Nach Euklid gilt eine entsprechende Zerlegung für *jede* natürliche Zahl.

Aber als Mathematiker hoffte Euklid nicht einfach nur, dass sein Satz wahr sei; mit Hoffnung allein wäre der Satz noch heute bloße Theorie. Nein, Euklid bewies seinen Satz, und zwar mit einem der ersten bekannten Beispiele für einen

hatte). Doch wenn *a* und *b* Produkte von Primzahlen sind, dann muss auch ihr Produkt eines sein. Die Annahme, es gebe eine nicht in Primfaktoren zerlegbare Zahl, führt also zu einem Widerspruch, und damit sind wir fertig.

Auf ähnliche Weise führte Euklid den heute allerdings umstrittenen Beweis, dass es unendlich viele Primzahlen gibt; danach findet man immer eine, die noch etwas größer ist als die letzte.

Euklid zeigte ebenfalls, dass Primzahlen und vollkommene Zahlen (deren Teiler addiert genau die Zahl ergeben) eng verwandt sind. Wenn sich eine Primzahl als Summe von mehreren, jeweils verdoppelten Zahlen ergibt, dann ist diese Primzahl, multipliziert mit dem größten Summanden, eine vollkommene Zahl. Die Primzahl 7 lässt sich bilden, indem wir folgende Zahlen addieren:

$$1 + 2 + 4 = 7$$

Die Summe mal der größte Summand ist $7 \cdot 4 = 28$, und 28 ist eine vollkommene Zahl.

Oder wir bilden die Primzahl 31 folgendermaßen als Summe:

$$1 + 2 + 4 + 8 + 16 = 31$$

Dann ist $31 \cdot 16 = 496$, eine vollkommene Zahl.

Fast 2000 Jahre später konnte ein anderer Mathematiker – Leonhard Euler – zeigen, dass alle *geraden* vollkommenen Zahlen diese Form haben. Doch bis heute weiß man nicht, ob es auch *ungerade* vollkommene Zahlen gibt. Eine solche zu finden wäre doch eine interessante Aufgabe!

Doch obwohl wir nun einige Primzahlen auf der Suche nach vollkommenen Zahlen verwenden konnten, bleibt die Zahl Eins wegen des Fundamentalsatzes der Arithmetik außen vor. Die Eins tritt in keiner dieser Konstruktionen auf – eigentlich steht sie dem Fundamentalsatz sogar im Weg – und wurde daher vor etwa

Unten: Leonhard Euler nach einem zeitgenössischen Stich.

300 Jahren im allgemeinen Konsens aus den Primzahlen gestrichen. Gleichzeitig wurde deren Definition geändert; seitdem muss eine Primzahl immer größer als eins sein. Vielleicht hatte der bösartige Zug in Stephen Kings *Dunklem Turm* einen eingerosteten Computer als Elektronenhirn, sonst wäre ihm die falsche Lösung der Hauptfiguren mit Sicherheit aufgefallen.

Sicherheit durch Primzahlen

Primzahlen lassen sich von einem Computer relativ einfach berechnen, allerdings braucht das seine Zeit. Das Sieb des Eratosthenes ist bei der Bestimmung wirklich großer Primzahlen leider nicht besonders effektiv. Die meisten Primzahlgeneratoren bestimmen neue Primzahlen mithilfe bereits bekannter, kleinerer Primzahlen (z. B. prüfen sie, ob eine kleinere Primzahl die Zahl teilt). Doch trotz zahlreicher Verfahren zur Konstruktion von Primzahlen sind einige, sogenannte *starke* Primzahlen besonders schwer zu erkennen. Eine Primzahl ist stark, wenn der Mittelwert aus der nächstkleineren und der nächstgrößeren Primzahl kleiner ist als die Primzahl selbst. Betrachten wir als Beispiel die 17. Die benachbarten Primzahlen sind 13 und 19, ihr Mittelwert ist 16, also weniger als 17; die 17 ist somit eine starke Primzahl. Ganz speziell sind auch die *sicheren* Primzahlen, die man erhält, wenn man eine andere Primzahl mit 2 multipliziert und 1 addiert. Zu erkennen, ob eine (sehr große) Zahl eine sichere Primzahl ist, insbesondere wenn es sich auch um eine starke Primzahl handelt, ist selbst mit einem Supercomputer nicht leicht.

Daher werden in Verschlüsselungssystemen, wie sie heutzutage im Internet gebräuchlich sind, kryptografisch starke Primzahlen verwendet, d. h. richtig große Primzahlen, die auch von sehr schnellen Rechnern erst nach Jahren erkannt werden. Primzahlen bilden so die Basis der Verschlüsselung von Übertragungswegen und Daten. Bei einem Einkauf im Internet sollte man also immer daran denken: Die Zahlung ist nur deshalb sicher, weil die Verschlüsselungsprogramme bei der Übertragung Primzahlen verwenden.

Gebrochene Eins

Die Zahl Eins mag keine Primzahl sein, aber doch verwirrt sie die Leute mehr als genug. Denn es gibt bei der Eins ein besonderes Problem, das viele Menschen immer wieder verblüfft: Wenn Sie einen Apfel in drei gleich große Teile schneiden, haben Sie drei Drittel dieses Apfels. Aber was erhalten Sie, wenn Sie nun ein Drittel mit drei multiplizieren? Ihre spontane Antwort lautet sehr wahrscheinlich: eins. Aber sind Sie sich da wirklich sicher?

In der Bruchschreibweise ist es sofort klar:

$$\tfrac{1}{3} \cdot 3 = 1$$

Aber was passiert, wenn man die Dezimalschreibweise benutzt:

$$0,33333333\ldots \cdot 3 = 0,99999999\ldots$$

Hier stehen wir vor einem Dilemma: Wo ist das fehlende Stückchen Apfel geblieben? Machen wir in der Dezimalschreibweise einen Fehler, oder ist 0,99999999… (mit einer unendlichen Folge von Neunen) nur eine andere Schreibweise für 1?

   Die Antworten sind in der Reihenfolge der Fragen: nirgends, nein bzw. ja. Obwohl es ein wenig merkwürdig aussieht, ist 0,99999999… gerade 1. Es gibt mehrere Wege, das auch zu beweisen, die vielleicht einfachste Art besteht darin, einfach draufloszurechnen (siehe Kasten rechts; im nächsten Kapitel wird geklärt, wo die dafür nötige Algebra herkommt).

   Es ist natürlich viel einfacher, 1 zu schreiben, daher tun wir das normalerweise auch. Aber so wie es verschiedene Begriffe für dasselbe gibt (beispielsweise ist »klein« auch »kurz«, »wenig«, »winzig« oder »gering«), so können wir auch die 1 verschieden schreiben, z. B. als 0,99999999… oder $^1/_1$ oder $^{43}/_{43}$ oder sogar $(10 - 5) / (26 - 21)$. Aber wir *meinen* immer dasselbe, die eine, einzigartige natürliche Zahl Eins.

Warum gilt 0,99999999… = 1?

Wenn wir 0,99999999… mit 10 multiplizieren, erhalten wir:

$$0,99999999\ldots \cdot 10 = 9,99999999\ldots$$

Nun ziehen wir die erste Zahl von der zweiten ab:

$$
\begin{aligned}
 & 9,99999999\ldots \\
- & 0,99999999\ldots \\
\hline
= & 9,00000000\ldots
\end{aligned}
$$

Beim Subtrahieren muss sich exakt 9 ergeben, denn bis auf die erste Stelle stimmen die beiden Zahlen genau überein.

Nun etwas anderes: Wir geben 0,99999999… einen neuen Namen, beispielsweise *a*.

Wenn wir dieselbe Rechnung wie eben durchführen, diesmal aber *a* schreiben, haben wir:

$$10a - a = 9$$

Zieht man vom Zehnfachen einer Zahl *a* die Zahl *a* ab, erhält man das Neunfache, wir können das Ganze also auf folgende Form bringen:

$$9a = 9$$

Wenn neunmal irgendetwas 9 ist, können wir beide Seiten durch 9 teilen und erhalten:

$$a = 1$$

Und nun erinnern wir uns, wofür das *a* steht:

$$0,99999999\ldots = 1$$

Zahlen sind die eleganten Muster im Gewebe unseres Universums. Primzahlen, vollkommene Zahlen sowie all die natürlichen und gebrochenen Zahlen zeigen den Reichtum und die Vielfalt der Zahlensprache. Alles ist in bester Ordnung, alles hat seinen Sinn, und alle Verhältnisse lassen sich vollständig durch diese Zahlen beschreiben. Das zumindest dachten die Pythagoreer. Aber sie irrten sich.

ERSTAUNLICH

KAPITEL $\sqrt{2}$

Sie entdeckten ihren Irrtum zwar recht bald, aber das war so schockierend und ketzerisch, dass sie die Wahrheit unterdrückten. Dabei lässt sich diese Wahrheit ausgerechnet aus einer ihrer größten Erkenntnisse ableiten, dem berühmten Satz des Pythagoras:

Die Summe der Flächeninhalte der Quadrate über den kurzen Seiten eines rechtwinkligen Dreiecks ist gleich dem Flächeninhalt des Quadrats über der langen Seite.

Das ist ein hübsches pythagoreisches Ergebnis, das die Ordnung und die Einfachheit von Zahlen und Formen zeigt. Betrachten wir ein rechtwinkliges Dreieck, dessen kurze Seiten 3 cm und 4 cm lang sind. Mit dem Satz berechnet man, dass die lange Seite des Dreiecks 5 cm messen muss, denn:

$$3 \cdot 3 + 4 \cdot 4 = 5 \cdot 5$$

Dies ist bei allen rechtwinkligen Dreiecken so. Sobald man zwei Seitenlängen hat, kann man die Länge der dritten Seite bestimmen. Klingt tadellos, war aber ein gewaltiges Problem. Stellen wir uns ein gewöhnliches Quadrat vor – beispielsweise mit 1 m Kantenlänge –, und zeichnen wir eine Diagonale von einer Ecke zur anderen. Damit haben wir zwei rechtwinklige Dreiecke, deren kurze Seiten jeweils 1 m lang sind. Wie lang ist dann die Diagonale? Nach dem berühmten Satz gilt:

$$1 \cdot 1 + 1 \cdot 1 = a \cdot a$$

(a ist die gesuchte Länge). Die Gleichung lässt sich leicht auflösen: 1 mal 1 ist 1, und 1 plus 1 ist 2. Damit haben wir:

$$2 = a \cdot a$$

Somit muss die Länge der Diagonale, mit sich selbst multipliziert, den Wert 2 ergeben. Aber welche Zahl ist das? Sie muss größer sein als 1, denn $1 \cdot 1 = 1$, also zu klein. Aber sie muss kleiner sein als 2, denn $2 \cdot 2 = 4$, und das ist zu groß. Die Lösung ist also ein Bruch. Wie wär's mit $7/5$? Das ergibt 1,96, wenn man es mit sich selbst multipliziert. Oder $707/500$? Das ergibt quadriert 1,999396. Und was wäre mit $7072/5000$? Das ergibt 2,00052736.

IRRATIONAL

Die erschreckende Wahrheit ist, dass kein Bruch existiert, der mit sich selbst multipliziert genau 2 ergibt. Aber wenn keine solche natürliche oder rationale Zahl existiert, dann muss es noch einen weiteren, mysteriösen Zahlentyp geben. Unnatürliche Zahlen. Zahlen, die man nicht aufschreiben kann, mit einem geheimnisvollen, nicht erkennbaren Wert. Wir nennen diese Zahlen *irrational*.

Für die Pythagoreer war das erschreckend. Und es wurde noch schlimmer. Der Blick auf ein beliebiges Quadrat brachte stets dasselbe Ergebnis. Wenn das Quadrat 2 m lange Seiten hatte, dann brauchte man für die Diagonale eine Zahl, die quadriert gerade 8 ergibt. Bei einer Seitenlänge von 3 m musste die Länge der Diagonale quadriert gerade 18 ergeben. Keine dieser Zahlen lässt sich als ganze oder gebrochene Zahl niederschreiben. Und wie viele von diesen irrationalen Zahlen mochte es geben? Dass diese »Nicht-Zahlen« so häufig auftauchten, war ein ständiger Angriff auf ihren Glauben. Also taten sie, was jede »anständige« Sekte tut – sie unterdrückten die Wahrheit und behaupteten, die »undenkbaren« Zahlen würden nicht existieren.

Aber die Wahrheit kam natürlich doch ans Licht. Schon bald nach dem Tod des Pythagoras wurde seine Sekte unpopulär. Es hatte sich viel Groll wegen der Geheimniskrämerei und Exklusivität aufgebaut, und nach einem Aufruhr vertrieben die Dorfbewohner die Pythagoreer aus Kroton. Ein Jünger namens Hippasus hielt die Zeit für reif, einige Geheimnisse zu enthüllen – auch das Wissen um die irrationalen Zahlen. Er brach sein Schweigegelübde und wurde sofort aus dem Orden verstoßen. Daraufhin floh Hippasus vor den Pythagoreern und segelte davon. Er kehrte niemals zurück, denn er ertrank auf See. Nach einer Ansicht hatten ihn die Götter für seinen Verrat gestraft; andere behaupteten, er sei von rachsüchtigen Pythagoreern ermordet worden.

Die Sekte lebte nicht mehr lange. Obwohl sich in verschiedenen italischen Städten Ableger gebildet hatten, spaltete sich die Sekte wenige Jahre nach Pythagoras' Tod in Gruppen auf und agierte fortan politisch. Im Jahr 46 v. Chr. wurden alle Versammlungsplätze der Sekte zerstört. Aufzeichnungen zufolge mussten im »Haus von Milo« in Kroton über 50 Pythagoreer ihr Leben lassen.

Da es heute keine Pythagoreer mehr gibt, lässt sich nicht sicher sagen, was Hippasus zugestoßen ist. Sicher ist nur, dass die Existenz der irrationalen Zahlen eine zu wichtige Erkenntnis war, als dass man sie hätte geheim halten können. Und einmal in der Welt, wurden sie nie mehr vergessen.

Irrational sein

Heute versteht man die irrationalen Zahlen sehr gut. Wir wissen, dass natürliche und rationale Zahlen kaum mehr sind als Inseln der Ordnung im endlosen Ozean der Verwirrung.

Es gibt eine unendliche Anzahl von rationalen Zahlen (man kann ja immer 1 hinzuzählen). Aber es gibt noch mehr irrationale Zahlen. Zwischen zwei beliebigen ganzen Zahlen oder Brüchen gibt es immer unendlich viele irrationale Zahlen. Und zwischen zwei irrationalen Zahlen gibt es noch unendlich viele weitere irrationale Zahlen.

Was soll so eine irrationale Zahl denn nun eigentlich sein? Das Beispiel mit dem 1-m-Quadrat führte uns zu der Quadratwurzel aus 2 (geschrieben √2, kurz als »Wurzel-zwei« gesprochen). Diese Zahl kann man nicht vollständig aufschreiben. Man kann nur einen Teil niederschreiben, z. B.:

1,414213562373095…

Aber die Zahl geht immer weiter, ohne regelmäßige Wiederholungen – anders als eine rationale Zahl wie ³⁄₇, die man so niederschreiben kann:

0,428 571 428 571 428 571…

Oben: Foto des deutschen Mathematikers Georg Cantor, der mit Beweisen zur Abzählbarkeit unterschiedliche Kategorien des Unendlichen lieferte.

Auch diese Zahl geht immer weiter, aber ein Muster wiederholt sich. Das ist bei allen rationalen Zahlen so, bei irrationalen Zahlen hingegen nicht. Sie sind sozusagen »Antimuster« und bilden den Zwischenraum zwischen den Mustern.

Vieles, was wir über dieses Thema wissen, verdanken wir dem deutschen Mathematiker Georg Cantor, der 1845 in St. Petersburg geboren wurde. Zu den Leistungen Cantors gehören seine Beweise zur Abzählbarkeit von Mengen. Cantor war fasziniert von Mengen mit unendlich vielen Elementen und wollte wissen, wann man die Elemente abzählen konnte (d. h., ob es zumindest theoretisch möglich wäre). Cantor entdeckte, dass manches einfach nicht abzählbar ist – etwa die Menge der irrationalen Zahlen. Man kann das intuitiv nachvollziehen: Zum Abzählen muss man etwas nummerieren können, also 1, 2, 3, 4, 5 … Wenn wir verrückt genug sind, die natürlichen Zahlen zu zählen – bitte schön: Eins 1, Zwei 2, Drei 3,

Unten: William Shakespeare, von dessen Werk Cantor wie besessen war.

Vier 4, Fünf 5 usw. Aber wie soll das mit irrationalen Zahlen gehen? Man kann sie noch nicht einmal aufschreiben, wie soll man dann wissen, welches die Nächste ist? Wenn wir einen sehr kleinen Betrag zu $\sqrt{2}$ addieren, bekommen wir dann *die nächste* irrationale Zahl? Und wenn es so wäre, was ist dann mit den Zahlen dazwischen? Cantor zeigte und bewies, dass sie sich nicht abzählen lassen, sie sind *überabzählbar*.

Als ob das noch nicht merkwürdig genug wäre, sind einige unendliche Mengen größer als andere. Es gibt viel mehr irrationale Zahlen als rationale, obwohl es von beiden Zahlenarten unendlich viele gibt.

Neben seinen Beweisen zu irrationalen Zahlen und unendlichen Mengen war Cantor geradezu besessen von Shakespeare. Er war der festen Überzeugung, der wahre Autor von Shakespeares Dramen sei Francis Bacon gewesen, und verbrachte seine letzten Jahre größtenteils damit, darüber zu forschen, Pamphlete zu schreiben und Vorlesungen zu halten. Im Jahr 1911 wurde Cantor als bedeutender Mathematiker zum 500. Jubiläum der Universität von St. Andrews in Schottland eingeladen. Leider nutzte er die Gelegenheit, mehr über Bacon und Shakespeare zu sprechen als über Mathematik.

Cantor litt zeitlebens an sehr schweren Depressionen und war öfter in Nervenheilanstalten. Er starb 1917 72-jährig in einem Sanatorium, obwohl er in regelmäßigen Briefen an seine Frau um seine Entlassung gebeten hatte. Trotz seines traurigen Endes pries der berühmte zeitgenössische Mathematiker David Hilbert Cantors Werk als »… das schönste Ergebnis mathematischen Geistes und eine der herausragenden Errungenschaften von rein geistiger Tätigkeit«.

Oben: Jedes Jahr überflutete der Nil das antike Ägypten und zerstörte die Grenzmarkierungen. Die Neuaufteilung des Landes hieß »Geometrie«.

Die Vermessung der Welt

Mit der Anerkennung der irrationalen Zahlen konnte man auf einmal Figuren wie Dreiecke, Quadrate und Kreise beschreiben, die eine bedeutende Rolle beim Messen von Entfernungen oder bei der Beschreibung der Planetenbewegungen spielten. Damit gab es eine neue Verwendung der Zahlen: Sie beschrieben nun Linien und Figuren aus Linien.

Linien und Figuren hatten in den antiken Kulturen immer eine große Rolle gespielt, sie waren insbesondere für die Markierung der Felder wichtig. Dies war besonders für die alten Ägypter ein ernstes Problem, da der Nil jedes Jahr über seine Ufer trat und alle Grenzmarkierungen zerstörte. Die sorgfältige Einteilung des Landes in neue Grenzen wurde als Geometrie bezeichnet, abgeleitet von den griechischen Begriffen *geo* (»Erde«) und *metrein* (»Messen«). Als es üblich wurde, Zahlen zur Definition von Linien und Figuren zu verwenden, verbreitete sich auch der Begriff. Heute verbindet man die Geometrie nur noch mit Linien und Vielecken.

Linien und einfache Figuren waren so weit verbreitet, dass viele Ideen der Geometrie den Mathematikern schon um 800 v. Chr. bekannt waren. Die Pythagoreer untersuchten Dreiecke, als sie den Satz des Pythagoras bewiesen. Ein wichtiger Mathematiker, der möglicherweise von den Pythagoreern beeinflusst war, war der um

470 v. Chr. geborene Hippokrates von Chios (nicht zu verwechseln mit dem berühmten Arzt Hippokrates von Kos, der etwa zur gleichen Zeit lebte). Die Überlieferungen zu seiner Person sind nicht sehr freundlich: Aristoteles schreibt, Hippokrates habe zunächst als Kaufmann gearbeitet, sei aber zu dumm gewesen, auf sein Geld zu achten, und von Zöllnern in Byzanz betrogen worden. Er soll auch geglaubt haben, das Licht

470 v. Chr. geborene Hippokrates von Chios (nicht zu verwechseln mit dem berühmten Arzt Hippokrates von Kos, der etwa zur gleichen Zeit lebte). Die Überlieferungen zu seiner Person sind nicht sehr freundlich: Aristoteles schreibt, Hippokrates habe zunächst als Kaufmann gearbeitet, sei aber zu dumm gewesen, auf sein Geld zu achten, und von Zöllnern in Byzanz betrogen worden. Er soll auch geglaubt haben, das Licht

Oben: In seinem Gemälde Der Tod des Sokrates zeigt Jacques-Louis David den gleichmütigen Philosophen, dem der Schierlingsbecher gereicht wird.

entstünde im Auge des Betrachters. Zudem versuchte er, die Kometen und auch die Milchstraße als optische Täuschung zu erklären, die durch die aus den nahen Planeten und Sternen austretende Feuchtigkeit verursacht sei. Doch ganz gleich, ob es ihm nun an Lebenssinn mangelte oder nicht, er verfasste als Erster ein wichtiges Mathematikbuch. Hippokrates nannte es *Stoicheia* (»Elemente der Geometrie«).

Mit den Büchern war er nicht der Letzte. Im Jahr 427 v. Chr. wurde in Athen ein Mann namens Aristokles geboren, der als *Platon* (was so viel wie »breit« heißt) noch heute bekannt ist. Es ist unklar, ob der Name von seinen breiten Schultern (er war offenbar ein geübter Ringer), seiner breiten Stirn oder seinen breiten Kenntnissen stammt. Platon diente beim Militär und engagierte sich in der Politik; möglicherweise war er mit Sokrates befreundet, denn bereits sein Onkel war ein enger Freund des berühmten Philosophen. Platon gab seine politischen Ambitionen auf, als 399 v. Chr. sein damals schon 70-jähriger Mentor Sokrates hingerichtet wurde. Man hatte ihn als »Verderber der Jugend« und als »gottlos« angeklagt und schließlich auch verurteilt. Platon, damals 27 Jahre alt und als Prozessbeobachter zugegen, war darüber sehr aufgebracht. Sokrates war schon lange eine der prominentesten Figuren im politischen Leben Athens gewesen und hatte sich mit seiner öffentlich vorgetragenen Kritik an der bestehenden Regierungsform nicht nur Freunde, sondern auch Feinde gemacht. Während die einen seine Philosophie als Schlüssel zu Wohlfahrt und Weisheit ansahen, beurteilten andere sein Wirken als gemeinschaftsschädigend. Auch sein bis zum Schluss unbeugsames Auftreten vor Gericht dürfte mit zum Todesurteil geführt haben. Platon war über den Ausgang des Prozesses so bestürzt, dass er Athen verließ und nach Ägypten reiste.

Nach einigen Jahren, 387 v. Chr., kehrte Platon nach Athen zurück und gründete auf dem Grundstück eines gewissen Akademos eine höhere Schule. Nach diesem Mann nannte er seine Schule Akademie, eine Bezeichnung, die seither für höhere Bildungsstätten üblich ist. Die Akademie war durch die Pythagoreer beeinflusst und lehrte Mathematik als einen Zweig der Philosophie und der Religion. Ein Beispiel dafür ist die Menge der platonischen Körper: Die Elemente (Erde, Feuer, Luft und Wasser) sollten aus diesen »geometrischen Atomen« bestehen. Die Erde bestand aus würfelförmigen Atomen, das Feuer aus Tetraedern, die Luft aus Oktaedern und das Wasser aus Ikosaedern. Der fünfte platonische Körper, das Dodekaeder, sollte die Form des Universums angeben.

Unten: Beispiele der fünf platonischen Körper (Stiche aus der Philosophia Pyrotechnica von William Davidson, Paris 1642).

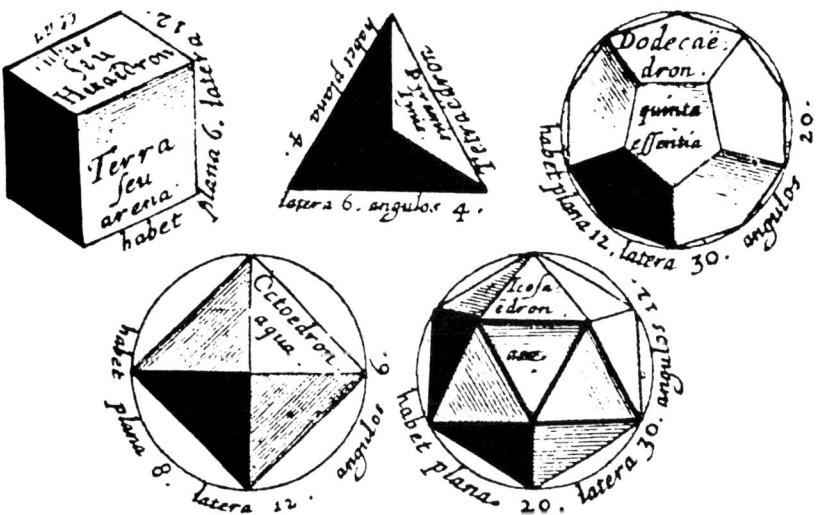

Platon bereitete wichtige Grundlagen der Philosophie, und seine Ansicht, die Mathematik sei die beste Schule des Geistes, sollte die Gelehrten über Jahrhunderte prägen. Über dem Tor zur Akademie standen die Worte: »Lasst niemanden eintreten, der die Mathematik nicht kennt.«

Platon war sehr einflussreich; unglücklicherweise sind seine Schriften nicht sehr klar. Er schrieb seine Ideen oft in Form von Dialogen nieder, und dies schien ihm auch eine der wichtigsten Lehrmethoden. Wer an der Akademie studieren wollte, musste ein auf 15 Jahre angelegtes Programm absolvieren. Die ersten zehn Jahre lernten die Studenten Naturwissenschaften und Mathematik wie ebene und räumliche Geometrie, Astronomie und Harmonielehre. Die letzten fünf Jahre beschäftigten sie sich mit der Dialektik – der Kunst des Lehrgesprächs in Frage und Antwort. Am Ende ihrer Ausbildung konnten die Studenten die richtigen Fragen stellen und Antworten zur Natur der Dinge geben. Das Ziel war es, alles Wissen auf feste Wahrheiten zu gründen.

Heute würden wohl nur wenige in solch einer Akademie studieren wollen. Platon aber hatte viele Schüler, darunter etliche später berühmte Mathematiker, die wichtige Beiträge zur Geometrie leisteten. Platons Akademie überdauerte bemerkenswerte neunhundert Jahre, bis der christliche Kaiser Justinian diese »heidnische Einrichtung« im Jahr 529 n. Chr. schließen ließ.

Doch das wohl erfolg- und folgenreichste Werk der Geometrie stammt von Euklid, der den Fundamentalsatz der Arithmetik entwickelte, nach dem sich jede natürliche Zahl eindeutig in ein Produkt von Primzahlen zerlegen lässt. Heute weiß man,

dass sein dreizehnbändiges Werk zur Geometrie wohl nicht vollständig aus seiner Feder stammt. Einiges vom Inhalt der ersten Kapitel geht auf Hippokrates von Chios zurück, und weitere Inhalte stammen von Platons Studenten.

Aber der Grund für den durchschlagenden Erfolg von Euklids Buch war ja nicht, dass er alles selbst erdacht, sondern dass er als Erster das mathematische Wissen seiner Zeit klar lesbar zusammengefasst hatte. In seinen 13 Bänden definierte er zum ersten Mal klar und deutlich die geometrisch wichtigen Begriffe und einige der Axiome, auf denen die Mathematik noch heute aufbaut. Viele seiner Definitionen erscheinen uns heute als sehr simpel, aber sie sind noch immer gültig und sehr wichtig. Beispielsweise lautete eines der Axiome: »Wenn zwei Dinge einem dritten gleich sind, dann sind sie auch untereinander gleich.« Das scheint völlig offensichtlich: Wenn ich so viele Äpfel habe wie Karl und Peter ebenfalls so viele Äpfel hat wie Karl, dann haben Peter und ich dieselbe Anzahl an Äpfeln. In mathematischer Schreibweise sieht das folgendermaßen aus:

Wenn $a = c$ und $b = c$, dann $a = b$.

Aber natürlich ist es wesentlich, dass die Axiome klar und wahr sind, sonst würde die Mathematik nicht funktionieren. Eine Wahrheit, die manchmal eben nicht gilt, hat wenig Sinn. Beispielsweise könnte man sagen »Die Summe von zwei Zahlen kann nicht größer sein als ihr Produkt.« Das klingt plausibel: $2 + 3$ ist mit Sicherheit nicht größer als $2 \cdot 3$. Aber leider versagt diese »Wahrheit« recht schnell: $1 + 3$ ist

Oben: Raffael stellt in seinem
1511 abgeschlossenen Fresko
Die Schule von Athen die Philo-
sophen Platon und Aristoteles
genau ins Zentrum.

größer als 1 · 3, und sie versagt erst recht bei negativen Zahlen oder bei Brüchen. Ein Teil des Genies von Euklid lag also darin, die »wahren« Wahrheiten herauszufinden.

Euklid definierte auch Punkte und Geraden. Beispielsweise sagt er: »Durch je zwei Punkte geht immer eine Gerade.« In anderen Worten: Von einem gegebenen Startpunkt aus gibt es immer eine Gerade zu einem anderen gegebenen Punkt. Weiter sollen alle rechten Winkel gleich sein und zwei Geraden dann parallel, wenn

Links: Die euklidischen Definitionen von Geraden und Punkten reformierten die Geometrie über Jahrhunderte. Dieses Porträt von Hans Holbein d. J. zeigt den deutschen Astronomen und Mathematiker Nikolaus Kratzer bei Studien zu Winkeln.

sie in einer Ebene liegen und sich nicht schneiden. Diese Aussagen führen in ihrer Gesamtheit zur sogenannten euklidischen Geometrie, d. h. zu den üblichen mathematisch-logischen Grundlagen und Regeln für mathematische Figuren. In der euklidischen Geometrie besteht ein Quadrat aus vier rechten Winkeln, und eine Figur behält ihre Form, auch wenn man sie an einen anderen Ort verschiebt. Das heißt aber nicht, dass Euklid *immer* recht hatte. Um das zu zeigen, musste man aber erst einmal die nichteuklidische Geometrie erfinden (in der Euklids Regeln nicht gelten). Doch erst als Einstein einige merkwürdige Zusammenhänge von Raum und Zeit entdeckte, wurde klar, wo Euklid falsch lag und warum die Gravitation mathematisch so schwer zu fassen war. Nichtsdestotrotz kam Euklid der Sache sehr nahe: Seine Voraussetzungen und Beweise sind die noch heute gültigen Grundlagen für die Geometrie im Alltag, die wir etwa für die Konstruktion von Maschinen benötigen.

Die Welt mit Zahlen bewegen

Die Geometrie wurde rasch unentbehrlich für Mathematiker und Ingenieure. Die wohl besten, jedenfalls frühesten Beispiele dazu sind die Erfindungen des Archimedes. Er ist heute vor allem wegen des archimedischen Prinzips bekannt, das die Verdrängung von Wasser durch einen Körper beschreibt. Er war beim Baden darauf gestoßen und lief mit dem Ruf *Heureka* (»ich hab's«) nackt durch die Straßen. Doch Archimedes war vor allem besessen von der Geometrie.

Archimedes wurde ein Jahrzehnt vor Euklids Tod geboren. Er war vor allem Mathematiker und mit Euklids Nachfolgern in Alexandria bekannt. Er sandte ihnen sogar Abschriften seiner neuesten mathematischen Theorien, bis er herausfand, dass sie diese Ideen als ihre eigenen weiterverbreiteten. Statt sich aber darüber zu ärgern (wie später Bernoulli), scheint Archimedes den Fall heiter aufgenommen zu haben. Er legte die Alexandriner herein, indem er ihnen zwei (mit vielen Fehlern gespickte) Theorien schickte, um zu sehen, ob sie auch dafür die Urheberschaft beanspruchten. Im Vorwort zu seinem Buch *Spiralen* bezieht er sich auf diesen Fall:

»… sodass diejenigen, die behaupten, alles zu entdecken, ohne einen Beweis dafür zu bringen, sich leicht widerlegen lassen, wenn sie das Unmögliche entdeckt haben.«

Offenbar war Archimedes ein gewitzter Bursche mit einem guten Ruf als Mathematiker. Anders als die Pythagoreer, für die die Zahlen mit mystischer Bedeutung durchtränkt waren, war Archimedes inspiriert von mechanischen Apparaten und der Geometrie, die er um sich herum beobachtete. In seinem Buch *Methodik* erklärte er:

»… gewisse Dinge sind mir erst durch die mechanische Methode klar geworden, obwohl sie hernach durch geometrische Methoden bewiesen werden mussten, weil ihre Untersuchung durch die mechanische Methode nicht als ein wirklicher Beweis gelten kann.«

Archimedes war manchmal so in seine Geometrie versunken, dass er sogar seine Körperpflege vergaß. Man erzählte, er habe

»… Essen und Trinken vergessen und alle Pflege des Leibes hintangesetzt; dass er, wenn er einmal

Unten: Neuzeitliches Porträt des Archimedes. Über sein wahres Aussehen ist nichts bekannt.

mit Gewalt zum Baden und Salben gebracht wurde, an den Kohlenbecken geometrische Figuren beschrieben und selbst auf seinem Leibe beim Salben mit dem Finger Linien gezogen habe, weil er im wahren Sinne vor Vergnügen entzückt und von den Musen begeistert war.«

Die praktische Ader von Archimedes zeigt sich in seinen vielen Erfindungen. Er entwickelte die Schneckenpumpe – auch als archimedische Schraube bekannt –, mit der Wasser durch die Drehung einer Schraube in einer Röhre gehoben wird. Diese Art von Pumpe ist noch heute weltweit in Gebrauch; sie nutzt ein ähnliches Prinzip wie die Propeller von Flugzeugen oder Schiffs-

schrauben, die Luft bzw. Wasser bewegen. Archimedes spielte auch eine wichtige Rolle bei der Verteidigung seiner Heimatstadt Syrakus auf Sizilien, als die Römer die Stadt 212 v. Chr. belagerten. König Hieron II., sein Freund und Verwandter, hatte ihn überredet, eine schiffzerstörende Apparatur zu entwerfen. Aus einer Biografie des griechischen Historikers Plutarch über den damaligen römischen Kommandeur wissen wir erstaunlich viel über diese antiken Kriegsmaschinen:

»... [die Maschinen waren] Werke, die der Mann selbst nicht für solche ausgab, die der Mühe wert waren, sondern die von ihm nur nebenher als Spielereien der Geometrie verfertigt waren.«

Aber was für Archimedes eine Spielerei gewesen sein mag, wurde als Kriegsmaschine legendär. Plutarchs Beschreibung der Schlacht klingt wie ein Actionfilm:

Unten: Archimedische Schraube zum Heben von Wasser.

»Aber nunmehr ließ Archimedes seine Maschinen spielen, welche alle Arten von Geschossen und schwere Steinmassen mit großem Geräusche und einer so unglaublichen Schnelligkeit auf die Landtruppen herabschleuderten, dass nichts ihrer Kraft widerstehen konnte, sondern ganze Reihen niedergeschmettert wurden und die Legionen in Unordnung gerieten. Zu gleicher Zeit senkten sich an der Meeresseite plötzlich von der Mauer Balken herab, welche die Schiffe teils durch ihre von oben her drückende Last in den Grund bohrten, teils mit eisernen Händen oder Haken, in Form der Kranichschnäbel, beim Vorderteil gerade in die Höhe zogen und mit dem Hinterteil ins Wasser tauchten; noch andere drehten, durch innen angebrachte Gegenzüge, die Schiffe im Kreise herum, und schmetterten sie zuletzt an die unter der Mauer

Oben: Archimedes erfand verschiedene Maschinen zur Verteidigung Siziliens gegen die vorrückenden Römer, darunter auch solche »Kranichschnäbel«, die Schiffe zum Kentern bringen sollten.

hervorragenden Felsen und Klippen, wobei die Mannschaft auf eine jämmerliche Art umkam. Oft hatte man den grässlichen Anblick, das ein aus dem Meere emporgezogenes Schiff schwebend hin und schwer geschwenkt wurde, bis es endlich, wenn die Leute herausgeschleudert waren, leer an die Mauer stieß oder wieder ins Meer herabstürzte.«

Solch außerordentliche Waffen werden glaubhafter, wenn man weiß, dass Archimedes auch den Hebel und den Flaschenzug erfunden hat.

Er soll den Flaschenzug demonstriert haben, indem er ein beladenes Schiff von einem einzigen Mann an Land ziehen ließ. Von Archimedes ist auch der Spruch überliefert: »Gebt mir einen festen Punkt, und ich hebe die Welt aus den Angeln.« Für ihn war das Versenken von römischen Schiffen vielleicht wirklich nicht Besonderes.

Wann ist eine Zahl keine Zahl?

Die Geometrie war ein wichtiges Hilfsmittel, wenn man mit äußerster Genauigkeit zeichnen und entwerfen wollte. Doch es dauerte rund tausend Jahre, bis sie sich zu dem vielseitigen Werkzeug entwickelt hatte, als die wir sie heute kennen. Es war der Gelehrte Abu Abd Allah Muhammad Ibn Musa al-Charismi (oder Chwarizmi), geboren um 780 in Charizm (heute Xiva in Usbekistan), der eine neue Verwendung von Zahlen in der Mathematik erfand. Al-Charismi lehrte im Haus der Weisheit in Bagdad, einer Akademie, in der die antiken griechischen Schriften zur Philosophie und zur Mathematik übersetzt wurden (auch die Werke von Archimedes und Euklid). Al-Charismi lernte aus diesen Texten und wurde mit seinem Buch *Hisab al-dschabr wa-l-muqabala* bekannt. (Schaut man sich den Titel genauer an, erkennt man sicher etwas Bekanntes darin.) Als praktischer Mathematiker kam es ihm auf den Nutzen seines Buchs an. Es enthalte

»... die einfachsten und nützlichsten Dinge der Arithmetik, die man ständig benötigt, etwa bei Erbfällen, Vermächtnissen, Teilungen, Prozessen und im Handel sowie bei jeglichem Umgang mit-

Oben: Russische Briefmarke mit einem Porträt des Mathematikers und Gelehrten Al-Charismi; er untersuchte Gleichungen zu geometrischen Formen.

einander oder was die Landvermessung, das Graben von Kanälen, geometrische Berechnungen und andere Themen verschiedener Art betrifft.«

Al-Charismi konzentrierte sich auf das Lösen von Gleichungen, die mit bestimmten Formen verbunden waren. Er verwendete natürlich nicht die uns heute vertraute Notation; er erklärte das Problem mit Worten und löste es mit Bildern.

Al-Charismi verließ sich auf diese Art der Geometrie, um die unbekannten Elemente in einer

Gleichungen zu geometrischen Formen lösen

»Ein Quadrat und 10 Wurzeln [gemeint sind die Wurzeln des Quadrats] sind gleich 39 Einheiten. Die Frage bei dieser Art von Gleichung ist: Wie groß ist das Quadrat, das zusammen mit 10 Wurzeln daraus eine Summe von 39 ergibt?

Man löst solche Gleichungen, indem man die Hälfte der Wurzeln nimmt. In der Aufgabe ist von 10 Wurzeln die Rede. Nimm also 5, die mit sich selbst multipliziert 25 ergeben. Wenn du das zu 39 hinzuzählst, erhältst du 64. Hast du daraus die Wurzel gezogen, also 8, ziehe davon die Hälfte der Wurzeln ab; von den 8 bleiben 3. Die Zahl 3 gibt eine Wurzel dieses Quadrats an, das selbst natürlich 9 ist. 9 gibt also das Quadrat.«

Heute würden wir dieselbe Aufgabe so lösen:

$x^2 + 10x = 39$

Welchen Wert hat x?

Al-Charismis Erläuterung ist nicht gerade ein Muster an Klarheit, aber es ist auch nicht so schwierig, ihm zu folgen. Sein geometrischer Beweis ist elegant, denn er zeigt, dass man nur einige Quadrate zeichnen muss, um den Wert von x zu erhalten.

Zuerst zeichnen wir die richtigen Formen. Wir beginnen mittig mit einem Quadrat mit der Seitenlänge x. Es hat die Fläche $x \cdot x$ oder x^2. Für die Rechtecke mit einer Gesamtfläche von $10x$ zeichnen wir vier Rechtecke mit den Seitenlängen x und 10/4, denn $(10/4) \cdot 4 \cdot x = 10x$. Laut Aufgabe haben diese fünf Formen die Gesamtfläche 39.

Nun zählen wir vier kleinere Quadrate, je mit der Seitenlänge 10/4, hinzu und bilden so ein großes Quadrat. Wir kennen die hinzugezählte Fläche, nämlich $4 \cdot (10/4) \cdot (10/4) = 25$. Also muss die Fläche des großen Quadrats $39 + 25 = 64$ sein. Um nun die Seitenlänge des großen Quadrats zu bestimmen, müssen wir die Wurzel aus dem Quadrat kennen – und das ist 8, denn $8 \cdot 8 = 64$. Nun lesen wir aus der Skizze ab, dass die Seitenlänge $10/4 + x + 10/4 = 8$ ist. Anders gesagt:

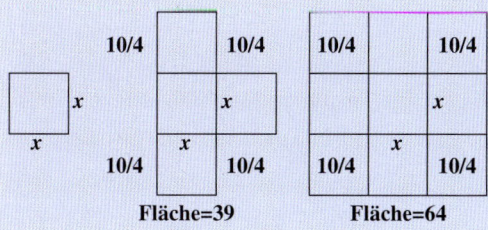

| Fläche=39 | Fläche=64 |

$x + 5 = 8$. Der Wert von x muss also 3 sein.

Gleichung zu bestimmen. Er verwendete zwei Methoden, um seine Gleichungen zu vereinfachen und sie leichter zeichnen zu können: *al-dschabr* (»die Vervollständigung«) und *al-muqabala* (»der Ausgleich«). Sie beschreiben genau das, was wir heute als algebraische Operationen kennen. Beispielsweise können wir mit *al-dschabr* die Gleichung $x^2 = 40x - 4x^2$ zu $5x^2 = 40x$ vereinfachen. Alternativ lässt sich mit *al-muqabala* die

Gleichung $50 + 3x + x^2 = 29 + 10x$ auf die Form $21 + x^2 = 7x$ bringen.

Über die Jahrhunderte ist *al-muqabala* verloren gegangen, und aus *al-dschabr* hat sich die *Algebra* entwickelt. Wir können unbekannte Zahlen mit Buchstaben darstellen und rechnen mit ihnen, als wären sie Zahlen. Das ist eine wunderbare Erweiterung der Mathematik. Auf einmal kann man mit Zahlen umgehen, auch wenn man ihren Wert nicht kennt. Die Algebra gibt uns damit ein mathematisches Äquivalent zu einem vagen Begriff wie »Dings«. Damit können wir sagen: »Der Betrag beträgt zwei Dings« und dann versuchen, »Dings« näher zu bestimmen. (Mathematiker schreiben natürlich nicht »Dings«, sondern »Der Betrag ist $2x$« und berechnen dann den Wert von x.)

Al-Charismis geometrische Beweise gehören zu den ersten Methoden, mit denen man berechnen kann, welche Zahlen zu den Buchstaben gehören (es gibt noch viele andere). Algebra ist heute das am weitesten verbreitete Werkzeug der Mathematik. Auch in diesem Buch wurde die Algebra schon einige Male angewendet – sie ist so wichtig und leistungsfähig, dass man kaum daran vorbeikommt. Die Algebra ist auch das Herzstück der Computerprogrammierung, wo man *Variablen* für die meisten Rechnungen verwendet; die Variablennamen funktionieren genauso wie die Buchstaben in der Algebra, nur dass man tatsächlich ganze Wörter (wie »Dings«) verwenden kann. Die Erfindung der Algebra macht Al-Charismi zu einem der einflussreichsten Mathematiker aller Zeiten.

Wichtige Gleichungen

Die Algebra war deshalb eine enorm wichtige Erfindung, weil es mit ihr möglich wurde, Zahlen zu schreiben, die man eigentlich nicht schreiben kann. Damit wurde das Problem der irrationalen Zahlen irrelevant. Man musste nur $x = \sqrt{2}$ setzen und konnte mit x rechnen wie mit jeder anderen Zahl. Doch es dauerte nach Al-Charismi noch einmal 800 Jahre, bis ein französischer Philosoph

und Mathematiker erkannte, dass man mit der Algebra auch geometrische Figuren definieren konnte wie Zahlen.

René Descartes wurde 1596 in La Haye geboren (heute heißt die Stadt nach ihm Descartes). Er studierte mehrere Jahre Philosophie und Mathematik. (In dieser Zeit ging es ihm gesundheitlich sehr schlecht, sodass man ihm gestattete, jeden Morgen bis 11 Uhr zu schlafen – eine Gewohnheit, die er fast sein ganzes Leben beibehielt.) Nach Abschluss seiner Studien reiste Descartes durch Europa und ließ sich dann in den Niederlanden nieder. Er begann physikalische und mathematische Forschungen, obwohl er nach dem Inquisitionsverfahren gegen Galilei Bedenken hatte, seine Ergebnisse zu veröffentlichen. Trotzdem schrieb er eine Abhandlung mit drei Anhängen zur Optik, Meteorologie und Geometrie. Seine Erkenntnisse zur Optik waren nichts Neues, seine Ergebnisse zur Meteorologie sogar falsch (so glaubte er, abgekochtes Wasser würde schneller gefrieren). Aber das Werk zur Geometrie war bahnbrechend. Darin kombinierte er Algebra und Geometrie zur analytischen Geometrie: Wenn ein Buchstabe eine Zahl darstellen konnte, dann mussten zwei Buchstaben x und y einen Punkt im Raum darstellen; mehrere Buchstaben sollten dann Kurven, einen Kreis oder eine andere Figur darstellen. Von Descartes (der sich auf Latein Renatus Cartesius nannte) stammen die kartesischen Koordinaten: Die zwei Buchstaben (x, y) sagen uns, dass sich ein Punkt im Abstand x auf der horizontalen Achse (der x-Achse) und im Abstand y auf der senkrechten Achse (y-Achse) befindet.

Geometrische Figuren mit Algebra bestimmen

Descartes erklärte auch, wie wir eine Gerade in der Form $y = mx + c$ schreiben können. Das heißt: Wenn der Gradient (die Steigung) der Geraden m ist und man weiß, dass die Linie die vertikale Achse beim Wert c schneidet, dann kann man den vertikalen Abstand y für jeden horizontalen Abstand x auf der Geraden bestimmen.

Für eine Gleichung wie $y = 3x - 1$ folgt dann, wenn wir drei Werte von x (1, 2, 3) einsetzen:

$$y = 3 \cdot 1 - 1 = 2$$

$$y = 3 \cdot 2 - 1 = 5$$

$$y = 3 \cdot 3 - 1 = 8$$

Die Geradengleichung gibt uns drei Punkte auf der Geraden, nämlich (1, 2), (2, 5) und (3, 8). Hat man diese kartesischen Koordinaten, kann man sie zeichnen, indem man die Punkte verbindet:

Aber der Witz bei der analytischen Geometrie ist, dass man zur Lösung gar keine Zeichnung braucht. Wenn wir beispielsweise wissen wollen, wo die Gerade die x-Achse schneidet, können wir sie natürlich zeichnen und den Wert aus der Zeichnung ablesen. Oder wir sagen einfach: Welchen Wert hat x für $y = 0$? Mit den Regeln der Algebra finden wir dann leicht die Antwort:

$$0 = 3x - 1$$

$$3x = 1$$

$$x = 1/3$$

Der Punkt, für den wir uns interessieren, ist also (1/3, 0). In genau der gleichen Weise können wir mit solchen Gleichungen auch gekrümmte Linie definieren, beispielsweise

$$y = x^2$$

oder sogar Kreise angeben, etwa so:

$$(x - h)^2 + (y - k)^2 = r^2$$

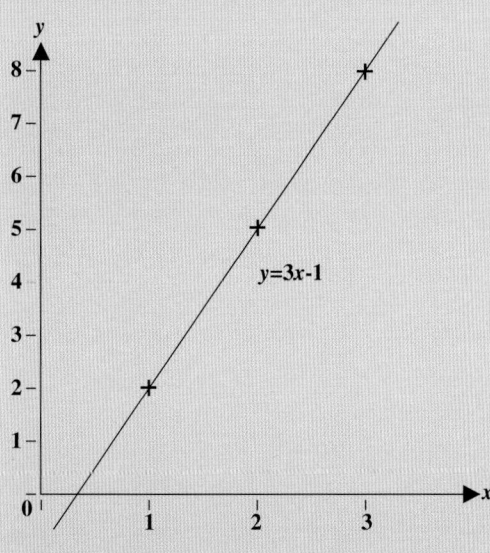

Heute ist diese Art der Geometrie ein wesentlicher Teil von Wissenschaft und Technik geworden. Es ist viel schneller und genauer, Ergebnisse algebraisch zu berechnen, als die Figuren wirklich zu zeichnen.

Descartes war sowohl Philosoph als auch Mathematiker. Er liebte die Mathematik, denn in seinen Augen bot nur sie absolute Wahrheit. Von ihm stammt nicht nur das berühmte »Ich denke, also bin ich«, er sagte auch: »Bei mir wird alles zu Mathematik.« Descartes hatte auch Humor. Heute ist er uns vor allem wegen seiner Beiträge zur Philosophie und zur analytischen Geometrie im Bewusstsein (mit dem Wort »kartesisch« erinnern wir an ihn). Aber Descartes hatte seine eigenen Wünsche, wie man seiner gedenken sollte:

»Ich hoffe, die Nachwelt wird mich freundlich beurteilen, und zwar nicht nur für die Dinge, die ich erklärt habe, sondern auch für die Dinge, die ich weggelassen habe, um anderen das Vergnügen der Entdeckung zu lassen.«

Oben: Eine Seite aus Portraits des grands hommes. Der Stich nach einer Zeichnung von Desfontaines zeigt Descartes an seinem Schreibtisch.

Am Rande bemerkt

Descartes war nicht immer so froh. Mit einem Mann stritt er nicht nur, sondern versuchte ihn auch in Misskredit zu bringen: mit dem französischen Juristen Pierre de Fermat. Fermat beschäftigte sich, wo er konnte, mit Mathematik und Geometrie, auch wenn er nur wenig veröffentlichte. Er korrespondierte mit berühmten Mathematikern seiner Zeit und machte dabei einmal den Fehler, abfällig über Descartes zu sprechen: Der »stochere im Dunkeln«. Von da an grollte Descartes Fermat. Selbst als herauskam, dass Fermat recht hatte und er selbst unrecht, tat Descartes sein Bestes, um Fermats Ruf zu ruinieren.

Wie bereits aufgezeigt, interessierte sich Fermat für Zahlentheorie und fand ein Paar befreundeter Zahlen. Doch heute ist Fermat am berühmtesten für das, was er *nicht* niederschrieb. Nach Fermats Tod gab sein Sohn Samuel eine Übersetzung der *Arithmetica* des griechischen

Die Fermat'sche Vermutung

Fermat bezog sich auf eine Gleichung, die eng mit dem berühmten Satz des Pythagoras zusammenhängt. Dieser Satz zeigt einen einfachen Weg auf, die Seiten eines rechtwinkligen Dreiecks zu berechnen: Wenn a, b und c die Seitenlängen des Dreiecks sind, dann gilt $a^2 + b^2 = c^2$. Fermat hatte bereits bewiesen, dass für rationale Werte von a und b der Wert c eine irrationale Zahl sein kann. Seine Anmerkung in der Randspalte bezog sich nun auf eine ganz ähnliche Gleichung:

$$a^n + b^n = c^n$$

(Dabei soll n eine natürliche Zahl sein.) Die Fermat'sche Vermutung besagt, dass es für größere Werte von n als 2 unmöglich ist, ganzzahlige Lösungen dieser Gleichung anzugeben. Das ist eine etwas überraschende Aussage, denn für den Fall $n = 2$ gibt es selbstverständlich Lösungen, und zwar sogar mehrere. So kann man die Gleichung mit $a = 3$, $b = 4$ und $c = 5$ lösen, denn

$$3^2 + 4^2 = 5^2$$

Das ist nichts anderes als der bekannte Satz des Pythagoras. Ein anderes Lösungsbeispiel sind die Zahlen 5, 12, 13, denn $5^2 + 12^2 = 13^2$.

Nimmt man allerdings für n einen größeren Wert an, etwa $n = 3$, dann findet sich keine Lösung. Drei Jahrhunderte suchten die Mathematiker danach, heute ist bewiesen: Es gibt keine.

Mathematikers Diophant mit den Anmerkungen seines Vaters heraus. An einer Stelle hatte Fermat auf den Rand gekritzelt: »Ich habe einen wahrhaft bemerkenswerten Beweis gefunden, aber der Rand ist zu schmal, um ihn hier niederzuschreiben.« (siehe Kasten links).

Fermats geheimnisvolle Notiz legte nahe, dass er nicht nur glaubte, dieser Satz sei wahr, sondern dass er sogar einen Beweis dafür gefunden habe. Die nächsten 300 Jahre waren die Mathematiker von dieser beiläufigen »Fermat'schen Vermutung« sehr stark angezogen, weil niemandem sonst der Beweis gelang. Hatte dieser französische Jurist wirklich einen solch bemerkenswerten Beweis gefunden? Ganz sicher schrieb er nicht alle seine Ideen sauber nieder. Doch warum konnten Hunderte andere Mathematiker den Beweis nicht finden?

Man glaubt heute, dass Fermats Beweis – wenn er denn tatsächlich eine Beweisidee gehabt haben sollte – falsch oder zumindest unvollständig gewesen sein muss. Dies gilt erst recht, seit der britische Mathematiker Andrew Wiles 1994 nach jahrelanger Arbeit einen Beweis vorlegte: Er umfasst 150 Druckseiten.

Die Geschichte um die Fermat'sche Vermutung hat die Fantasie so vieler Mathematiker angeregt, dass sie nach dem endgültigen Beweis sogar zu einem Musical verarbeitet wurde: *Fermat's Last Tango*. Descartes wäre darüber sicher nicht besonders erfreut gewesen, obwohl er vielleicht die Pointe geschätzt hätte, dass ausgerechnet Fermat das bekam, was er sich selbst gewünscht hatte: ein freundliches Urteil der Nachwelt aufgrund einer Auslassung.

Auch nach der Entdeckung der irrationalen Zahlen glaubten viele, die Zahlen wären das Herzstück des Seins. Das schwer fassbare Wesen der irrationalen Zahlen – geheimnisvoll, unverständlich, in so vielen geometrische Formen zu finden – forderte ja geradezu die Idee heraus, dass es tief im Innern der Welt noch reizvollere Zahlen gebe. Vielleicht existierte eine irrationale Zahl, die alle Formen der Welt beschrieb. Vielleicht legte Gott ja Spuren, indem er diese magische Zahl immer wieder in den Formen des Lebendigen verwendete.

DIE GOLDENE ZAHL

KAPITEL φ

Philosophen und Mathematiker glaubten über Jahrhunderte an solche magischen Zahlen. Noch heute tun dies einige Menschen. Warum? Sie meinen, sie würden eine dieser magischen Zahlen kennen. Wir benennen sie heute mit dem griechischen Buchstaben φ (phi). Ihr Wert beträgt etwa 1,6180339887498948482… (aber wie alle irrationalen Zahlen geht sie unendlich weiter, ohne dass es ein regelmäßiges Muster in den Nachkommastellen gibt).

φ findet sich in vielen Längen und Längenverhältnissen antiker griechischer Statuen und Bauwerke und selbst der Pyramiden. Sogar der menschliche Körper soll aus Verhältnissen von φ aufgebaut sein, und zudem soll φ im Herzen der Schönheit liegen. Diese Zahl gilt heute als etwas so Besonderes, dass man sie den Goldenen Schnitt, die Goldene Teilung oder einfach die Goldene Zahl nennt.

Oben: Beim Malen der Mona Lisa *soll Leonardo da Vinci die Prinzipien des Goldenen Schnitts beachtet haben.*

Kaninchen? Im Ernst?

φ ist so wesentlich für die Definition einiger Formen (so wie π wesentlich für die Definition des Kreises ist), dass man ihr Auftreten in antiken Bauten und Kunstwerken eher einem Zufall als einer Absicht zuschreiben mag. Einige moderne Philosophen behaupten, Platon habe φ gekannt und in sein philosophisches Denken eingebaut. Unglücklicherweise schrieb Platon oft in Rätseln und er-

Gegenüber: Der Nautilus ist eines der besten Beispiele für eine logarithmische Spirale in der Natur.

kannte wohl nicht, dass der geheimnisvolle Wert von φ in seiner Mathematik durchschien. Andere behaupten, Leonardo da Vinci habe den Goldenen Schnitt verwendet, um die perfekten Proportionen für seine Mona Lisa zu finden. Da könnte schon mehr dran sein, denn man weiß, dass Leonardo in Mathematik unterrichtet wurde und 1509 das Buch *De Divina Proportione* (»Die Lehre vom Goldenen Schnitt«) des Mathematikers Fra Luca Pacioli illustrierte, das sich nur mit dem Goldenen Schnitt beschäftigt. Pacioli glaubte mit Sicherheit, dass diese Zahl etwas Besonderes ist, denn er schrieb:

»So wie Gott nicht gebührlich definiert oder durch Worte verstanden werden kann, so ist auch diese Teilung niemals durch vernünftige Zahlen zu be-

stimmen oder durch irgendeine rationale Größe auszudrücken; sie bleibt immer verborgen und geheimnisvoll und wird von den Mathematikern irrational genannt.«

Die ersten Untersuchungen, die zu der geheimnisvollen Zahl φ durchgeführt wurden, dürften etwa 2000 Jahre älter sein und stammten von dem häretischen Pythagoreer Hippasus (der nach der Entdeckung der irrationalen Zahlen vermutlich ertrank oder ertränkt wurde) oder von seinem Genossen Theodorus von Kyrene. Aber es war Euklid, der als Erster niederschrieb, wie man φ findet (siehe Kasten gegenüber).

Fast 1500 Jahre nach Euklids Geburt wurde in Pisa ein weiterer Mathematiker namens Leo-nardo geboren. Dieser Leonardo Pisano wurde stets nur »der Sohn des Guglielmo Bonaccio« genannt; bekannt wurde er nach seinem Tod als Fibonacci.

Wegen der Geschäfte seines Vaters wurde Fibonacci in Nordafrika ausgebildet und kam dort mit den neuen arabischen Zahlen und dem Stellenwertsystem in Berührung. Er erkannte rasch, dass die Symbole 0 bis 9 den in Europa noch verbreiteten römischen Ziffern weit überlegen waren, und brachte diese neue Zahlschreib-

Euklids Verhältnis

Euklid kannte den Begriff »Goldener Schnitt«
noch nicht, der erst später geprägt wurde. Aber
er beschrieb, wie man seinen Wert berechnen
kann: Die Strecke zwischen den Punkten *A*
und *B* wird durch einen Punkt *C* im Goldenen
Schnitt geteilt, wenn für das Verhältnis der
Streckenlängen gilt: $AB:AC$ ist gleich $AC:CB$.

Euklid beschreibt auch, wie man diese Teilung in
vielen geometrischen Formen findet. Zeichnet
man etwa in einem regelmäßigen Fünfeck die
Diagonalen von einer Ecke zu den anderen ein,
schneiden sie sich im Goldenen Schnitt. Auch
hier gilt für das Verhältnis der Streckenlängen
$AB:AC$ ist gleich $AC:CB$ (das gilt auch für alle
anderen sich kreuzende Strecken im Fünfeck).

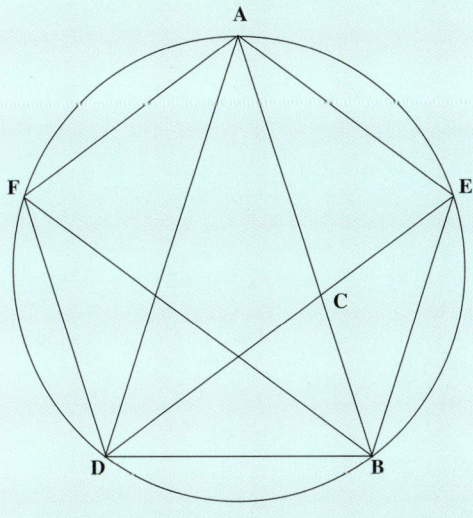

Oben: Fibonacci ist heute
noch bekannt für seine
Fibonacci-Zahlen, die mit
dem Goldenen Schnitt
zusammenhängen.

weise nach Europa. Wesentlich dafür war sein
Buch *Liber Abaci* (dessen Titel mit »Das Buch
vom Rechnen« oder »Das Buch vom Abakus«
übersetzt wird). Fibonacci richtet sich darin eher
an Kaufleute als an Gelehrte, er gibt zahlreiche
Beispiele an, wie man Zahlen am besten schreiben sollte, wie man Gewinne und Verluste genau
berechnet, wie man zwischen Währungen um-
rechnet und Zinsen bestimmt. Er stellt auch eine
Reihe von mathematischen Aufgaben; für eine

dieser Aufgaben ist Fibonacci (wenn er es wüsste, wahrscheinlich zu seiner größten Überraschung) noch heute bekannt. Das folgende Rätsel machte ihn berühmt:

Ein Mann setzte ein Paar Kaninchen in einen allseits ummauerten Ort. Wie viele Kaninchenpaare können innerhalb eines Jahres aus diesem Paar erwachsen, wenn jedes Paar in jedem Monat ein Pärchen als Nachwuchs bekommt und der sich ab dem zweiten Monat ebenfalls vermehrt?

Trotz der vielen weiteren Rätsel über Spinnen, die die Wände hochkrabbeln, und Hunden auf Hasenjagd war es gerade dieses Rätsel, das die Fantasie der Menschen bewegte (siehe Kasten). Der Grund dafür liegt in der Lösung.

Die Fibonacci-Folge wirkt wie ein Licht, das φ nach und nach deutlicher zutage treten lässt. Je größer die Zahlen der Folge werden, umso näher kommen wir dem wahren Wert. Zwar ist φ irrational, es gibt also laut Definition keine zwei ganzen Zahlen, die den exakten Wert von φ ergeben, wenn

Die Fibonacci-Folge

In Fibonaccis Kaninchen-Aufgabe beginnen wir mit einem Kaninchenpaar. Jedes Paar wird im zweiten Monat geschlechtsreif und wirft dann innerhalb eines Monats ein weiteres Paar. Wie viele Paare haben wir dann? Wir schreiben die Antwort für jeden Monat nacheinander auf:

1, 1, 2, 3, 5, 8, 13, 21, 34, 55, 89, 144, 233, …

Um zu erkennen, warum das so ist, stellen Sie sich bildlich einmal zwischen die Kaninchen. Wir beginnen mit 1 Paar. Nach einem Monat haben wir immer noch 1 Paar. Nach zwei Monaten haben wir das Ausgangspaar und ein neues, macht zusammen 2 Paare. Nach drei Monaten haben wir das Ausgangspaar, das neue Paar und noch ein neues Paar, das von dem Ausgangspaar gezeugt wurde, also zusammen 3 Paare. Nach vier Monaten haben wir die bisherigen 3 Paare plus zwei weitere Paare, die von den Paaren abstammen, die älter als einen Monat sind, insgesamt 5 Paare. Und so geht es weiter …

Man erkennt sofort, dass diese Zahlenfolge ein festes Bildungsmuster hat. Jede Zahl ergibt sich als Summe der beiden vorangehenden Zahlen.

Diese Folge ist bekannt als Fibonacci-Folge. Sie hat eine besondere Eigenschaft, die sich zeigt, wenn man zwei aufeinanderfolgende Zahlen durcheinander teilt:

$3/2 = 1{,}5$

$5/3 = 1{,}666…$

$8/5 = 1{,}6$

$13/8 = 1{,}625$

$21/13 = 1{,}61538…$

$34/21 = 1{,}619047…$

$55/34 = 1{,}617647…$

$89/55 = 1{,}61818…$

Wenn man sich nun nochmals den Wert von φ auf Seite 73 in Erinnerung ruft, dann versucht, die nächsten paar Zahlen der Folge zu berechnen, und anschließend deren Quotienten bildet, erkennt man rasch, was passiert.

Die gleichwinklige Spirale

Die gleichwinklige oder logarithmische Spirale wurde von Jakob (Jacques) Bernoulli beschrieben, dem Bruder von Johann Bernoulli, dessen Geschichte in Kapitel 0 dargestellt wurde. Man zeichnet die Spirale, indem man in ein Rechteck, dessen Seitenlängen im Goldenen Schnitt zueinander stehen, ein Quadrat und darin einen Viertelkreis einzeichnet, dessen Radius gerade die Seitenlänge des Quadrats ist. Dann wiederholt man das an dem verbleibenden Rechteck:

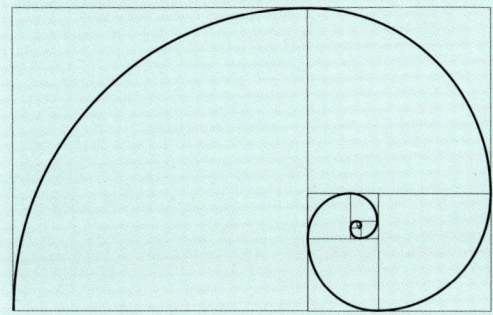

man sie durcheinander teilt. Die Fibonacci-Folge liefert aber Zahlen, deren Quotienten beliebig dicht an den Wert von φ herankommen.

Fibonacci schrieb noch andere wichtige Mathematikbücher, aber sein Werk war jahrhundertelang größtenteils vergessen. Er leistete Beiträge zur Geometrie und Zahlentheorie, aber heute denkt man meist nur wegen jener Kaninchen an ihn.

Doch φ findet sich nicht nur bei der Fortpflanzung von Kaninchen oder in Pentagrammen. Descartes, auf den die kartesischen Koordinaten und die analytische Geometrie zurückgehen, untersuchte als Erster eine spezielle Spirale, die man die gleichwinklige Spirale nennt. So wie beim

Oben: Jakob und Johann Bernoulli bei der Diskussion über ein geometrisches Problem.

Pentagramm bereits gezeigt, ist φ auch in dieser Spirale enthalten. Das brachte viele Mathematiker, Biologen und Philosophen während der nachfolgenden Jahrhunderte dazu, sie mit in der Natur vorkommenden Spiralen zu vergleichen, beispielsweise mit Spiralen in Schneckengehäusen. Je genauer man hinschaut, umso mehr dieser Spiralen findet man. Es gibt ganze Bücher mit Illustrationen von Pflanzen, Blütenblättern und Samen sowie von Spiralen in Schneckengehäusen und Muscheln, die alle immer wieder darstellen, wo φ überall auftritt. All das soll belegen, wie wichtig φ für das Leben ist.

IoANNIS KEPPLERI
Mathematici Cæſarei
hanc Imaginem
ARGENTORATENSI BIBLIOTHECÆ
Conſecr.
MATTHIAS BERNEGGERVS
Kal. Ianuar. Anno Chr.
M DC. XXVII

Oben: Der kaiserliche Astronom
Johannes Kepler (Ölgemälde
von 1627, Musée de l'Œuvre
Notre Dame, Straßburg).

Nicht von dieser Welt

1571 wurde in Württemberg ein weiterer Mathematiker geboren. Johannes Kepler war ein zutiefst gläubiger Mensch. Sein Glaube war damals aber ein wenig unüblich. So glaubte er, dass Erscheinungen wie die Bewegung der Planeten durch Zahlen und geometrische Formen mit mystischer Bedeutung erklärt werden könnten. Es überrascht kaum, dass Kepler φ für besonders wichtig hielt. Er nannte diese Zahl die »Teilung in einen äußeren und einen mittleren Teil« und sagte: »Die Geometrie birgt zwei große Schätze. Der eine ist das Gesetz des Pythagoras; der andere ist die Teilung einer Linie in einen äußeren und einen mittleren Teil. Den ersten können wir mit einem Scheffel Gold vergleichen, den zweiten dürfen wir ein kostbares Juwel nennen.«

Keplers Bildersprache würde andersherum etwas besser passen, denn heute ist φ bekannt als »Goldener Schnitt« oder »Goldene Teilung«, während die Dreiecke im Satz des Pythagoras weit eher an einen geschliffenen Edelstein erinnern. Aber das hat Kepler nicht mehr erlebt.

Kepler studierte Griechisch, Hebräisch und Mathematik in Tübingen. In seinem ersten Jahr erzielte er überall beste Noten – außer in Mathematik. Doch das stand einer erfolgreichen Karriere als Astronom und Mathematiker nicht im Weg. Keplers wichtigstes Werk sollte die Bewegung der Planeten erklären. Er nahm als einer der Ersten das radikal neue kopernikanische Weltsystem an, in dem die alte Ansicht, es gebe sechs Planeten (der Mond wurde als Planet gezählt), die allesamt die Erde umkreisen, durch die neue Weltsicht abgelöst wurde, dass sechs Planeten (darunter die Erde) die Sonne umkreisen; nur der Mond umkreist die Erde. Keplers Methode zur Berechnung der Planetenbahnen war überraschenderweise platonisch. Fünf geometrische Körper, die jeweils ineinanderstecken, sollten die Bahnabstände erklären.

Rechts: Frühe Darstellung des kopernikanischen Weltsystems, wonach die Planeten auf kreisförmigen Bahnen um die Sonne laufen. Das System war Ausgangspunkt für Keplers Untersuchungen der Planetenbahnen.

Keplers Lösung für das Geheimnis des Kosmos

Kepler glaubte, die Planeten würden auf Kreisbahnen um die Sonne laufen. Oder genauer: Die Planeten verhielten sich so, als ob sie auf großen unsichtbaren Kugeln mit der Sonne im Mittelpunkt abrollen. Indem er eine Kugel mit dem richtigen Radius um die Sonne zeichnete (ihr Radius gibt die Entfernung des Planeten von der Sonne an), konnte er herausfinden, wohin sich der Planet im nächsten Augenblick bewegen würde. Um die richtigen Abstände zwischen den Planetenbahnen zu finden, nahm er die fünf platonischen Körper als Abstandshalter.

Dazu zeichnete er zuerst eine Kugel für die Bahn des Saturn, des äußersten Planeten. In diese Kugel zeichnete er einen Würfel, sodass seine Ecken die Kugel gerade auf der Innenseite berührten. In den Würfel zeichnete er eine Kugel, deren Rand die Innenseite des Würfels berührte. Diese Kugel sollte die Jupiterbahn beschreiben. In die Jupiterkugel zeichnete er ein Tetraeder und darin wieder eine Kugel. Auf dieser Kugel rollte der Mars. In die Marskugel kam ein Dodekaeder, und in diesen zwölfseitigen Körper hinein zeichnete er noch eine Kugel für die Erdbahn. In die Kugel für die Erde zeichnete er ein Isokaeder, ein Körper mit zwanzig Flächen, und darein eine Kugel für die Venusbahn. Schließlich folgten in der Venuskugel ein Oktaeder und darin die letzte Kugel für den Merkur.

Kepler war sehr zufrieden, denn jetzt schien alles miteinander verbunden: die platonischen Körper, echte Beobachtungen der Planetenbewegungen, ja sogar φ und die rechtwinkligen Dreiecke des Pythagoras, die wiederholt in den platonischen Körpern vorkommen. Euklid hatte bewiesen, dass es nur fünf reguläre konvexe Körper geben kann, und genau diese fünf passten exakt als Abstandshalter zwischen die Bahnen der Planeten. Kepler hielt dies für einen klaren Beweis dafür, dass es einen Gott gibt, der seine Schöpfung rund um die Mathematik geplant hatte.

Dies alles ist in seinem ersten Buch *Mysterium cosmographicum* (»Das Weltgeheimnis«) zu finden. Und es sah so aus, als hätte Kepler tatsächlich alle Geheimnisse gelöst. Sein Modell mit den platonischen Körpern beschrieb die messbaren Bewegungen der Planeten außerordentlich genau. Der größte Fehler lag unter zehn Prozent; das wäre noch heute ziemlich gut für ein Modell.

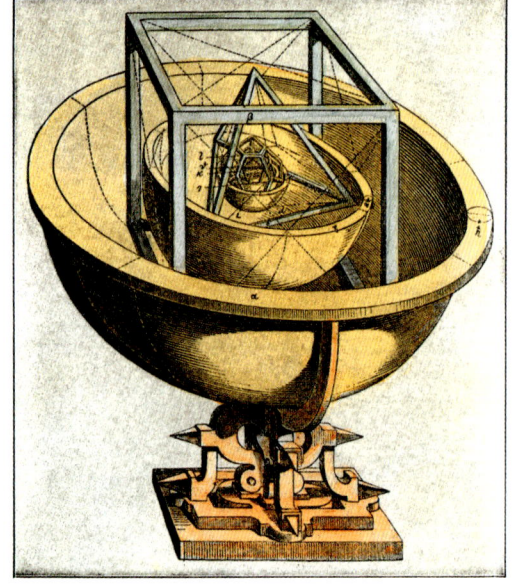

Oben: Keplers Modell, das seine Theorie der Planetenbahnen zeigen sollte.

Doch Kepler war dies nicht gut genug. Er wollte ein perfektes Modell, um besser zu verstehen, wie und warum sich die Planeten genau so bewegen, wie sie es tun. Er forschte weiter, untersuchte sehr detailliert die Umlaufbahn des Mars und beschäftigte sich mit Optik und Teleskopen.

Bald wurde ihm klar, dass seine ursprüngliche Idee trotz ihrer Eleganz nicht stimmen konnte, denn seinen Beobachtungen zufolge bewegte sich Mars auf einer elliptischen Bahn, nicht auf einem Kreis. Dies ist eines der frühesten Beispiele für etwas, was wir heute »Messabweichung« nennen: Man

Die Kepler'schen Gesetze

Kepler wurde klar, dass die Planeten die Sonne nicht auf kreisförmigen, sondern auf elliptischen Bahnen umkreisen. Dies nennen wir heute das »erste Kepler'sche Gesetz«. Ihm wurde auch klar, dass die Bahngeschwindigkeit vom Abstand zur Sonne abhängt: Die Planeten werden schneller, wenn sie dicht an der Sonne vorbeilaufen. Ihre Geschwindigkeitsänderung lässt sich berechnen, indem man die von dem Planeten überstrichene Ellipse in Segmente gleicher Fläche zerlegt. Dazu zieht man eine Linie von der Sonne zum Planeten, wenn er am weitesten von der Sonne entfernt ist, und eine Stunde später eine weitere Linie, um das Segment zu schließen. Wenn wir nun eine Verbindungslinie zwischen Sonne und Planet und eine zweite Linie so zeichnen, dass das entstehende Segment dieselbe Fläche hat, dann zeigt die zweite Linie auf die Stelle, wo sich der Planet eine Stunde später befinden wird. Dicht an der Sonne muss er schnell sein, das Segment mit der richtigen Fläche ist breit; weit von der Sonne entfernt ist er langsamer, es entsteht ein lang gestrecktes Segment. Dies nennen wir das »zweite Kepler'sche Gesetz«.

Später fand Kepler ein drittes Gesetz, wonach für zwei beliebige Planeten das Verhältnis zwischen dem Quadrat ihrer Umlaufzeit genauso groß ist wie das Verhältnis der dritten Potenzen der mittleren Bahnradien. In Formeln ausgedrückt:

$$\frac{P_1^{\,2}}{P_2^{\,2}} = \frac{R_1^{\,3}}{R_2^{\,3}}$$

Dabei ist P_1 die Zeit, in der Planet 1 um die Sonne läuft (also seine Jahreslänge), R_1 ist seine mittlere Entfernung zur Sonne; P_2 und R_2 sind die entsprechenden Werte für den Planeten 2.

Die Formel sagt, dass die Jahreslänge für einen Planeten enorm ansteigt, wenn er sehr weit von der Sonne entfernt ist, da er sich nur sehr langsam bewegt. Damit können wir die genauen Zeiten und Entfernungen der Planeten berechnen. Setzen wir z. B. als Planeten 2 die Erde, die ein Jahr für den Umlauf braucht und im Mittel 1 Astronomische Einheit (AE) von der Sonne entfernt ist (1 AE sind rund 150 Milliarden km); Merkur ist 0,3873 AE von der Sonne entfernt. Dann rechen wir die Dauer eines Merkurjahres aus:

$$\frac{P_1^{\,2}}{1^2} = \frac{0{,}3873^2}{1^3}$$

Man erhält für den Wert von P_1 die Wurzel aus 0,0580955, also 0,241 eines Erdenjahres. Merkur benötigt also 88 Tage, um die Sonne einmal zu umkreisen.

Perihel · · Aphel
Sonne

Gleiche Flächen in gleichen Zeiten

vergleicht die Hypothese mit den realen Beobachtungen, um so die Hypothese zu bestätigen oder zu verwerfen. Dieses Vorgehen ist heute zentral in den Naturwissenschaften und ermöglicht uns, die Gültigkeit unserer Theorien zu prüfen. Als die Messdaten zeigten, dass seine Hypothese nicht genau stimmte, gab Kepler sie als guter Wissenschaftler auf, obwohl er ein Buch darüber geschrieben und seine Karriere darauf aufgebaut hatte. Später fand er die mathematischen Regeln, mit denen sich die Planetenbewegungen richtig beschreiben lassen (Kasten Seite 81).

Die Kepler'schen Gesetze sind eine wirklich beeindruckende Leistung, insbesondere weil Kepler die Ursache der Planetenbewegung (die Gravitation) noch nicht kannte. Diese fand erst Isaac Newton einige Jahrzehnte später; dabei konnte er die Kepler'schen Gesetze sogar noch verbessern.

Unten: Johannes Kepler diskutiert seine Entdeckungen zur Planetenbewegung mit seinem Gönner Kaiser Rudolf II., der Wissenschaft und Künste besonders unterstützte.

Oben: Ölgemälde des Mondes und seiner Bewohner, wie Kepler sie in seinem Buch Somnium *beschreibt.*

Ein kaum bekanntes Werk von Kepler ist wohl die erste Science-Fiction-Geschichte überhaupt: sein Buch *Somnium* (»Der Traum«), das erst posthum erschien. Es erzählt, wie ein Student mithilfe eines Dämons auf den Mond gelangt. Keplers Einbildungskraft ist bemerkenswert: Er beschreibt den Abflug von der Erde als traumatisch, denn »er wurde durch die Luft geschleudert, als wäre er mit einer Kanone in die Höhe geschossen worden, um über die Berge und Meere zu fliegen«. Das klingt fast so, als ob Kepler schon an eine Mondrakete gedacht hätte (dabei schrieb er seinen Text, bevor man wusste, was Gravitation ist, und lange vor der Erfindung der ersten Fluggeräte). Sobald die Geschwindigkeit groß genug geworden war, so Kepler, »wurden wir fast zur Gänze allein durch unseren Willen getragen, sodass unsere Körper sich wie aus eigenem Antrieb dem Ziel näherten«. Das klingt fast wie eine Beschreibung des Trägheitsprinzips. Kepler scheint geglaubt zu haben, man müsse sich für die Reise zum Mond bis zur richtigen Geschwindigkeit beschleunigen und dann diese Geschwindigkeit bis zum Abbremsen beibehalten; genauso gelangten nach 1969 die ersten Mondfähren zum Mond. Kepler beschrieb auch die zahlreichen weiteren Schwierigkeiten, denen sich sein Held während der Reise gegenübersah; das deutet darauf hin, dass er ernsthaft geglaubt haben muss, eine solche Reise sei möglich.

Nach der Ankunft auf dem Mond nutzt Kepler die Geschichte, um die Planetenbewegung zu beschreiben. Dabei nimmt er richtig vorweg, dass ein Beobachter auf dem Mond die Erde fast genauso auf- und untergehen sieht, wie wir von der Erde aus den Mond sehen. Einige Vermutungen über mögliche Lebewesen auf dem Mond folgen: Die Mondbewohner sollten zu ungeheurer Größe heranwachsen und nomadisch leben, es seien ja mit dem Teleskop keine Städte auf dem Mond zu sehen.

»Einige benutzen ihre Beine, die weit länger sind als die von unseren Kamelen; andere gebrauchen Flügel; und einige folgen dem schwindenden Wasser in Booten; bei einer mehrtägigen Ruhe kriechen sie in Höhlen. Die meisten von ihnen können tauchen; alle atmen sehr langsam; folglich bleiben sie unter Wasser am Grund.«

Dies dürfte die erste Beschreibung von Leben in einer anderen Welt sein. Auch hier ist Keplers Fantasie erstaunlich: Er beschreibt neue Arten von Kreaturen, die an die Mondlandschaft seiner Vorstellung angepasst sind – und das über zweihundert Jahre vor Darwin und dessen Evolutionstheorie.

Da passt es, dass die NASA eine geplante Raumsonde nach Kepler benannt hat. Die Sonde Kepler wird ein leistungsfähiges Weltraumteleskop enthalten und nach Planeten in anderen Sonnensystemen suchen. Sie wird voraussichtlich im Februar 2009 starten. Johannes Kepler wäre entzückt.

Ab-surditäten

Ein weiterer Weg zur Berechnung von φ ist es, 1 zur Quadratwurzel von 5 zu addieren und dann durch 2 zu teilen. Auch dies ist schwer niederzuschreiben, denn die Wurzel aus 5 ist ebenfalls eine irrationale Zahl, die niemals abbricht. Wenn wir sie auf zehn Nachkommastellen angeben, dann wird auch unser so erhaltenes φ nur zehn genaue Stellen haben. Daher schreiben wir, so wie im letzten Kapitel gelernt,

$(1 + \sqrt{5}) / 2$

In der Mathematik ändert man häufig die Schreibweise, wenn man sonst nicht weiterkommt. Wir können irrationale Zahlen, die durch Wurzelziehen entstehen, nicht aufschreiben. Man könnte zwar einen Buchstaben verwenden, etwa x, und dann mit Algebra weiterarbeiten. Doch Algebra ist eher

etwas für Zahlen, deren Wert wir gar nicht kennen. Das irrationale Ergebnis einer Wurzel aber hat einen Wert, den wir zwar (mehr oder weniger) kennen, den wir aber nicht exakt aufschreiben können. Die Lösung ist, das Wurzelzeichen zu verwenden und die Zahl als *Surde* zu schreiben.

Als das Wort Surde aufkam, bedeutete es dasselbe wie irrational. Offenbar übersetzten die arabischen Gelehrten im 9. Jahrhundert das griechische Wort *alogos* (irrational) mit *asamm* (taub, dumm). Die arabischen Mathematiker mochten diesen Gegensatz von rationalen »hörbaren« und irrationalen »unhörbaren« Zahlen. Ihr Wort wurde später ins Lateinische übersetzt und wurde zu *surdus* (taub, stumm).

Heute bezeichnet man mit einer Surde eine irrationale Zahl, die man durch eine Wurzel ausdrücken kann, etwa $\sqrt{5}$ (im Unterschied zu irrationalen Zahlen wie π, bei denen das nicht geht).

Sobald ein Mathematiker eine neue Schreibweise für Zahlen angibt, folgen zahlreiche andere Mathematiker, die die dafür notwendigen neuen Regeln entwickeln. Es überrascht also keines-

1.618033

Regeln für die Surden

Regel 1: $\sqrt{a \cdot b} = \sqrt{a} \cdot \sqrt{b}$
beispielsweise $\sqrt{12} = \sqrt{4} \cdot \sqrt{3} = 2\sqrt{3}$

Regel 2: $\sqrt{(a/b)} = \sqrt{a} \, / \sqrt{b}$
beispielsweise $\sqrt{(3/4)} = \sqrt{3} \, / \sqrt{4} = \sqrt{3} \, / \, 2$

Regel 3: $a\sqrt{b} + c\sqrt{b} = (a+c)\sqrt{b}$
beispielsweise $5\sqrt{5} + 4\sqrt{5} = 9\sqrt{5}$

Die Surden sind nur eine Schreibweise. Heute werden lieber Exponenten verwendet.

Für »x-quadrat« schreibt man: $x^2 = x \cdot x$

Für »Kehrwert von x-quadrat«: $x^{-2} = 1/(x \cdot x)$

Wir schreiben »Wurzel aus x«: $x^{1/2} = \sqrt{x}$

Und wir schreiben »Kubikwurzel aus x«:
$x^{1/3} = \sqrt[3]{x}$

Es gibt allerdings noch mehr Regeln, wie man mit Exponenten rechnet.

wegs, dass es eine unheimlich große Zahl von Regeln zum Rechnen mit Surden gibt.

Heute sind Surden nicht mehr gebräuchlich, trotz der Bemühungen des flämischen Mathematikers Simon Stevin, der 1548 oder 1549 geboren wurde. Auf ihn geht die Einführung der Dezimalbrüche in Europa zurück. In seinen Schriften trat er immer wieder dafür ein, alle Arten von Zahlen – Brüche, negative, reelle oder surdische Zahlen – gleichermaßen als Zahlen zu behandeln.

Stevin war nicht nur Mathematiker, sondern arbeitete auch auf praktischem Gebiet. Er war General-Quartiermeister für die Armee der niederländischen Generalstaaten, beaufsichtigte den Bau von Windmühlen, Schleusen und Häfen und entwickelte eine Methode, tief liegende Landstriche durch Öffnen der Deichtore zu überfluten, um eine eindringende Armee aufzuhalten. Neben seinen Schriften zur Mathematik schrieb er elf Bücher zur Finanzbuchhaltung, zur Hydrostatik, Musik und Astronomie. Schon drei Jahre vor Galileo entdeckte er, dass Körper mit verschiedenem Gewicht mit derselben Geschwindigkeit fallen, indem er zwei verschieden große Bleikugeln von einem Kirchturm in Delft fallen ließ.

Heute nutzt man zur Darstellung von Zahlen keine Surden mehr, trotz der Bemühungen von Simon Stevin und ungeachtet dessen, dass in der Goldenen Zahl φ eine Surde enthalten ist. In praktischen Anwendungen nehmen wir lieber Exponenten oder die (nicht ganz richtigen) Dezimalnäherungen, um irrationale Zahlen darzustellen, vor allem weil sie mit dem Computer viel leichter zu verarbeiten sind.

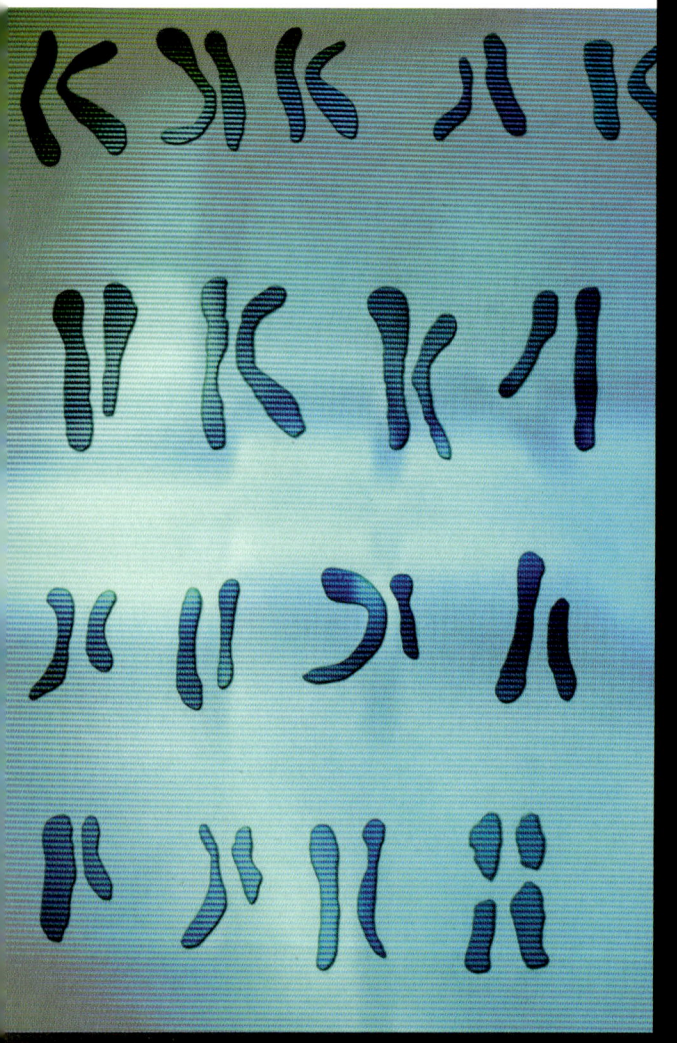

Es gibt unendlich viele Zahlen zwischen 0 und 2, und deswegen ist dieses Kapitel, das sich Kapitel 2 nennt, schon das siebte in diesem Buch. Doch für die Menschen vor Tausenden von Jahren war die Zwei die erste Zahl. Die Eins galt ihnen einfach nur als Einheit, erst die Zwei war die erste Zahl mit der Bedeutung »eine Ansammlung von Dingen«. Die Zwei ist auch die erste gerade Zahl. Und das muss auch so sein, denn »gerade« bedeutet ja gerade, dass eine Zahl »glatt durch zwei teilbar« ist.

GLATT UND GERADE

KAPITEL 2

»Gerade« hatte immer eine Bedeutung, die über die pure Mathematik hinausging. Eine gerade Zahl kann man in zwei genau gleiche Hälften teilen, sie ist also ausgewogen. Die Zwei ist damit die wichtigste gerade Zahl. Diese Ansicht findet man in vielen Religionen und Philosophien. Die Chinesen glauben, die Zwei enthalte das Wesen der zwei sich ergänzenden Prinzipien *Yin* (die aufnehmende, begrenzte weibliche Kraft) und *Yang* (die kreative, expansive männliche Kraft). Die Zwei ist zudem die erste *Yin*-Zahl und hört sich in kantonesischer Aussprache an wie »yi« (»einfach, leicht«). Daher wird die Zwei oft vor andere Glückszahlen gesetzt, um diese zu verstärken; beispielsweise klingt 23 auf Kantonesisch wie »leicht wachsend«, 26 wie »sicher gewinnbringend« und 29 wie

Oben: Der Teufel, die diabolische Zahl Zwei darstellend (Detail aus Die Verdammten *von Luca Signorelli aus dem Freskenzyklus in der Capella di San Brizio im Dom von Orvieto).*

»ganz einfach«. Die 24 ist dagegen eine Unglückszahl, denn sie klingt wie »stirbt leicht«. Die 2424 bringt dann besonders viel Unglück.

Für die frühen Christen repräsentierte die Zwei hingegen den Teufel oder die Trennung zwischen Seele und Gott. Der Zoroastrismus sagt, die Zwei symbolisiere den ewigen, unentschiedenen Kampf zwischen Gut und Böse. Und wenn Sie in Russland jemandem Blumen schicken, dann sorgen Sie für eine ungerade Anzahl: Geradzahlige Sträuße überreicht man nur bei Beerdigungen. Es gibt noch mehr Aberglauben, einiges erklärbar, anderes recht bizarr. Beispielsweise soll es Unglück bringen, zwei Löcher im selben Strumpf zu haben, aber Glück, wenn zwei Personen zur selben Zeit niesen. Es bringt Unglück, wenn zwei Personen

Oben: Gottfried Wilhelm Leibniz, der Mathematiker, der die Philosophie der Binärzahlen entwickelte.

Wer versteht das Binärsystem?

Computer sind die weltbesten Zahlenverarbeiter, aber die Zwei kommt in einem Computer gar nicht vor. Rechner benutzen überhaupt keine Zahlen, die größer als eins sind. Die einzigen Ziffern, die ein Computer versteht, sind die Null und die Eins. Der Grund dafür ist, dass sie mit einem Zahlensystem zur Basis 2 arbeiten, statt wie wir mit einem Dezimalsystem (System zur Basis 10). Das Binärsystem ist nur eine andere Möglichkeit, Zahlen aufzuschreiben; alle Zahlen sind noch immer da, im Computer werden sie aber als Kombinationen der Ziffern Null und Eins geschrieben und gespeichert.

Das Binärsystem hat uralte Wurzeln, aber erst im Barock wurde es eingehend untersucht: Gottfried Wilhelm Leibniz, geboren 1646 in Leipzig, hatte ein tiefgreifendes Interesse an Philosophie und Dichtkunst. Schon als Kind brachte er sich selbst Latein und Griechisch bei, und im Alter von 16 Jahren veröffentlichte er seine erste philosophische Schrift. Außerdem beschäftigte er sich mit einer Vielzahl von Themen, von Politik bis Mathematik. 1678/79 entwarf er als Berater des Herzogs von Hannover eine Reihe von windgetriebenen Pumpen und Geräten für Bergwerke im Harz, sie wurden jedoch nie gebaut. Er arbeitete an einer automatischen Rechenmaschine, die Multiplikationen durch wiederholte Additionen durchführte; aber erst nach über 20 Jahren funktionierte ein Modell.

Leibniz war ein ungemein fleißiger Briefeschreiber. Er korrespondierte mit über 600 Mathematikern, Philosophen, Ingenieuren und Politikern. Er war befreundet mit Johann Bernoulli, überwarf sich aber mit Isaac Newton. In ihrer über Jahre andauernden Fehde ging es um die Priorität bei der Entwicklung der Analysis, die wir später noch kennenlernen werden. Es scheint, als hätte sein Takt nicht ganz mit seinem Ideenreichtum Schritt

Tee aus derselben Kanne einschenken, aber Glück, wenn zwei Sprossen aus einem einzigen Krautkopf wachsen. Viel Aberglaube hat auch mit Eiern zu tun, so heißt es beispielsweise: Wer ein Ei mit zwei Dottern findet, hat demnächst einen Todesfall in der Familie zu beklagen; wem aber zwei Eier zerbrechen, dem erscheint demnächst ein Seelenfreund.

Zählen mit Binärziffern

Man braucht vier binäre Zahlen oder »Bits«, um bis 15 zu zählen:

0000	0
0001	1
0010	2
0011	3
0100	4
0101	5
0110	6
0111	7
1000	8
1001	9
1010	10
1011	11
1100	12
1101	13
1110	14
1111	15

Egal, in welcher Basis – die Zahlen werden genauso gebraucht, wie wir es gewohnt sind, es gibt nur weniger Ziffern (oder mehr Stellen). Bei der Basis 10 verwenden wir zehn Symbole (die Ziffern 0 bis 9), und die ersten vier Stellen einer Zahl geben die Anzahl von 10^3, 10^2, 10^1, 10^0 (Tausender, Hunderter, Zehner und Einsen) an. Bei der Basis 2 verwenden wir nur die Symbole 0 und 1; die ersten vier Stellen geben 2^3, 2^2, 2^1, 2^0 (Achter, Vierer, Zweier und Einsen) an.

Die binäre Zählweise erinnert auch an die Perlen eines Abakus (siehe Kapitel 0).

gehalten. Als ihn der britische Mathematiker John Keill während des Prioritätenstreits des Plagiats bezichtigte, sagte Leibniz, er »lehne es ab, einem Idioten zu antworten«.

Ungeachtet der gestörten Beziehungen zu seinen Mitmenschen machte Leibniz viele wichtige mathematische Entdeckungen. Sein Binärsystem wurde fast zu einer Philosophie. Er glaubte, man könne das Universum höchst elegant über ein Binärsystem erfassen und durch Gegensätze (Ja–Nein, An–Aus, Mann–Frau, hell–dunkel, richtig–falsch) darstellen. Seiner Ansicht nach konnte man Leben und Gedanken auf eine Reihe von binären Aussagen reduzieren, und er übersetzte wie besessen Zahlen in endlose Reihen von Nullen und Einsen. Gegen Ende seines Lebens kam er zu der Ansicht, die binären Zahlen repräsentierten die Schöpfung; die Eins stand seines Erachtens für Gott, die Null für das Nichts.

Muster weben mit Zahlen

Einige Jahre später nutzte ein französischer Seidenweber und Erfinder das binäre Prinzip. Joseph Jacquard wurde 1752 in Lyon geboren. Als sein Vater starb, erbte er zwei Webstühle und versuchte, die Weberei fortzuführen. Der Erfolg war mäßig, weil er sich mehr dafür interessierte, die Technik seiner Webstühle zu verbessern, als sie auch prakisch anzuwenden und Geld zu verdienen. Schließlich musste er aufgeben und wurde Kalkbrenner. Jacquard kämpfte in verschiedenen Kriegen und verlor seinen Sohn, der an seiner Seite niedergeschossen wurde. Aus dem

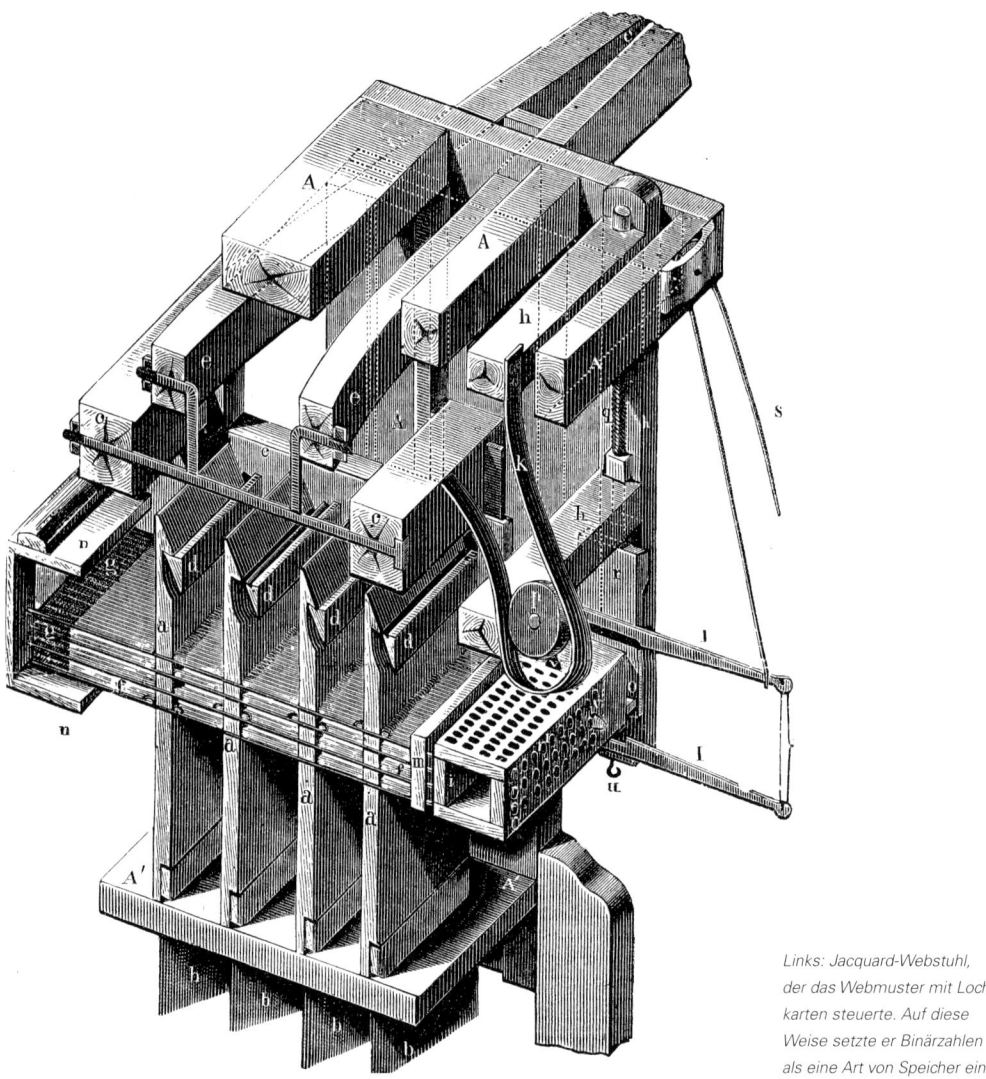

*Links: Jacquard-Webstuhl,
der das Webmuster mit Lochkarten steuerte. Auf diese
Weise setzte er Binärzahlen
als eine Art von Speicher ein.*

Krieg zurückgekehrt, arbeitete er in einer Fabrik. In seiner Freizeit machte er sich mit großem Eifer daran, einen verbesserten Webstuhl zu erfinden.

Jacquards Entwurf war revolutionär, denn er konnte den Webstuhl mithilfe von Lochkarten aus Pappe »programmieren« und die Webmuster steuern. Plötzlich konnten selbst komplizierte Muster von jedermann gewebt werden – zur Bestürzung der Seidenweber, die sich vehement gegen die Erfindung stemmten. Aber die Vorteile des Jacquard-Webstuhls waren zu groß, als dass man seine rasche Verbreitung hätte verhindern können. Die Erfindung wurde zum Staatseigentum erklärt, Jacquard erhielt eine große Geldsumme und eine Abgabe auf alle neu gebauten Webstühle seiner Bauart. Bis 1812 waren in Frankreich rund 11 000 Webstühle in Verwendung.

Obwohl Jacquards Webstuhl rein mechanisch war und keine mathematischen Operationen ausführte, sind seine Lochkarten das erste Beispiel für Binärzahlen als eine Art Datenspeicher. Durch

Oben: Joseph Jacquard, Erfinder
des Jacquard-Webstuhls.

Rechts: Charles Babbage,
Schöpfer der Differenzmaschine.

die Löcher in den Karten konnte Jacquard binäre
Ziffern permanent speichern; dabei war ein Loch
eine 1 und kein Loch eine 0. Diese Idee sollte
sich später als nützlich erweisen.

39 Jahre nach Jacquard wurde in London ein
Junge namens Charles Babbage geboren. Charles
litt an mehreren Kinderkrankheiten; er wurde aufs
Land geschickt und dort von einem Geistlichen
aufgezogen und unterrichtet. Später schickte ihn
sein wohlhabender Vater auf verschiedene Privat-
schulen. Als er sein Studium am Trinity College in
Cambridge begann, fiel ihm vor allem die Mathematik sehr leicht. Er studierte alle zu seiner Zeit
wichtigen mathematischen Ideen, wie etwa jene
von Isaac Newton und Leonhard Euler. Besonders
beeindruckt war er aber von Leibniz' Ideen. Schon
als Student vollbrachte Babbage einige beachtliche Leistungen. So gründete er beispielsweise
eine Gesellschaft, die wichtige ausländische Arbeiten übersetzen sollte. Zudem gab er ein Buch zur

Geschichte der Analysis heraus, in dem er auch
die über lange Jahre andauernde Fehde zwischen
Newton und Leibniz beschrieb.

Babbage heiratete im Alter von 22 Jahren und
zog dann zurück nach London. Binnen Kurzem gab
er seine eigenen mathematischen Arbeiten heraus
und wurde zum Fellow der Royal Society und
mehrerer anderer renommierter Gesellschaften

gewählt, die er teilweise mitbegründete, obwohl er von der Royal Society selbst keine besonders hohe Meinung hatte:

»Der Rat der Royal Society ist eine Versammlung von Männern, die einander in Ämter wählen und dann zusammen auf Kosten dieser Gesellschaft speisen, die einander beim Wein loben und einan-

der Medaillen verleihen …« (Manche würden sagen, dass sich in den folgenden 200 Jahren nicht viel geändert hat.)

Babbage war ein guter, aber kein herausragender Mathematiker. Er veröffentliche einiges, aber leider auch Falsches. Berühmt wurde Babbage für eine Idee, die er mit gerade 20 Jahren hatte – eine

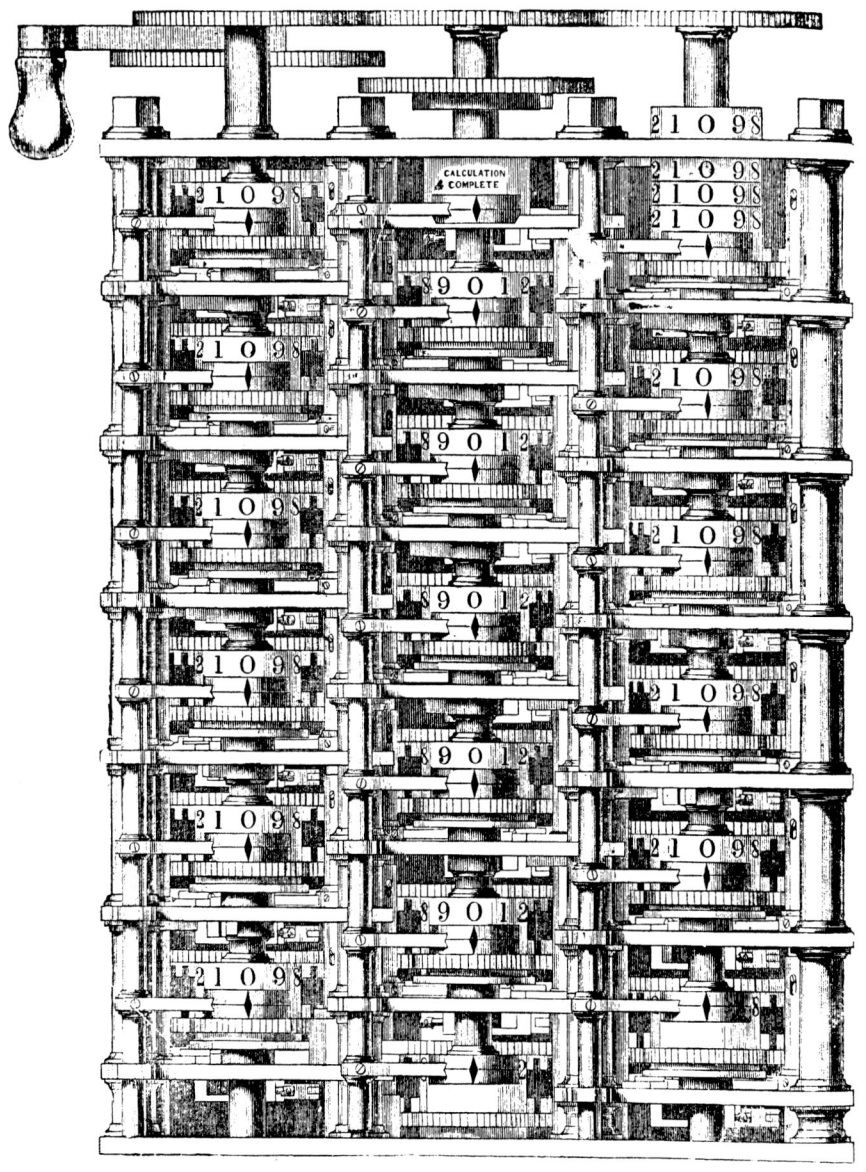

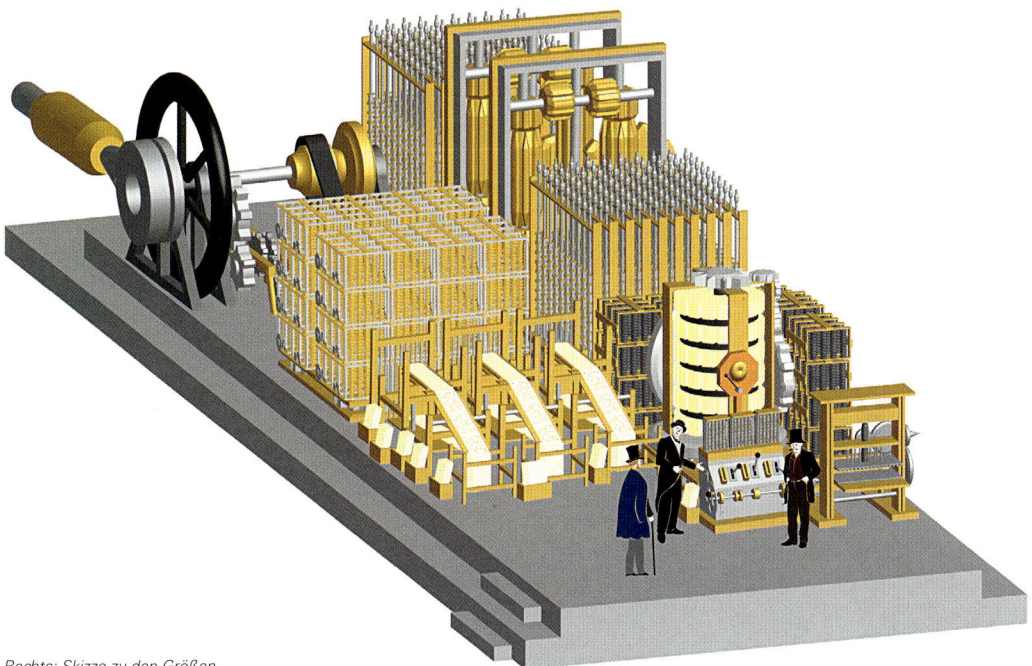

*Rechts: Skizze zu den Größen-
verhältnissen bei Babbages
dampfgetriebener Differenzmaschine.*

*Links: Holzschnitt eines
Teils von Babbages Differenzmaschine (1889).*

Maschine, die mathematische Operationen auto-
matisch ausführen konnte. Später nannte er diese
Maschine Differenzmaschine (difference engine),
denn sie erzeugte Zahlentabellen durch Berechnen und Hinzufügen von Differenzen zu den vorherigen Zahlen. Dies versprach enormen Nutzen,
denn viele komplexe Berechnungen (auf dem
Gebiet der Astronomie oder im Maschinenbau)
griffen auf Tabellen zurück. Man konnte das Produkt zweier riesiger Zahlen viel schneller dadurch
bestimmen, dass man es in einer Tabelle nach-
schlug, als es jedes Mal von Neuem zu berechnen. Aber da derartige Tabellen von Hand berechnet wurden, schlichen sich oft Fehler ein – und
wirkte sich negativ auf das Gesamtergebnis aus.
Noch als Student wurde Babbage klar, dass eine

Maschine sehr viel genauere Tabellen erstellen
konnte – und das auch noch schneller. 1822, da
war er 30 Jahre alt, hatte Babbage einen funk-
tionsfähigen Prototypen entwickelt.

Babbages Differenzmaschine beeindruckte
so sehr, dass die Regierung Zuschüsse für die
Konstruktion einer größeren Version gab. Das
neue Modell sollte sechs Ordnungen von Differenzen aufweisen (das alte Modell hatte nur zwei)
und mit Zahlen von 20 und mehr Stellen rechnen.
Aber es wurde ein Fass ohne Boden; das Projekt
verschlang die Arbeit mehrerer Jahre und mehrere tausend Pfund aus Regierungsmitteln und
Babbages eigenem Vermögen. Die Differenzmaschine Nummer 2 wurde zu Babbages Lebzeiten
nie vollendet. Erst zu seinem 200. Geburtstag

baute das Londoner Science Museum im Jahr 1991 eine Differenzmaschine auf der Grundlage seiner Pläne – sie funktioniert.

Obwohl Babbage für seine Differenzmaschine kämpfte, forschte er weiter. Schließlich wurde ihm klar, dass eine Rechenmaschine theoretisch sehr viel mehr leisten kann, als nur Zahlentabellen zu produzieren. Babbage wollte eine Maschine für beliebige Rechnungen. Die von ihm konzipierte Universalrechenmaschine ließ sich programmieren und berechnete genau das, was der Nutzer wollte. Seine Pläne zeigten einen wahren Goliath von einer Maschine: Sie war 30 m lang, 10 m breit und wurde von einer Dampfmaschine angetrieben. Sie sollte mithilfe von Lochkarten programmiert werden, wie sie auch ein Jacquard-Webstuhl verwendete, und sie sollte selbst Lochkarten erstellen können. Außerdem hatte sie einen Drucker zum Ausgeben der Zahlen, einen Plotter zum Aufzeichnen von Kurven und eine Glocke, die das Ende der Rechnungen anzeigte. Obwohl vollständig mechanisch, war dies ein echter Computer. Er führte Programme genauso aus wie ein moderner Computer, und die Programme erlaubten Schleifen, logische Verzweigungen und arithmetische Operationen, sodass er jede denkbare Rechnung ausführen konnte. Babbage nannte ihn »analytische Maschine« (analytical engine) und äußerte sich dazu folgendermaßen:

»Sobald eine analytische Maschine existiert, wird sie notwendigerweise den künftigen Verlauf der Wissenschaft verändern.«

Babbages Differenzmaschine

Nur mithilfe klug geformter Zahnräder und Wellen konnte Babbages erste Differenzmaschine eine Folge von Zahlen aus zwei vorgegebenen Differenzen berechnen. Mit anderen Worten: Ausgehend von einer Anfangszahl, verwendete sie die zweite Differenz, um die erste Differenz anzugeben, und berechnete aus der ersten Differenz die nächste Zahl in der Folge.

In unserem Beispiel soll die erste Differenz 0 und die zweite 2 sein; bei einer Anfangszahl von 41 konnte die Maschine dann nacheinander die neuen Zahlen berechnen:

0 2 41

2 2 43

4 2 47

6 2 53

8 2 61

Wie man sieht, wird die zweite Differenz (die zweite Zahl) jedes Mal zur vorherigen ersten Differenz (der ersten Zahl) hinzuaddiert; die entstehende erste Differenz wird dann der jeweils vorherigen dritten Zahl hinzugefügt.

Nur mit aufeinanderfolgenden Additionen hatte Babbage gezeigt, dass seine Maschine nacheinander die Terme von $n^2 + n + 41$ berechnen konnte.

Die Maschine war nicht besonders schnell, sie schaffte etwa 60 neue Zahlen in 5 Minuten, aber sie war zuverlässiger als ein Mensch.

Aber die analytische Maschine kam nie über das Entwurfsstadium hinaus. Ihre Anforderungen überstiegen die Möglichkeiten der damaligen Technik. Wie schon die einfachere Differenzmaschine Nummer 2 konnte niemand sie bauen, und bis heute hat noch niemand gewagt, sie nachzubauen. Dennoch gilt Charles Babbage als der Vater des Computers, denn als über 100 Jahre später die ersten elektronischen Computer gebaut wurden, funktionierten sie nach einem Entwurf, der dem seinen bemerkenswert ähnlich war. Sie verwenden sogar Lochkarten für die Ein- und Ausgabe von Binärzahlen.

Logisch denken

Binärzahlen waren immer wichtig für Computer, und nicht nur, weil sie leicht auf Lochkarten gebracht werden können. Die Gegensätze Ein/Aus, Wahr/Falsch, die im Wesen der Binärzahlen liegen, sind auch wichtig für die Logik, und Computer sind sehr logische Geräte.

George Boole wurde 1815 als Sohn eines Schuhmachers geboren. Schon früh zeigte sich, dass Boole einen ganz besonderen Verstand hatte. Sein Vater unterrichtete ihn in Mathematik und bat einen Freund, ihn auch Latein zu lehren, denn die Finanzen der Familie ließen es nur zu, ihn auf eine Handelsschule zu schicken. Also brachte George sich selbst Griechisch bei – und zwar auf sehr hohem Niveau; der Ortsschulmeister konnte es nicht fassen, dass ein Vierzehnjähriger so gut aus dem Griechischen übersetzen konnte. Zwei Jahre später ging sein Vater Bankrott. Boole wurde

Oben: Porträt von George Boole.

selbst Lehrer und unterstützte so seine Familie. Mit 19 Jahren hatte Boole schon eine eigene Schule in Lincoln. Vier Jahre später übernahm er die Leitung einer anderen Schule, und im Alter von nur 25 Jahre gründete er ein eigenes Internat.

Man könnte meinen, die Leitung all dieser Schulen sei genug Arbeit, doch zur selben Zeit befasste sich Boole mit Mathematik. Es zeigte sich bald, dass Boole – obwohl ohne jede akade-

Boole'sche Logik

Boole erkannte, dass man mit den logischen Operatoren UND, ODER und NICHT jede beliebige logische Aussage beschreiben konnte. Eine solche Aussage könnte ein normaler Satz (»Ich nehme meinen Schirm, wenn es regnet **und** es trübe **oder** windstill ist.«) oder eine elektronische Schaltung (»Meine Schaltung Q gibt 1 aus, wenn die Eingabe A gleich 1 ist **und** eine der beiden Eingaben B **oder** C gleich 1 sind; sonst gibt sie 0 aus.«) sein. Logisch sind beide Aussagen gleichwertig.

Da wir nun eine weitere Art haben, mathematische Zusammenhänge aufzuschreiben, gibt es erneut Regeln, wie wir diese Aussagen umformen können. Diese Regeln heißen Boole'sche Algebra; mit ihr können wir jeden logischen Ausdruck vereinfachen oder umformen, während seine Bedeutung erhalten bleibt. Wir erkennen das, wenn wir z. B. eine Wahrheitstabelle anlegen und mit ihr einen entsprechenden Boole'schen Ausdruck schaffen. Kehren wir zu unserem Beispiel zurück, bei dem wir uns entscheiden, unseren Schirm mitzunehmen. Nennen wir diese Entscheidung Q. Wenn Q = 1 ist, nehmen wir den Schirm mit, bei Q = 0 lassen wir ihn zu Hause. Unsere Entscheidung hängt von drei Dingen ab: A (Regen), B (trübe), C (windstill). Für jeden möglichen Wert von A, B und C muss es einen Wert für Q (eine Entscheidung über den Schirm) geben. Wenn wir sie alle auflisten, müssen wir binär zählen:

A B C	Q
0 0 0	0
0 0 1	0
0 1 0	0
0 1 1	0
1 0 0	0
1 0 1	1
1 1 0	1
1 1 1	1

An dieser Tabelle können wir erkennen, dass Q nur bei drei Anlässen 1 ist: für A=1, B=0, C=1; oder für A=1, B=1, C=0; oder für A=1, B=1, C=1.

Wenn wir etwas albern wären, könnten wir das einmal komplett ausschreiben:

»Ich nehme meinen Schirm, wenn es regnet **und nicht** trübe **und** windstill ist **oder** wenn es regnet **und** bedeckt **und nicht** windstill ist **oder** wenn es regnet **und** bedeckt **und** windstill ist.«

Mit Boole'scher Algebra schreibt man das so:

Q = (A UND ~B UND C) ODER (A UND B UND ~C) ODER (A UND B UND C)

Aber es gibt eine Menge von praktischen Regeln, mit denen wir diesen Ausdruck stufenweise vereinfachen können, bis wir Folgendes erreichen:

Q = A UND (B ODER C)

Das ist nun viel leichter zu verstehen. Ja, es ist nicht nur leichter zu verstehen, es lässt sich auch besser in eine Schaltung umsetzen. In der Elektronik werden Transistoren verwendet, die sich wie die logischen Operatoren UND, ODER und NICHT verhalten. Die Einsen und Nullen lassen sich durch elektrische Ströme darstellen (Ein oder Aus). Computer enthalten Millionen und Abermillionen dieser Transistoren. Durch Verwenden der Boole'schen Algebra können wir einfach die logischen Ausdrücke verwenden, die den Schaltungen zugrunde liegen, und so die Anzahl der benötigten Schaltelemente reduzieren. In der albernen ausführlichen Fassung unseres Beispiels hatten wir zehn Operatoren. Nach Vereinfachung brauchen wir nur zwei, also viel weniger Transistoren und damit schnellere, effizientere Computer.

mische Bildung – ein einfallsreicher und origineller mathematischer Kopf war. Mit 34 Jahren wurde er Mathematikprofessor am Queens College in Cork (Irland). Dort blieb er für den Rest seines Lebens, das leider nur noch 15 Jahre währte. Aber das war lange genug, um einen Durchbruch zu erzielen, der seither seinen Namen trägt: die Boole'sche Logik (Kasten gegenüber). Seine Kollegen hielten Boole für ein Genie, so schrieb etwa Augustus de Morgan:

»Booles System der Logik ist nur einer von vielen Beweisen, dass sich in ihm Genie und Geduld vereinen ... Dass die symbolischen Prozesse der Algebra, einst erfunden als Werkzeuge für numerische Berechnungen, auch dafür geeignet sind, jeden Gedanken auszudrücken sowie die Grammatik und das Wörterbuch eines allumfassenden logischen Systems bereitzustellen, das hätte vor ihm niemand geglaubt.«

1864 ging er seinen üblichen Weg zum College und geriet in einen Platzregen. Trotzdem hielt er seine Stunden und wurde krank, wohl eine Lungenentzündung. Leider hatte seine Frau ihre eigene, beängstigende Logik: Was eine Krankheit verursacht, das müsse sie auch heilen. Sie schüttete mehrere Eimer Wasser über ihm aus, als er fiebernd im Bett lag. Boole erholte sich nie wieder.

Grundlagen zertrümmert

Während Binärzahlen, Lochkarten, automatische Rechenmaschinen und die Boole'sche Logik alle zum Entwurf von modernen Computern führten, lieferte eine für den Gesamtbau der Mathematik bedrohliche Entdeckung die Theorie dafür.

1872, acht Jahre nach dem Tod von Boole, wurde Bertrand Russell geboren. Schon mit vier Jahren wurde er Waise, seine Großmutter erzog ihn (was nicht dem letzten Willen seines Vaters entsprach, der ihn von zwei Atheisten erziehen

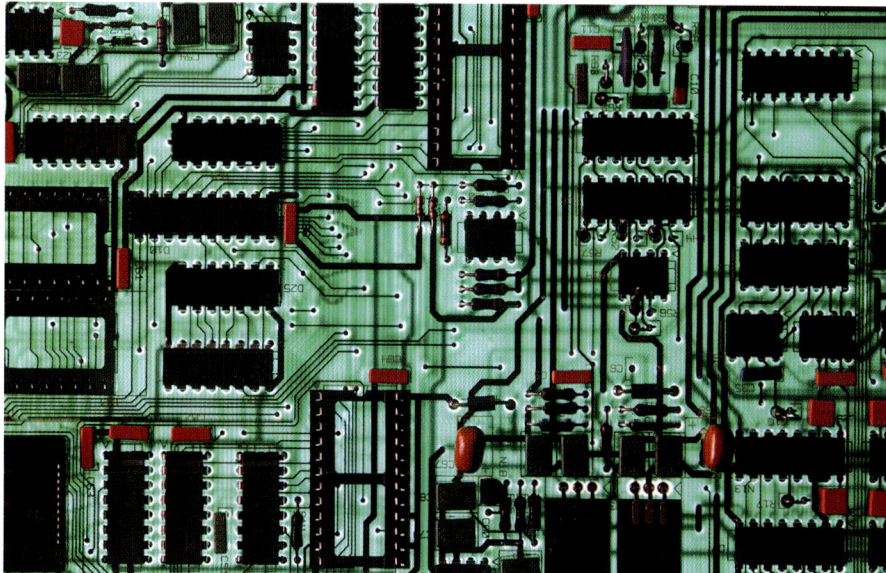

Rechts: Elektronische Schaltungen wie diese lassen sich mithilfe der Boole'schen Logik entwerfen.

Links: Bertrand Russell erhält 1950 von König Gustav VI. Adolf in Stockholm den Nobelpreis für Literatur.

orden und den Nobelpreis für Literatur, und zusammen mit seinem Freund Albert Einstein setzte sich Russell 1955 in einem Manifest für die Abschaffung der Kernwaffen ein. Während seines langen Lebens – Russell starb erst im Alter von 97 Jahren – blieb er bei seinen festen Überzeugungen, ob sie bei den jeweiligen Regierungen gelitten waren oder nicht. Daraus zog er seinen Ruhm als öffentliche Person.

Trotz seiner festen Werte arbeitete Russell jedoch vor allem auf den Gebieten Mathematik und Logik. Er konnte zeigen, dass sich die Mathematik auf Logik reduzieren lässt – alle mathematischen Befunde kann man demnach als logische Ausdrücke schreiben. Eine großartige Erkenntnis, mit der man die Grundlagen der Mathematik nun endlich verstehen und herleiten konnte. Doch dann entdeckte er ein Paradox, etwas, das gleichzeitig wahr und nicht wahr ist. Wie in Kapitel 1 gezeigt, beruht ein Widerspruchsbeweis genau darauf, dass es so etwas nicht gibt. Wenn etwas gleichzeitig wahr und falsch zu sein scheint, dann muss die Ausgangsüberlegung fehlerhaft sein. Und so schien Russells Paradox zu zeigen, dass die Mathematik zur Gänze fehlerhaft war (siehe Kasten gegenüber).

Für die Mathematiker war das eine wahre Katastrophe: Die Grundlagen der Mathematik schienen erschüttert. Über Jahrhunderte waren die mathematischen Ideen und Beweise auf einer Reihe von einfachen Grundwahrheiten aufgebaut

lassen wollte). In Cambridge studierte Russell Mathematik und Geisteswissenschaften. Seine Wertvorstellungen und Überzeugungen sollten während seines ganzen Lebens eine große Rolle spielen: Er kämpfte gegen die beiden Weltkriege, wurde aus verschiedenen Universitätsämtern entlassen und saß für seine Überzeugungen sogar im Gefängnis. Doch er erhielt auch den Verdienst-

worden. Aber nach Russells Paradox konnte man keinem einzigen Beweis mehr trauen. Die Vorstellung von der Mathematik als dem einzigen Bereich, in dem es unbedingte Wahrheit gab – wie noch Descartes geglaubt hatte –, diese Vorstellung galt nun nicht mehr.

Russells Arbeit führte zu einer Fülle von Versuchen, das Problem zu beheben. Doch anstatt das Paradoxon aufzulösen, wurde es noch schlimmer: 1931 bewies ein Mathematiker ein für alle Mal, dass die Mathematik immer unvollständig ist. Sein Name war Kurt Gödel.

Gödel wurde 1906 im tschechischen Brünn geboren. Als Kind erkrankte er an rheumatischem Fieber, und bereits mit acht Jahren begann er medizinische Bücher zu lesen. Von da an beschäftigte er sich zwanghaft mit seiner Gesundheit und glaubte, er habe ein schwaches Herz – eine fixe

Das Russell'sche Paradoxon

Das Russell'sche Paradoxon ähnelt dem bekannten Paradox des Friseurs:

Ein Friseur ist jemand, der genau die und nur die Leute rasiert, die sich nicht selbst rasieren. Rasiert der Friseur sich selbst?

Rasiert er sich *nicht* selbst, dann gehört er zu den Leuten, die vom Friseur rasiert werden, d. h., er rasiert sich selbst. Rasiert er sich aber *doch* selbst, dann gehört er zu den Leuten, die nicht vom Friseur rasiert werden, d. h., er rasiert sich nicht selbst! Jeder Versuch, die Frage zu beantworten, führt zu einem Widerspruch. Deshalb spricht man von einem Paradox.

Das Russell'sche Paradoxon ist ähnlich, aber es behandelt Mengen. Hat man z. B. eine Menge von Tassen und eine Menge von Untertassen, dann hat man eine Menge von Tassen und Untertassen. Mit anderen Worten: Der Begriff der »Menge« ist eine nützliche mathematische Vorstellung. Wir können sogar Mengen von Mengen bilden. Viele Beweise von Grundrechenoperationen werden mithilfe mengentheoretischer Vorstellungen geführt. Die Mengen bilden damit einen der Grundsteine der Mathematik. Russell wusste nun, dass einige Mengen sich selbst enthalten können.

Ein Beispiel ist die Menge aller nicht-leeren Mengen. Hat man eine Menge von etwas, dann ist es in dieser Menge enthalten: Weil diese Menge etwas enthält, ist sie selbst eine nicht-leere Menge und muss somit in der Menge aller nicht-leeren Mengen enthalten sein. Also ist die Menge der nicht-leeren Mengen in sich selbst enthalten. Sie ist, wie man in der Mengenlehre sagt, ein Element von sich selbst.

Bis jetzt haben wir noch kein Paradox. Aber Russell dachte sich nun eine spezielle Menge aus, die in der Mathematik völlig akzeptabel war und doch überhaupt keinen Sinn hatte:

Wir haben die Menge aller Mengen, die nicht in sich selbst enthalten sind. Ist diese Menge in sich selbst enthalten?

Diese Menge enthält sich nur, wenn sie sich nicht selbst enthält. Aber wenn sie sich nicht selbst enthält, dann enthält sie sich selbst. Wie beim Paradox des Friseurs gibt es nur eine einzige Lösung mit Bedeutung, nämlich dass sich die Menge sowohl selbst enthält als auch gleichzeitig nicht enthält. Aber das ist logisch unmöglich. Das ist, wie wenn man gleichzeitig über 1,80 m groß und unter 1,60 m groß sein soll – es geht nicht.

Idee, von der ihn auch sein berühmter, an den Rollstuhl gefesselter Mathematikdozent Philipp Furtwängler nicht befreien konnte, der bei Vorlesungen auf einen Assistenten angewiesen war, um an die Tafel zu schreiben.

Gödel erhielt eine Stellung an der Universität Wien, doch nach dem Anschluss Österreichs verlor er sie und wurde als Jude diffamiert (obwohl er gar kein Jude war). Als er die Einberufung zur Wehrmacht erhielt, floh er mit seiner Frau in die USA, wo er 1948 die Staatsbürgerschaft beantragte. Während seiner Befragung im Verlauf des Einbürgerungsverfahrens versuchte Gödel mit Nachdruck, dem Richter klarzumachen, dass er einen logischen Widerspruch in der US-Verfassung gefunden habe, die das Aufkommen eines Diktators erlauben würde. Seine Freunde Albert Einstein und Oskar Morgenstern beruhigten ihn, und der Richter hörte zum Glück nicht zu.

Gödels denkwürdigste Arbeit wurde unter dem Titel »Gödel'sche Unvollständigkeitssätze« bekannt. Der erste und wohl berühmteste Satz ist:

In jedem formalen System der Zahlen, das zumindest eine Theorie der natürlichen Zahlen enthält, kann man mindestens einen unentscheidbaren Satz konstruieren, also einen Satz, der nicht beweisbar, dessen Widerlegung aber ebenso wenig beweisbar ist. Jede konsistente Theorie mit einer gewissen Ausdruckskraft ist also unvollständig.

In einfachen Worten: Mithilfe der Mathematik lässt sich nicht alles beweisen. Bei einigen Aussagen ist das nicht möglich.

Das war nun ein verheerendes Ergebnis, denn es zeigte, dass die Suche der Mathematiker über die Jahrtausende vergeblich war. Es wäre unmöglich, ein vollständiges System der Mathematik zu schaffen, in dem sich alles – von den einfachsten Aussagen bis zu den komplexesten Beweisen – beweisen lässt und das dabei widerspruchsfrei ist. Es kam dabei nicht auf die perfekten Grundlagen an, es würde *immer* einige Wahrheiten geben, die sich nie würden beweisen lassen. Gödels Satz galt, man konnte also nur akzeptieren, dass die Mathematik nicht unfehlbar war. So wie wir den vollständigen Wert einer irrationalen Zahl niemals aufschreiben können, so ist es manchmal auch nicht möglich, etwas mathematisch zu beweisen – und wir können nichts dagegen tun.

Gödel blieb zeitlebens von seinem Gesundheitszustand besessen, doch seine mathematischen Beiträge halfen ihm bei medizinischen Themen nicht weiter. Sein Bruder, ein Arzt, schrieb:

»Mein Bruder hatte eine sehr eigene und feste Meinung über alles und jedes und konnte kaum davon abgebracht werden. Leider glaubte er sein ganzes Leben lang, dass er immer recht habe, nicht nur in Mathematik, sondern auch in Medizin; er war somit ein sehr schwieriger Patient. Nach schweren Blutungen im Zwölffingerdarm hielt er für den Rest seines Lebens eine äußerst strenge (vielleicht zu strenge?) Diät, bei der er langsam, aber stetig Gewicht verlor.«

Gegen Ende seines Lebens hatte Gödel eine derartige Angst vor Bazillen, dass er ständig eine Skimaske trug und zwanghaft sein Essgeschirr reinigte. Er starb mit 72 Jahren wahrscheinlich an chronischer Unterernährung, denn er hatte sich im Glauben, er würde vergiftet, standhaft geweigert zu essen.

*Oben: Alan Turing, der während
des Zweiten Weltkriegs an der
Entschlüsselung des deutschen
Enigma-Codes beteiligt war.*

Es rechnet nicht

Ohne Rücksicht auf ihre persönlichen Überzeugungen hatten Russell und Gödel einen Erdrutsch in der Mathematik ausgelöst. Alles geriet in Bewegung. Was würde sich als Nächstes als unbeweisbar herausstellen? Mit dieser Frage beschäftigte sich der 1912 in London geborene Alan Turing. Bei der eingehenden Untersuchung dieser Frage sollte er schließlich die Theorie des modernen Computers finden.

Turing war kein besonders guter Schüler, er fand aber andererseits höchst originelle Lösungen für mathematische Probleme. Er brachte seine Lehrer gegen sich auf, weil er stets eigenen Studien nachging und eigene Versuche durchführte, doch er gewann fast jeden Mathematikpreis auf seiner Schule. Turing ging nach Cambridge, um Mathematik zu studieren. Dort hörte er von Russells und Gödels Arbeiten. Nach einigen beeindruckenden Arbeiten veröffentlichte er mit erst 24 Jahren seine Ideen zur Entscheidbarkeit und Logik. Turing gelang der Beweis, dass man nicht allgemein (für ein völlig beliebiges Beispiel) zeigen kann, ob eine logische oder arithmetische Aussage wahr oder nicht wahr ist – noch ein Sargnagel für die »perfekte Mathematik«. Wichtiger war aber, wie Turing seinen Beweis konstruiert hatte. Er stellte sich eine Maschine vor, die ein langes Band lesen, den darauf geschriebenen Anweisungen folgen, zu verschiedenen Stellen auf dem Band

spulen und Symbole zurück auf das Band schreiben sollte – eine merkwürdige Bandlese-, Schreib- und Spulmaschine (siehe Kasten gegenüber).

Die Turing-Maschine war aber mehr als eine mathematische Fantasie. Diese theoretische Maschine sollte auch berechenbare Funktionen lösen können. Turing entwickelte die Vorstellung einer Maschine, die das Verhalten jeder anderen Turing-Maschine simulieren konnte. Er bewies, dass solch eine Universalmaschine existieren und dass sie jede mögliche Berechnung ausführen kann – die richtigen Anweisungen vorausgesetzt. Sie war also eine Universalrechenmaschine.

Die universelle Turing-Maschine wurde die theoretische Vorlage für alle elektronischen Computer. Aus ihr leitete man ab, wie ein Computer sich verhalten musste, und konnte ihn so entwerfen und bauen. Mit Turings Theorie war immer – schon vor dem Bau des ersten elektronischen Computers – klar, dass jeder Computer das Verhalten jedes anderen Computers genau simulieren kann, vorausgesetzt, er hat genügend Zeit und verfügt über ausreichend Speicher.

Turing hat die computerisierte Welt nie erlebt. Er arbeitete in Cambridge und in Princeton, bis er 1938 von der britischen Regierung für ein streng geheimes Entschlüsselungsprojekt angeworben wurde. Zu Beginn des Zweiten Weltkriegs arbeitete Turing mit voller Kraft für dieses Projekt. Dank seiner glänzenden Einfälle konnten die Briten den Code der deutschen Chiffriermaschine Enigma knacken, mit dem Nachrichten an die Luftwaffe und die Marine verschlüsselt wurden.

Nach dem Krieg kehrte Turing zunächst nach Cambridge zurück, nahm dann aber eine Stellung an der Universität Manchester an, wo er seine Forschungen fortsetzte. Er hatte einen elektronischen Computer für das National Physics Laboratory in London entworfen, beschäftigte sich aber rasch mit Themen wie künstlicher Intelligenz und Theorien zur chemisch-biologischen Strukturbildung. Turing ging davon aus, die Biologie und der menschliche Verstand seien mit dem Computer berechenbar. Es hieß über ihn:

»Er beteiligte sich an Diskussionen über die Gegensätze und Gemeinsamkeiten von Maschinen und dem Gehirn. Nach Turings Ansicht, mit großen Nachdruck und Witz vorgetragen, konnten genau die, die einen unüberbrückbaren Gegen-

Die Turing-Maschine

Turings seltsame imaginäre Bandmaschine wurde als Turing-Maschine bekannt. Turing zeigte damit, dass einige Probleme der Mathematik unentscheidbar waren. Er stellte sich vor, die kleine Rechenmaschine würde eine Berechnung ausführen, die den Symbolen auf ihrem Band folgt. Er stellte dann die Frage: Kann man sagen, ob diese Maschine in einer endlosen Schleife hängen bleibt und immer weiter rechnet oder ob sie irgendwann anhält und eine Antwort ausgibt? Es wäre z. B. möglich, dass sie immer weiter rechnet, wenn das Band an Punkt A sagt »spule zu Punkt B« und an Punkt B »spule zu Punkt A«. Mathematiker sprechen vom »Halteproblem«.

Turing argumentierte so: Wenn man sagen könnte, ob die Maschine anhielt oder nicht, dann sollte eine weitere Maschine das berechnen können, denn seine imaginäre Maschine konnte theoretisch jede mathematische Berechnung durchfüh-

ren. Also stellte er sich eine zweite Maschine vor, die die erste prüft. Sie sollte anhalten und das Ergebnis »hält nicht an« ausgeben, wenn die erste in einer Schleife stecken blieb, und sie sollte immer weiter laufen, wenn die erste Maschine anhielt.

Nun kam die schlaue Wendung: Was würde geschehen, wenn die zweite Maschine sich selbst ansah? Würde sie irgendwann anhalten oder nicht? Plötzlich gab es ein Paradox: Wenn die Maschine immer weiterlief, dann musste sie anhalten. Wenn sie anhielt, musste sie weiterlaufen. Das ist logisch unmöglich und beweist, dass es Turing-Maschinen gibt, die unentscheidbar sind – wir können nie sagen, ob sie anhalten oder nicht. Obwohl dies wie eine obskure Spielerei aussieht, gibt es viele unentscheidbare oder unberechenbare Probleme – was den Computerprogrammierern immer wieder Schwierigkeiten bereitet hat.

satz zwischen den beiden sahen, kaum sagen, wo denn der Unterschied lag.«

1943 soll er in der Cafeteria der zu AT & T ge-hörenden Bell Laboratories mit seiner hohen Stimme gesagt haben:

»Nein, ich bin nicht daran interessiert, ein leistungsstarkes Gehirn zu entwickeln. Alles, was ich will, ist ein mittelmäßiges Gehirn, etwa wie das des Präsidenten der AT & T.«

Noch heute ist der Turing-Test das bekannteste Beispiel eines Intelligenztests für Computer. Er funktioniert folgendermaßen: Man stelle sich vor,

Als Turing über diese Ideen nachdachte, gab es noch kein Internet, die Computer waren zimmergroß und kaum so leistungsfähig wie ein moderner Taschenrechner. Sein Weitblick war äußerst bemerkenswert.

1952 wurde Turing wegen »Unzucht und sexueller Perversion« festgenommen; Homosexualität war damals in Großbritannien strafbar. Daraufhin hielt ihn die Regierung für ein Sicherheitsrisiko. Nach einer psychiatrischen Behandlung, bei der er auch Hormone erhielt, starb Turing 1954 mit nur 42 Jahren an einer Zyanidvergiftung, während er

man sitze vor einem Computer und chatte online mit zwei Partnern; einer der Partner ist ein Mensch, der andere ein Computer. Wenn man nach einer längeren Unterhaltung nicht sagen kann, welcher Partner der Computer ist, dann kann der Computer intelligent genannt werden und würde den Turing-Test bestehen. Inzwischen haben zwar einige Computerprogramme den Test bestanden, doch nur, wenn das Thema auf einen sehr engen Bereich beschränkt war. Kein Programm hat bisher den Turing-Test gemeistert, wenn das erörterte Thema völlig frei war.

Unten: Die Verschlüsselungsmaschine Enigma, die während des Zweiten Weltkriegs von den Deutschen benutzt wurde.

*Oben: J. Robert Oppen-
heimer (links) und John
von Neumann vor einem
frühen Computer (1952).*

Versuche zur Elektrolyse durchführte. Sein Tod gilt gemeinhin als Selbstmord, auch wenn vonseiten der Familie immer von einem Unfall gesprochen wurde.

Ein bekannter Mythos besagt, das Logo des Computerherstellers Apple gehe auf dieses Ereignis zurück. Das ursprüngliche Logo zeigte jedoch Newton mit einem Apfel über seinem Kopf und hatte nichts mit Turing zu tun.

Wie sieht ein Computer aus?

Alan Turing hatte die theoretischen Grundlagen für Computer geschaffen, Charles Babbage hatte lange Zeit zuvor die erste mechanische Rechenmaschine entworfen, doch erst ein Genie konnte die ersten elektronischen Computer bauen. Der 1903 in Budapest geborene János (John) von Neumann glänzte schon als Kind mit außergewöhnlichen Fähigkeiten. Sein Vater ließ ihn auf Partys auftreten: Er konnte in Sekunden eine Seite des Telefonbuchs auswendig lernen und dann Namen, Adressen und Telefonnummern richtig vortragen. Er zeigte an der Schule erstaunliche mathematische Fähigkeiten, doch sein Vater wollte ihn nur ein Fach studieren lassen, mit dem er seinen Lebensunterhalt verdienen konnte. Daher schrieb er sich an der Universität Budapest für Chemie ein, Mathematik betrieb er nur nebenher. Doch seine wahre Begabung wurde rasch erkannt. Einer seiner Professoren sagte später:

»Johnny war der einzige Student, vor dem ich jemals Angst hatte. Wenn ich im Verlauf einer Vorlesung ein ungelöstes Problem ansprach, standen die Chancen gut, dass er anschließend mit einem Zettel zu mir kam, auf dem ein Entwurf der vollständigen Lösung skizziert war.«

Von Neumann setzte seine Studien fort, promovierte in Mathematik und forschte danach an verschiedenen Universitäten weiter. Bis Mitte zwanzig war er unter etablierten Mathematikern als ein »junges Genie« berühmt. Bald zog er nach Princeton um, erhielt eine Professur und arbeitete mit Albert Einstein sowie einigen berühmten Mathematikern am frisch gegründeten Institute for Advanced Study. Ungewöhnlicherweise hielt ihn sein Genie nicht davon ab, das Leben zu genießen – seine Partys waren legendär. Von Neumanns

Lebenswerk ist zu umfangreich, um es hier als Ganzes zu würdigen. Zu seinen zahlreichen mathematischen Arbeiten zählt eine Untersuchung höchst komplexer hydrodynamischer Gleichungen, die den Fluss von Wasser beschreiben. Er merkte bald, dass sich diese Gleichungen mit maschineller Hilfe besser lösen lassen würden, und so zeichnete er Pläne für den EDVAC – einen der ersten elektronischen Computer, die jemals gebaut wurden. Seine Pläne ähnelten denen von Babbage, sahen aber elektrische Ventile anstelle der gewaltigen Mechanik vor. Der EDVAC hatte vier logische Elemente: die zentrale Recheneinheit (CA) für die eigentlichen Rechnungen, das zentrale Steuerwerk (CU), das den Ablauf regelte, den Speicher (M) für das Speichern von Daten sowie Ein- und Ausgabe-

Rechts: Der Technische Direktor T. Kite Shaepless demonstriert den EDVAC-Computer.

geräte (IO) wie Tastatur und Drucker. Diese Von-Neumann-Architektur ist seither die Vorlage für fast jeden Computer.

Von Neumann entwarf nicht nur den konventionellen Computer, er entwickelte auch zelluläre Automaten – eine Art Parallelcomputer, der noch heute verwendet wird, um hochkomplexe Systeme zu analysieren und zu modellieren. Er betreute Alan Turing während der Promotion, als dieser von 1936 bis 1938 in Princeton weilte. Und wie Turing leistete auch von Neumann kriegswichtige Beiträge, wobei er an den mathematischen und physikalischen Problemstellungen arbeitete, die zur Entwicklung der Wasserstoffbombe führten.

Ein Zeitgenosse von Neumanns war Konrad Zuse, der 1910 in Berlin geboren und später als »Computerbastler Zuse« bekannt wurde. Bereits als Kind entdeckte er seine Vorliebe für Technik und Kunst. Später studierte er Maschinenbau, dann Architektur und schließlich Bauingenieurwesen in Berlin und arbeitete seit 1935 als Statiker bei den Henschel-Flugzeugwerken in Berlin-Schönefeld. Um – wie er später selbst berichtete – die komplizierten statischen Berechnungen, die er als Bauingenieur vorzunehmen hatte, nicht selbst ausführen zu müssen, entwickelte er hier einen programmierbaren Rechenautomaten. 1938 konnte Zuse erste Ergebnisse präsentieren: einen elektrisch angetriebenen mechanischen Rechner, der die Befehle von Lochstreifen ablas. Zuse nannte seinen Rechenautomaten Z1.

Zu Beginn des Zweiten Weltkriegs wurde Zuse zunächst eingezogen, jedoch nach einiger Zeit wieder als Statiker an die Henschel-Werke zurückbe-

ordert. Hier konstruierte er zur Berechnung von Flügelprofilen die Spezialrechner S1 und S2, die beide mit Relais arbeiteten.

Bereits 1940 hatte Zuse – ohne die Arbeiten von Neumanns oder Babbages zu kennen – mit dem Z2 eine verbesserte Version des Z1 geschaffen. 1941 folgte dann der Z3, den Zuse in einer kleinen Wohnung in Berlin-Kreuzberg baute. Der Z3 gilt heute als der erste funktionstüchtige Computer der Welt. Er arbeitete vollautomatisch in binärer Gleitkommarechnung, hatte einen Speicher und eine Zentralrecheneinheit aus Telefonrelais. Die Programmierung von Berechnungen war möglich, jedoch keine bedingten Sprünge oder Programmschleifen. Aufgrund des Krieges konnte Zuse nicht mit seinen ausländischen Kollegen in Verbindung treten, und auch die Anmeldung des Z3 zum Patent wurde wegen der Geheimhaltungspflicht erst 1951 bekannt gegeben.

Die Informationsrevolution

In unserer modernen computerisierten Welt neigen wir dazu, die Maschinerie zu vergessen, die ihr zugrunde liegt. Wir ignorieren die große Zahl von elektronischen Geräten (deren Entwurf auf von Neumann oder Zuse zurückgeht) um uns herum. Das geht, weil all diese Geräte ähnlich arbeiten – das eine etwas schneller, das andere mit besseren Programmen oder mehr Speicher, aber sie alle sind universelle Turing-Maschinen. Aber statt über Computer und deren technische Voraussetzungen nachzudenken, kümmern wir uns viel mehr um Information.

Information mag ein überaus klarer Begriff in einer Welt sein, in der man mit dem Handy digitale Fotos aufnehmen und einem Freund per E-Mail schicken kann und dieser sie dann online platziert, sodass sie in der ganzen Welt zu sehen sind. Die Informationsrevolution hat unsere Welt stark ver-

Oben: Claude E. Shannon experimentiert mit seiner elektronischen Maus an den AT&T Bell Laboratories. Die Maus besaß einen kleinen Speicher und konnte nach nur einem Versuch ihren Weg durch den Irrgarten finden.

ändert. Die Wirtschaft wird immer abhängiger vom elektronischen Handel über das Internet, die Regierungen nutzen das Internet, um mit den Menschen zu kommunizieren, und dank einer Fülle von elektronischen Geräten können wir jedermann anrufen oder sehen, egal, wo wir uns auf diesem Planeten befinden. Im Jahr 2004 wurde berichtet, die Wirtschaft in dem Computerspiel »Everquest« sei so groß, dass »Everquest« das 77.-reichste Land der Welt wäre, obwohl es nur virtuell existiert. Die erfolgreichsten Unternehmen in heutiger Zeit wie Microsoft, Ebay und Google verkaufen Software oder arbeiten gänzlich online.

Erst ein weiteres Genie erklärte uns, was Information eigentlich ist. Claude Shannon wurde 1916 in Gaylord (Michigan) geboren. Er war kein herausragender Mathematiker wie von Neumann, sondern kümmerte sich während seines Studiums am Massachusetts Institute of Technology (MIT) eher um praktische Ideen wie elektrische relaisbasierte Computer. Später nahm er eine Stellung am Forschungslabor von AT & T Bell Laboratories in New Jersey an. Dort kam es zum Durchbruch im Be - reich der Information: Shannon prägte den Namen »Bit« für *binary digit* (»binäre Ziffer«) und zeigte, dass ein Bit die Grundeinheit der Information bildet. Er nahm dazu an, dass alle Arten von Informationen, seien es Texte, Musik oder Bilder, »binär« durch »Bits«, also Informationseinheiten, die nur zwei Zustände kennen, dargestellt werden können. Das war eine beeindruckende Erkenntnis zu

einer Zeit, als sich elektronische Computer noch im Entwurfsstadium befanden. Seine Arbeit zeigte auch auf, wie man andere Bits für eine Fehlerkorrektur verwenden und sicherstellen konnte, dass bei einer Übertragung keine Information verloren geht. Zudem beschrieb sie, wie Information komprimiert werden kann – was zu Formaten wie MP3 für Musik und JPEG für digitale Bilder geführt hat (Kasten gegenüber).

Shannon kehrte als Professor an das MIT zurück. Hier waren sein Einfallsreichtum und seine Verspieltheit allgemein bekannt, denn er pflegte beim Nachdenken, auf einem Einrad jonglierend, den Flur entlangzufahren. Er erfand auch einen motorisierten Springstock, ein zweisitziges Einrad und andere Dinge. Einer seiner Kollegen sagte:

»Niemand konnte sicher sein, ob solche Aktivitäten zu einer neuen Entdeckung gehörten oder ob er sie gerade lustig fand … Bei einer späteren Erfindung, ein Einrad mit einem nicht zentrierten Rad, standen die Leute auf den Korridoren und beobachten ihn, wie er damit fuhr und wie eine Ente auf- und niederhüpfte.«

Neben Versuchen mit bizarren Fortbewegungsgeräten führte er aber auch ernsthafte Forschungen durch, beispielsweise zu künstlicher Intelligenz. Außerdem entwarf er Schachprogramme und baute einen der ersten autonomen computergesteuerten Roboter – eine Robotermaus, die durch ein Labyrinth navigieren konnte. Als er gegen Ende seines Lebens sah, wie Computer und die von ihnen erzeugte Information die Welt veränderten, sagte er bescheiden:

»Die Informationstheorie wird möglicherweise in ihrer Wichtigkeit über ihre tatsächliche Bedeutung hinaus überschätzt.«

Heute ist uns klar, dass Information sozusagen das Blut innerhalb der Computer ist. Die elektronische Computermaschinerie erzeugt, transformiert, speichert und verteilt Information durch das Internet und die Mobilfunktelefonnetze. Information – eigentlich nicht mehr als eine unglaubliche Anzahl von binären Einsen und Nullen – fließt Tag und Nacht. Dieser Fluss wird immer größer, je schneller die Computer werden und je mehr Kapazität die Netze haben. Es ist noch nicht so lange her, da hatten die Computer ein Modem und konnten nur etwa 48 000 Bits pro Sekunde senden oder empfangen. Heute sind Breitbandnetze normal, in denen 1 MBit oder sogar 16 MBit pro Sekunde übertragen werden können. Information ist eine der Triebkräfte in unserer modernen Welt. Früher meinte Information nur Zahlen; dann wurde klar, dass sie auch Text sein konnte. Jetzt bedeutet sie Audio, Video und bald dreidimensionale Formen. Früher hieß es, Zeit ist Geld. Heute ist Information Geld. Zahlen zur Basis 2 fließen mit Lichtgeschwindigkeit und regieren die Welt.

Lauflängenverschlüsselung

Eine einfache Kompressionstechnik, die etwa in Faxgeräten verwendet wird, ist die Lauflängenverschlüsselung. Stellen Sie sich vor, Sie faxen etwas in Schwarz-Weiß. Aus den Rasterpunkte der Übertragung (zeilenweise von links nach rechts betrachtet) können wir eine lange Werteliste erstellen: Ein »b« bedeutet einen schwarzen, »w« einen weißen Rasterpunkt. Die meisten Dokumente haben viel mehr weiß als schwarz (egal, ob ein Bild oder Text übertragen wird). Eine Bitliste für alle schwarzen oder weißen Punkte enthält also viel mehr Ws, etwa so:

wwwwwwwwwwwbwwbwwwwbwwbwwwwww
wwwwwbwwwwbwwwbwwbwwwwwwbbwww
wwwwwwww

Bei der Lauflängenverschlüsselung werden alle wiederholten Elemente durch einen kleinen Code ersetzt. Statt achtmal »w« hintereinander schreibt man »8w«, braucht also nur zwei Zeichen statt acht. So verkürzt sich das obige Beispiel zu:

10wbwwb4wbwwb11wb4wb3wbwwb5wbb11w

Natürlich ist die Information in Form von Binärzahlen gespeichert, nicht als Buchstabe, aber die Idee ist dieselbe. Je weniger Stellen wir für dieselbe Information brauchen, umso schneller können wir sie übertragen oder speichern – und das bedeutet schnellere Faxe und E-Mails oder mehr Lieder auf dem MP3-Player bzw. mehr Digitalkanäle auf dem Fernseher.

69	83885	129	11059	189	27646	249	39620
70	84510	130	11394	190	27875	250	39794
71	85126	131	11727	191	28103	251	39967
72	85733	132	12057	192	28330	252	40140
73	86332	133	12385	193	28556	253	40312
74	86923	134	12710	194	28780	254	40483
75	87506	135	13033	195	29003	255	40654
76	88081	136	13354	196	29226	256	40824
77	88649	137	13672	197	29447	257	40993
78	89209	138	13988	198	29667	258	41162
79	89763	139	14301	199	29885	259	41330
80	90309	140	14613	200	30103	260	41497
81	90849	141	14922	201	30320	261	41664
82	91381	142	15229	202	30535	262	41830
83	91908	143	15534	203	30750	263	41996
84	92428	144	15836	204	30963	264	42160
85	92942	145	16137	205	31175	265	42325
86	93450	146	16435	206	31387	266	42488
87	93952	147	16732	207	31597	267	42651
88	94448	148	17026	208	31806	268	42813
89	94939	149	17319	209	32015	269	42975
90	95424	150	17609	210	32222	270	43136
91	95904	151	17898	211	32428	271	43297
92	96379	152	18184	212	32634	272	43457
93	96848	153	18469	213	32838	273	43616
94	97313	154	18752	214	33041	274	43775
95	97772	155	19033	215	33244	275	43933
96	98227	156	19312	216	33445	276	44091
97	98677	157	19590	217	33646	277	44248
98	99123	158	19866	218	33846	278	44404

69	83885
70	84510
71	85126
72	85733
73	86332
74	86923
75	87506
76	88081
77	88649
78	89209
79	89763
80	90309
81	90849
82	91381
83	91908
84	92428
85	92942
86	93450
87	93952
88	94448
89	94939
90	95424
91	95904
92	96379
93	96848
94	97313
95	97772
96	98227

Im Jahr 2004 kündigten die Betreiber der Internetsuchmaschine Google die Absicht an, Mittel für die zukünftige Expansion einzuwerben. Anstelle einer sonst üblichen runden Zahl wie 1 Milliarde oder 1,5 Milliarden Dollar gab das Unternehmen bekannt, das Ziel seien 2,718281828 Milliarden Dollar. Warum gerade diese Zahl? Es war ein mathematischer Witz – denn diese Zahl ist in der Mathematik bekannt als e.

DIE GRÖSSTE

KAPITEL e

Google steckte auch hinter einem weiteren Einsatz von e: Das Unternehmen plakatierte eine mysteriöse Botschaft auf Reklametafeln quer durch die Vereinigten Staaten. Sie lautete:

{erste 10-stellige Primzahl in aufeinanderfolgenden Ziffern von e}.com

Wer das Problem lösen konnte und die angegebene Internetseite besuchte, fand dort ein noch schwierigeres Rätsel. Dessen Lösung war eine Internetadresse mit einer Stellenanzeige, in der die hellsten und besten Köpfe für Google gesucht wurden.

e ist eine jener geheimnisvollen irrationalen Zahlen im Herzen der Mathematik. Ihr Wert beträgt (auf den ersten 20 Dezimalstellen) 2,71828182845904523536. Sie war nie so populär wie der Goldene Schnitt φ oder die Kreiszahl π. Sie führte nicht zu Morden wie die irrationale Zahl $\sqrt{2}$ oder zur Erfindung von Computern wie die binäre 2. Aber die Zahl e ist ungeheuer wichtig, und ihre Entdeckung und Anwendung brachten einige der wichtigsten mathematischen Ideen hervor. Vor der Erfindung von Computern stützte man sich auf e, um genaue Berechnungen durchzuführen. Ohne e wären die Fortschritte in Wissenschaft und Technik der letzten Jahrhunderte unmöglich gewesen. Ohne e würden wir womöglich noch immer mit dem Bau komplizierter funktionstüchtiger Maschinen kämpfen. Vielleicht gäbe es weder Autos noch Flugzeuge. Wir hätten keine Computer. Und statt an Schreibtischen würden wir vielleicht eher in Mühlen oder Kohlengruben arbeiten.

ERFINDUNG

Rechnen ohne Rechner

Die Geschichte von e beginnt mit einem Mann namens Neper, der nie erfahren sollte, dass seine Arbeiten irgendetwas mit einer neuen mathematischen Konstante zu tun hatten.

Jhone Neper – oder in moderner Schreibweise John Napier – wurde 1550 in Edinburgh als Sohn einer reichen adligen Familie geboren. Er studierte Theologie an der Universität St. Andrews in Schottland und bereiste danach Europa. Mit 24 Jahren zog Napier mit seiner Frau in ein neu errichtetes Schloss und widmete sich der Leitung des Familienbesitzes. Seine Hobbys waren Erfindungen und die Mathematik. Wenn er sich nicht mit Theologie befasste, untersuchte er landwirtschaftliche Neuerungen, etwa die Düngung mit bestimmten Salzen. Er erfand ein mathematisches Hilfsmittel, das er den Logarithmus nannte und das komplizierte Berechnungen wesentlich erleichtern sollte. 1614 schrieb er darüber (im Original auf Latein):

»Als ich sah, wohl-geliebte studiosi der Mathematik, dass es in der mathematischen Praxis nichts gibt, das so lästig ist und die Rechner so sehr belastet und beschwert wie die Multiplikationen, die Divisionen oder das Ziehen von Quadrat- und Kubikwurzeln aus großen Zahlen, was nebenbei außer dem lästigen Zeitaufwand auch noch sehr häufig zu Flüchtigkeitsfehlern führt, begann ich mich deshalb mit dem Gedanken zu beschäftigen, durch eine gewisse und gewandte Kunst dieserlei Hindernisse zu beseitigen. Nachdem ich zu diesem Zweck vielerlei Gedanken verfolgt hatte, fand ich endlich einige ausgezeichnete kurze Regeln, von denen ich im Folgenden schreiben will. Doch von all diesem lohnt nichts mehr als das, was neben den schwierigen und ermüdenden Multiplikationen, Divisionen und Wurzelextraktionen aus der Arbeit sogar die Zahlen selbst entfernt, die da multipliziert,

Links: Porträt von John Napier, um 1600. Der schottische Mathematiker erfand die Logarithmen sowie mechanische Rechengeräte.

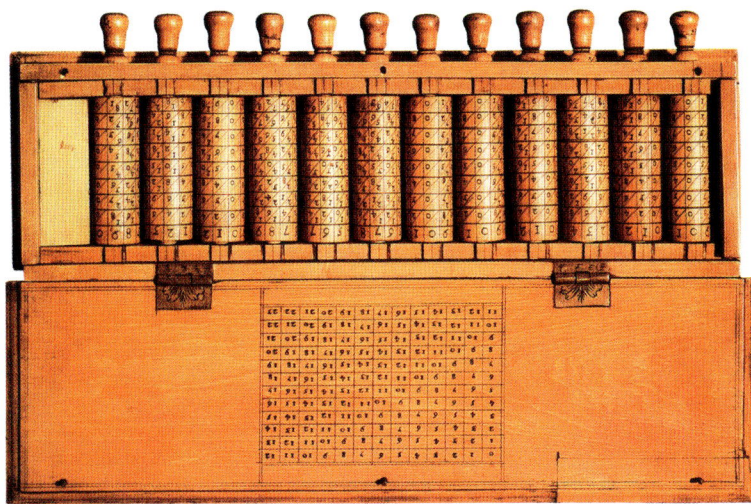

Links: Eine 1617 von dem schottischen Mathematiker John Napier geschaffene Rechenhilfe, bestehend aus »Rechenstäblein«, auf denen Multiplikationstabellen aufgetragen sind.

dividiert und nach Wurzeln aufgelöst werden, und an ihre Stelle andere Zahlen setzt, die alles das leisten können, nur durch Addition und Subtraktion, Division durch zwei oder Division durch drei.«

Wenn Napier von einem Rechner spricht, meint er natürlich einen Menschen, der eine Berechnung durchführt. Elektronische Rechner waren vor fast 400 Jahren noch außerhalb jeder Vorstellung. Wer einen modernen Taschenrechner hat, kann Napiers Erfindung noch sehen. Die »LOG«-Taste bezieht sich auf Napiers Erfindung zur Vereinfachung der Mathematik: den Logarithmus.

Napier erkannte, dass Logarithmen einige sehr spezielle Eigenschaften haben. Sie machen Operationen wie die Multiplikation zu einer Addition oder die Division zu einer Subtraktion. Sie vereinfachen auch andere schwierige Operationen wie Wurzeln und Potenzen und machen sie zu Multiplikationen. Zu einer Zeit, als alle Berechnungen von Hand ausgeführt wurden, waren solche Vereinfachungen so wichtig wie die Erfindung des Computers. Plötzlich genügten eine Logarithmentabelle und die Fähigkeit, Zahlen zu addieren oder zu subtrahieren, um sehr komplizierte Berechnungen schnell und überaus genau durchzuführen.

Die Logarithmen wurden als so wichtig erachtet, dass sie schnell in vielen Ländern aufgegriffen und genutzt wurden. Ohne Logarithmen wäre Kepler nie in der Lage gewesen, die Bewegung der Planeten zu erfassen, noch hätte Newton die Schwerkraft untersuchen können. Alle späteren Mathematiker machten fleißig Gebrauch von den Logarithmen. 200 Jahre später lobte der Mathematiker Laplace die Logarithmen, sie hätten

»… durch Verringerung der Arbeit das Leben der Astronomen verdoppelt«.

Binnen Kurzem wurden die Logarithmentafeln verbessert zum Rechenschieber, bei dem man mehrere logarithmisch eingeteilte Skalen gegeneinander verschieben kann, um Berechnungen zu vereinfachen. Rechenschieber waren noch bis in die 1980er-Jahre in Gebrauch, dann kam der elektronische Taschenrechner auf, und die altmodisch anmutenden Rechenschieber gerieten langsam in Vergessenheit.

Logarithmen

Logarithmus ist der kompliziert klingende Name für etwas Einfaches. Was Logarithmen leisten, erkennt man beim Blick auf einfache mathematische Operationen: Multipliziert man dieselbe Zahl mehrmals mit sich selbst, kann man $10 \cdot 10 \cdot 10 \cdot 10 \cdot 10$ schreiben, aber 10^5 ist leichter.

Wie bereits gezeigt, kann man mit solchen Exponenten viele Arten von Zahlen schreiben:

$$10^5 = 10 \cdot 10 \cdot 10 \cdot 10 \cdot 10 = 100\,000$$

$$10^{-5} = 1 / (10 \cdot 10 \cdot 10 \cdot 10 \cdot 10) = 0,00001$$

$$10^{1/5} = \sqrt[5]{10} = 1,58489\ldots$$

Das letzte Ergebnis von ca. 1,58489 nennt man die fünfte Wurzel aus 10. Multipliziert man diese Zahl fünfmal mit sich selbst, erhält man 10.

Nun aber etwas Neues: Nimmt man den Taschenrechner, gibt dann 1,584893192461114 ein und drückt die LOG-Taste, ist das Ergebnis 0,2, also ⅕. Wenn man 0,00001 eingibt und LOG drückt, ist das Ergebnis -5. Wenn man nun 100 000 eingibt und LOG drückt, ergibt das 5.

Mit anderen Worten: Die mathematische Operation »log« gibt einfach die Hochzahl an:

$$\log 10^{1/5} = \tfrac{1}{5}$$

$$\log 10^{-5} = -5$$

$$\log 10^{5} = 5$$

Ist doch ganz leicht, oder?

Man kann auch andere Zahlen als 10 verwenden, um den Logarithmus zu bilden. So gilt etwa:

$$\log_{10} 100\,000 = 5, \text{ denn } 100\,000 = 10 \cdot 10 \cdot 10 \cdot 10 \cdot 10 = 10^5$$

$$\log_3 81 = 4, \text{ denn } 81 = 3 \cdot 3 \cdot 3 \cdot 3 = 3^4$$

Die kleingeschriebene Zahl am log-Zeichen nennt man die Basis des Logarithmus. Die Logarithmusfunktion sagt uns also, wie oft wir die Basis mit sich selbst multiplizieren müssen, um die Zahl rechts vom Gleichheitszeichen zu bekommen. Mathematisch ausgedrückt: $\log_a a^b = b$. Logarithmen sind nützlich, weil die Potenzen eine praktische Eigenschaft haben:

$$10^3 \cdot 10^4 = 10^{3+4}$$

Da dies für alle Zahlen funktioniert, kann man allgemeiner sagen:

$$10^x \cdot 10^y = 10^{x+y}$$

Napier bemerkte, dass man durch die Umkehrung der Potenzierung (also die Logarithmen) die Multiplikation auf der linken Seite der Gleichung zu einer Addition auf der rechten Seite machen kann:

$$\log (x \cdot y) = \log x + \log y$$

Wenn $x \cdot y$ schwierig zu rechnen ist, nimmt man den Logarithmus der beiden Zahlen (in der Tabelle nachzuschlagen), addiert und schlägt in der Tabelle beim Ergebnis (oder dem nächstgelegenen Ergebnis) nach, um die Antwort zu finden, z. B.:

$$2,34 \cdot 3,45$$

Die Logarithmen von 2,34 und 3,45 findet man in der Logarithmentabelle:

0,3692 und 0,5378

Man addiert die beiden (das ist leichter, als die eigentlichen Zahlen zu multiplizieren) und erhält:

0,9070

Schlägt man dies in der Logarithmentabelle nach, findet man als nächstgelegene Zahl 8,07.

Das Ergebnis sieht also folgendermaßen aus:

$2,34 \cdot 3,45 = 8,07$

Das Egebnis stimmt innerhalb vernünftiger Grenzen mit dem exakten Ergebnis überein (ein Taschenrechner gibt 8,073 an), obwohl man die Antwort durch Addieren der Logarithmen gefunden hat, statt zu multiplizieren. Derselbe Trick wird verwendet, um eine Division in eine Subtraktion oder das Ziehen einer Wurzel in eine Multiplikation zu verwandeln.

Es gibt noch einen interessanten Trick mit Logarithmen, der aber erst lange nach Napiers Tod entdeckt wurde. Wie schon gezeigt, ist der Logarithmus das Gegenteil der Potenzierung und kann in verschiedenen Basen angewandt werden:

$\log_a a^b = b$

Was mag nun geschehen, wenn man die Zahl e als Basis verwendet?

$\log_e e^b = b$

Oder mit einer verbreiteten Abkürzung:

$\ln e^b = b$

In steht für das lateinische »logarithmus naturalis« (natürlicher Logarithmus). Er gibt an, wie oft der Wert von e mit sich selbst multipliziert werden muss. Da die Zahl e in vielen Ausdrücken in der Naturwissenschaft vorkommt, kann man mit dem natürlichen Logarithmus manche Rechnung vereinfachen. Es ist dabei zweitrangig, welche Basis für den Logarithmus verwendet wird, denn die Logarithmen lassen sich leicht von einer Basis in die andere umrechnen, z. B.:

$\log_b a = \ln a / \ln b$

Um einen beliebigen Logarithmus zu berechnen, braucht man also nur eine Tabelle mit natürlichen Logarithmen, dann muss man noch einen Wert durch einen anderen teilen. Auch das ist ein wichtiges Hilfsmittel zur Vereinfachung von Berechnungen.

Natürliche Kurven

Jakob (oder Jacques) Bernoulli wurde 1654 in der Schweiz geboren und war der ältere Bruder von Johann Bernoulli (siehe auch Kapitel 0). Jakob war der Erste in der Familie, der sich entgegen den Wünschen des Vaters statt mit Philosophie und Theologie mit Mathematik befasste. Wie sein jüngerer Bruder war Jakob ein sehr erfolgreicher Mathematiker. Und er war ebenso streitsüchtig.

Anstatt eine Karriere in der Kirche anzustreben, traf Jakob die Entscheidung, Mathematik zu studieren und zu lehren. Er konzentrierte sich auf die Arbeiten großer Vorgänger wie Descartes und Leibniz. Außerdem brachte er seinem jüngeren Bruder Johann Mathematik bei und arbeitete erfolgreich mit ihm zusammen, bis sie sich zerstritten. Es hieß über die beiden:

»Empfindlichkeit, Reizbarkeit, ein Hang zum Kritisieren und ein übertriebenes Anerkennungsbedürfnis entfremdete die Brüder, von denen Jakob den langsameren, aber tieferen Geist hatte.«

Eine von Jakob Bernoullis wichtigsten Arbeiten war die erstmalige Entdeckung von e – fast unbeabsichtigt, denn er wollte eigentlich herausfinden, wohin verschiedene Zahlenfolgen konvergieren. Er untersuchte das Konzept des Zinseszinses. Im 17. Jahrhundert war die Vorstellung von Zinsen schon lange bekannt, denn dies war eine wichtige frühe Anwendung der Mathematik. Jakob Bernoulli fragte sich, wie man den Zins genau berechnen könnte. Er wusste, dass ein

Oben: Porträt von Jakob Bernoulli, dem Entdecker der Zahl e.

Kapital schneller wächst, wenn man den Zins dem Kapital häufiger gutschreibt (etwa monatlich statt jährlich). Aber was würde geschehen, wenn man den Zins jede Woche hinzurechnet? Oder jeden Tag? Oder sogar jede Sekunde? Wie er schnell herausfand, ergibt sich aus 1 € Kapitaleinsatz zu 100 % Zins:

bei jährlicher Gutschrift 2,00 €
bei halbjährlicher Gutschrift 2,25 €
bei vierteljährlicher Gutschrift 2,44 €
bei monatlicher Gutschrift 2,61 €
bei wöchentlicher Gutschrift 2,69 €
bei täglicher Gutschrift 2,71 €
bei stetiger Gutschrift 2,718 €.

Was war das für eine merkwürdige neue Zahl? Welche Bedeutung hat 2,718...? Man erfährt mehr über e (so nannte später der Mathematiker Leonhard Euler diese Zahl), wenn man sich den Weg ansieht, auf dem Jakob das Zinseszinsproblem untersuchte (Kasten unten).

Das war aufregend. War diese merkwürdige Zahl eine andere Fundamentalkonstante wie der Goldene Schnitt oder π? Sie schien etwas mit Potenzierung zu tun zu haben, denn sie entsteht, indem man einen bestimmten Term sukzessiv zu immer höherer Potenz erhebt. Mit anderen Worten: Der erste Term ist zur Potenz 1, der zweite ist quadriert, der dritte steht in der dritten Potenz usw.

Bernoulli bemerkte schnell den Zusammenhang der neuen Zahl und der Potenzierung sowie deren

---

Bernoullis Zinseszinsfolge

Das Problem des Zinseszinses lässt sich mithilfe von etwas Mathematik niederschreiben. Im Endeffekt wollte Bernoulli mehr über diese Zahlenfolge erfahren:

$$\left(1+\frac{1}{1}\right)^1, \left(1+\frac{1}{2}\right)^2, \left(1+\frac{1}{3}\right)^3, \left(1+\frac{1}{4}\right)^4, \left(1+\frac{1}{5}\right)^5 ...$$

Das sieht einfach aus, aber Bernoulli wollte wissen, was geschehen würde, wenn man die Folge immer weiter fortführte. Würde der Wert riesig werden, würde er auf nichts zusammenschrumpfen, oder was würde sonst passieren?

Beim Nachrechnen sieht man, dass etwas anderes geschieht:

1, 2,25, 2,37, 2,44, 2,488, 2,52...

Das hundertste Folgenglied hat den Wert 2,704. Je weiter wir die Folge verfolgen, desto mehr nähern sich die Folgenglieder dem wahren Wert von e. In der Mathematik schreiben wir:

$$\lim_{n \to \infty}\left(1+\frac{1}{n}\right)^n = e$$

und sagen: Die Folge konvergiert gegen e; je größer *n* wird, umso mehr nähert sich der Wert der Gleichung dem Wert von e.

Gegenteil, den Logarithmen. Er merkte auch, dass sie in der Natur sehr verbreitet war. Mit e konnte man logarithmische Spiralen konstruieren, die überall zu sein schienen: in Muscheln, in Blütenblättern, in Hörnern von Tieren. Diese Spirale wurde bereits in Kapitel φ genauer untersucht. Sie heißt gleichwinklige Spirale, aber Bernoulli nannte sie die logarithmische Spirale; man erkennt leicht, warum (Kasten).

Bernoulli war so von dieser Spirale fasziniert, dass er ihr fast magische Eigenschaften zuschrieb. Als er mit nur 51 Jahren starb, errichtete man im Basler Münster ein Grabmal, seinem Wunsch entsprechend mit der logarithmischen Spirale und der lateinischen Inschrift *Eadem Mutata Resurgo* (»ich werde als Gleicher auferstehen, wenn auch verändert«). Allerdings ist keine logarithmische, sondern eine archimedische Spirale zu sehen.

Polarkoordinaten

Das kartesische Koordinatensystem von Descartes, in dem x und y die Koordinaten entlang der waagerechten und senkrechten Achse angeben, wurde bereits beschrieben. Aber es gibt noch ein anderes Koordinatensystem mit sogenannten Polarkoordinaten, das etwas anders funktioniert. Statt x und y verwendet man einen Winkel θ (gegen eine bestimmte Achse) und einen Abstand r (von einem bestimmten Ausgangspunkt). Bei der Navigation gilt genau dasselbe Prinzip: Der Kompass gibt einen Winkel (Richtung) an, ein Lineal sagt uns, wie weit wir gehen, segeln oder fliegen sollen. Newton war der Erste, der Polarkoordinaten ernsthaft gebrauchte.

Eine logarithmische Spirale zeichnet man am besten in Polarkoordinaten. Für einen gegebenen Winkel θ kann man mithilfe folgender Gleichung den Abstand r vom Mittelpunkt berechnen (die Zahl b regelt, wie schnell und in welche Richtung sich die Spirale aufweitet):

$$r = a\,e^{b\theta}$$

Das e in der Mitte der Gleichung ist gut zu erkennen. Weiß man, wie weit entfernt die Kurve vom Mittelpunkt ist, kann man den Winkel bestimmen, indem man die Gleichung andersherum verwendet (der Logarithmus ist ja das Gegenteil der Potenzierung):

$$\theta = (1/b)\,\log_e(r/a)$$

Das ist der Grund, warum Bernoulli die Spirale logarithmisch nannte.

Die Analysis der Fluxionen

Elf Jahre vor Jakob Bernoulli, 1643, wurde in Woolsthorpe in der Grafschaft Lincolnshire Isaac Newton geboren. Sein Vater starb noch vor seiner Geburt, sodass er eine schwierige Kindheit hatte. Newton war nicht besonders gut in der Schule, aber dafür mechanisch sehr begabt. Er baute Windmühlen, Wasseruhren, Flugdrachen und erfand möglicherweise sogar eine Art menschen-getriebenen Wagen. Aber Newton kam mit sei-nem Stiefvater und seiner Mutter nicht aus und war zu Hause unglücklich. Zudem war er recht aufbrausend. Mit 19 Jahren schrieb er, eine seiner Sünden sei gewesen:

»meinem Vater und Mutter Smith gedroht zu haben, das Haus über ihnen anzustecken«.

Schließlich wurde ihm erlaubt, am Trinity College in Cambridge zu studieren. Dort entwickelte er rasch ein starkes Interesse an Mathematik, stu-dierte die Arbeiten von Euklid und Descartes und forschte zu Geometrie und Optik. Im Alter von 22 Jahren machte Newton seinen Abschluss und musste das College für zwei Jahre verlassen, weil es wegen der Pestepidemie von London geschlossen wurde. Newton verbrachte die Zwangspause daheim und kehrte 1667 an das Trinity College zurück.

Zu diesem Zeitpunkt dürften ihm schon zwei Dinge aufgefallen sein: Zum einen beobachtete er den Fall eines Apfels während eines Sommers in

Oben: Porträt von Isaac Newton, dessen universelles Gravitationsgesetz die Planeten-bewegung erklären kann.

Woolsthorpe. Das, verbunden mit der Kenntnis der Kepler'schen Gesetze, führte Newton Jahre später zum universellen Gravitationsgesetz. Dieses Gesetz konnte endlich die Bewegung der Planeten, wie von Kepler beschrieben, wirklich erklären. Ihre Bewegung wurde wie die eines vom Baum fallenden Apfels durch die Schwerkraft verursacht. 1685 überredete man Newton, seine Ideen zur Schwerkraft zu veröffentlichen.

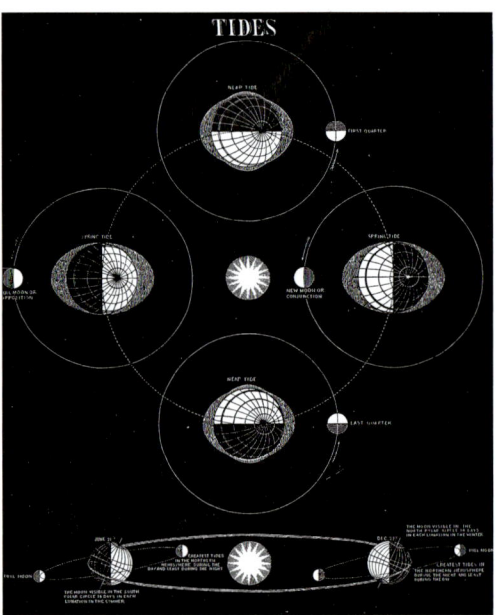

Oben: Die Auswirkung der
Anziehungskraft des Mondes
auf die Meere führt zu den
Gezeiten.

Newtons universelles Gravitationsgesetz

Das Newton'sche universelle Gravitationsgesetz besagt, dass jeder Körper im Universum von jedem anderen Körper angezogen wird. Die Stärke der Anziehung ist proportional zum Produkt ihrer Massen und nimmt mit dem Quadrat der Entfernung zwischen den Körpern ab.

Zwischen zwei Körpern mit den Massen m_1 und m_2 im Abstand r voneinander wirkt eine Gravitationskraft F_g, die die beiden Körper in Richtung aufeinander zubewegt:

$$F_g = G\,\frac{m_1 m_2}{r^2}$$

G ist die Gravitationskonstante mit dem Zahlenwert 0,000000000066742 (und der Einheit $m^2/kg\,s^2$). Die Gravitation ist eine sehr schwache Kraft, es sei denn, die beteiligten Massen sind sehr groß (wie z. B. bei Planeten und Sternen). Daher meint man, der Apfel falle zur Erde. Dass auch die Erde in Richtung Apfel fällt, geht unter, weil die Masse der Erde so viel größer ist als die des Apfels und man daher dessen Anziehungskraft nicht bemerkt. Aber der Mond ist groß genug, um eine merkliche Wirkung auf die Erde zu haben. Er kreist um die Erde, weil seine Masse kleiner ist, aber seine Anziehung auf die Erde verursacht eine »Ausbeulung« der Meere, die zu den Gezeiten führt.

Die zweite Sache, die dem jungen Newton eingefallen war, nannte er *Fluxionen*. Er untersuchte die Bewegung von Objekten durch den »Fluss« der Zeit. Wenn man wusste, wo ein Objekt zu vielen verschiedenen Zeitpunkten war, dann musste man auch die Geschwindigkeit des Objekts zu irgendeinem Zeitpunkt berechnen können. Befindet sich das Objekt in einem Punkt (x, y), der sich ändert, dann sind die Änderung in x und y die Fluxionen (d. h. die momentanen Änderungsraten), während das sich ändernde x und y die Fluenten (die veränderlichen, »fließenden« Größen) sind.

Uns kommen diese Begriffe fremd vor, weil sie kaum verwendet werden. Anders als seine Vorstellungen zur Schwerkraft haben sich Newtons »Fluxionen« nicht durchgesetzt. Aber seine Idee, eine Gleichung für den Ort in eine für die Geschwindigkeit und in eine für die Beschleuni-

Oben: Isaac Newton demonstriert mit einem Prisma, wie er Licht in verschiedene Farben zerlegen kann.

gung umzuwandeln, war ein wichtiger Durchbruch. Sie ist heute als Analysis bekannt (siehe Kasten Seite 124).

Jahrelang hielt Newton seine Ideen zur Analysis zurück – leider, denn in der Zwischenzeit hatte Leibniz eigene, unabhängig von Newton entwickelte Arbeiten zu diesem Thema herausgegeben. Newton wurde wütend und klagte Leibniz an, Ideen ihres Briefwechsels gestohlen zu haben. Später zeigte sich, dass dieses Missverständnis nur aufgrund verzögert zugestellter Briefe zustande gekommen war, doch Newton ließ nie von seinen Angriffen auf Leibniz ab. Der

Prioritätenstreit entzweite die Mathematiker in England und auf dem Kontinent auf Jahrzehnte. Zum Bedauern von Newton war Leibniz' Version der Analysis besser entwickelt (seine Schreibweise wird noch heute verwendet), sodass durch den Streit die englische hinter der kontinentalen Mathematik zurückblieb. Der junge Charles Babbage schrieb fast zwei Jahrhunderte später:

»Es ist eine beklagenswerte Überlegung, dass diese Entdeckung, die mehr als alles andere dem menschlichen Geist zur Ehre gereicht, einen Gedanken mit sich bringt, der dem Herzen so wenig Ehre macht.«

Analysis für Radfahrer

Die Begriffe »Differentialrechnung« oder »Integralrechnung« (kurz »Analysis«) sollten niemanden nervös machen. Es geht dabei nur um eine Untersuchung (Analysis). Zur Ableitung führen wir eine spezielle Operation durch, die *Differentiation*; und das genaue Gegenteil (die »Antiableitung« zu finden) ist die *Integration*.

Das klingt komplizierter, als es ist. Man stelle sich etwa vor, man ginge einen steilen Berg hinauf. Auf der Generalkarte kann man die Form des Bergs erkennen: ein großer Anstieg über mehrere hundert Höhenmeter, dann geht es wieder bergab. Nun möchte man den Berg aber mit dem Fahrrad befahren. Um abschätzen zu können, ob man das schafft, müsste man nur wissen, wo die wirklich steilen Stellen sind (dort muss man vielleicht schieben). Was tun? Ein Ingenieur würde es vielleicht darauf ankommen lassen, aber ein Mathematiker (wie Newton) würde versuchen, durch Differentiation die Steigung zu berechnen. Nehmen wir an, dass es nur einen Weg nach oben gibt, den folgende Gleichung beschreibt:

$$y = 5x^3 - 7x^2 + 3x + 2$$

(dabei ist y die Höhe des Bergs, und x ist die waagerechte Entfernung entlang des Bodens.) Die Gleichung sagt uns, wie hoch der Berg an jedem gegebenen Punkt ist (er ist huckelig). Um die Steigung zu finden, leiten wir die Gleichung ab (differenzieren) und erhalten:

$$y = 15x^2 - 14x + 3$$

Die Gleichung sagt uns, wie steil der Hügel an jedem gegebenen Punkt ist. Zeichnen wir das auf, sehen wir schon vorher, wo es steil wird.

Mit der Ableitung kann man auch Geschwindigkeiten berechnen, wenn zu verschiedenen Zeiten der Ort eines Körpers gegeben ist, oder aber die Beschleunigung, wenn die Geschwindigkeit zu verschiedenen Zeiten bekannt ist.

Die Integration funktioniert andersherum: Kennt man die Steigung eines Hügels, kann man seine Form herleiten (genauer: Durch eine Integration kann die Fläche unter einer Kurve berechnet werden) oder bei gegebener Beschleunigung die Geschwindigkeit bestimmen.

Es gibt viele knifflige Regeln zum Umformen von Gleichungen oder Funktionen (die oft auswendig gelernt werden müssen, weswegen viele die Analysis nicht mögen). Ein Beispiel ist:

$\ln x$ wird durch Differentiation zu $1/x$

$1/x$ wird durch Integration zu $\ln x + c$

(Man weiß nie, ob die Konstante c auftaucht oder nicht, also sieht man sie für alle Fälle vor.)

Doch es gibt einen mathematischen Ausdruck, den die Integration oder Differentiation nicht beeinflusst, nämlich:

e^x

Unsere geheimnisvolle Zahl e, die sich so gerne mit Potenzen und Logarithmen verwenden lässt, wird durch Differenzieren oder Integrieren nicht verändert. Hätte der Hügel die Form $y = e^x$, wäre seine Steigung ebenfalls e^x: Er wäre so steil wie seine Höhe. Und wenn man den Berg e^x herunterfährt, wären die Geschwindigkeit e^x und auch die Beschleunigung e^x. Merkwürdig.

Newtons schwieriges Wesen war gut bekannt. Sein Assistent und Nachfolger, der Theologe und Physiker William Whiston, kommentierte das folgendermaßen:

»Newton war von dem furchtsamsten, vorsichtigsten und misstrauischsten Geist, den ich jemals kennenlernte.«

Neben seinen Arbeiten zur Schwerkraft und zur Analysis untersuchte Newton die Eigenschaften von Licht und die Wirkung von Linsen. Weniger bekannt sind seine Werke auf dem Gebiet der Alchemie und der Theologie. Er verbrachte mehr Zeit mit alchemistischen Versuchen im Labor, als er je für Mathematik aufwandte, und er schrieb sehr viel mehr Texte zu Alchemie und Theologie als zu Mathematik und Physik. Diese Schriften gingen nach seinem Tod 1727 an die Royal Society, dort hielt man sie jedoch für »zum Druck ungeeignet«. Ein Auszug aus einem seiner Alchemiemanuskripte lautet etwa:

Der Geist dieser Erde ist das Feuer, in dem Pontanus seine unreinen Stoffe verdaut, das Blut von Säuglingen, in dem Sonne und Mond sich baden, der unreine grüne Löwe, der nach Riply das Mittel ist, um die Tinkturen von Sonne und Mond zu vereinen, die Lauge, die Medea auf die zwei Schlangen schüttete, die Venus der Arzeneikunst, von der die gemeine Sonne und Merkur der sieben Adler sagen, Philalethes müsse gesotten werden …

In seinen letzten Lebensjahren zog sich Newton vom akademischen Leben zurück. Er übernahm die Stellung des obersten Münzwardeins (Aufseher der Münze), die er 31 Jahre innehatte. Dank seiner mathematischen und chemischen Fertigkeiten konnte Newton viel Falschmünzerei unterbinden. Für seine Verdienste wurde er geadelt. Nach seinem Tod soll man hohe Quecksilberkonzentrationen in seinem Körper gefunden haben – vermutlich von den alchemistischen Experimenten. Newton wurde in einem Ehrengrab in der Westminster Abbey bestattet.

Rechts: Ein Treffen der Royal Society in ihrem Haus Crane Court unter Vorsitz von Isaac Newton (undatierte Radierung).

»Ei-ei-ei, wen haben wir denn da, ihr drei Hübschen?« »Dreimal darfst du raten, Opa, wir kommen zum Geburtstag und wollen dir drei triviale Terzette singen! Unser Opa, er lebe hoch-hoch-hoch!« »Na dann, auf die Plätze – fertig – los und toi, toi, toi!« Und schon singt das Trio im Walzertakt, so schön, so süß, so lieblich, dass der Opa ganz gerührt ist. »Kommt, wir essen. Es gibt Suppe, Braten und Pudding.«

DAS EWIGE DREIECK

KAPITEL 3

Die drei schnappen Messer, Gabel, Löffel; Oma bringt Teller, Tassen, Schüssel, und alle setzen sich an den Tisch. »Und wie geht's in der Schule? Könnt ihr schon das ABC?« »Aber Opa! Wieso weshalb warum fragst du? Wir haben sogar schon die Ampel gelernt: bei Rot stehn, bei Gelb sehn, bei Grün gehn!«

Plötzlich wird Opa bleich. »Oh, schon drei viertel drei! Gleich kommen meine Skatbrüder, dann geht es wieder zack-zack-zack mit Kontra, Re und Bock!« Die drei Mädchen verabschieden sich, Küsschen links, Küsschen rechts und Küsschen auf den Mund, und eins, zwei, drei, hast du nicht gesehen, rennen sie drei Stufen auf einmal die Treppe hinunter. Fort sind sie.

Vielleicht ist diese kleine Geschichte nicht besonders sinnvoll, aber sie zeigt, wie oft in unserem alltäglichen Leben, in der Sprache und sogar in vielen Wörtern die Zahl Drei auftaucht. Man könnte etwa nachzählen, wie oft hier auf die eine oder andere Art die Drei gebraucht wird.[1]

Auch in vielen Religionen ist die Drei von zentraler Bedeutung. Im Christentum gibt es die Dreieinigkeit von Vater, Sohn und Heiligem Geist oder die Einteilung der Welt (Himmel, Erde, Hölle).

Für die alten Babylonier und Kelten war die Drei mit der Schöpfung verbunden, denn sie entsteht nach der Vereinigung von zweien. Auch in der Sprache spielt die Drei eine Rolle, sei es auf Deutsch (»dreimal darfst du raten«, »drei Wünsche hat man frei«) oder in den lateinischen Formen tri- bzw. terz- (z. B. *trivial* »allgemein bekannt«, *trivium* »drei Wege« oder *Terzett*). Die Drei kommt in der Steigerung vor (gut, besser, am besten), und der Dreierrhythmus ist rhetorisch prägnant: so etwa »mit Schirm, Charme und Melone«. Unsere Sprache ist voller Dreien.

Es überrascht kaum, dass auch unsere Musik etliche sich wiederholende »Drillinge« enthält. Neben offensichtlichen Wiederholungen wie »yeah-yeah-yeah« gibt es viele Lieder und Reime, die sich auf einen Dreierrhythmus stützen, beispielsweise

»Grün, grün, grün sind alle meine Kleider …«

»Ja so sans, ja so sans, ja so sans, die oiden Rittersleut …«

»Lebt denn der alte Holzmichel noch, Holzmichel noch, Holzmichel noch?«

»Wir singen humba-humba-humba täterää, täterää, täterää …«

»Ja, mir san mi'm Radl da, ja, mir san mi'm Radl da, ja, mir san mi'm Radl da …«

»Ach, du lieber Augustin, Augustin, Augustin …«

[1] (Die Antwort ist 27, was man als 3·3·3 oder 3³ schreiben kann. Übrigens hat 27 die Quersumme 9 oder 3·3.)

Es rankt sich viel Aberglaube um die Drei. Un-
glückliche Ereignisse treten immer zu dritt auf,
aber beim dritten Versuch muss etwas ja endlich
klappen (»aller guten Dinge sind drei«). Dreimal
auf Holz klopfen vertreibt Unglück. Toi, toi, toi!

Die Drei ist uns so wichtig, dass wir vor Gericht
eine dreifache Wahrheit beschwören (»die Wahrheit, die ganze Wahrheit und nichts als die Wahrheit«). Mit einem Dreiklang beginnt jeder Wettlauf
(»Auf die Plätze – fertig – los!«), und das Geburts-
tagskind lässt man dreimal hochleben. Wir essen
traditionell drei Mahlzeiten am Tag, und unser
Besteck ist ein Drilling aus Messer, Gabel und
Löffel. Und wenn man nun nicht glaubt, dass die
Drei wichtig ist, dann sollte man schon drei gute
Gründe angeben, warum nicht.

Oben: Die Glaspyramide im
Hof des Louvre in Paris bietet
das Bild eines Dreiecks.

Gummiband und Mathematik

Die Form, die die Drei am besten veranschaulicht,
ist das Dreieck. Es hat drei Seiten (mathematisch
Kanten genannt) und drei Ecken. Dreiecke haben
viele wichtige Eigenschaften. In der Computer-
grafik nutzt man die Eigenschaft, dass sich viele
kleinere Dreiecke leicht wie ein Mosaik zu größeren Flächen zusammensetzen lassen. Mehr als
drei sich kreuzende Geraden (man denke etwa
an ungekochte Spaghetti, die auf den Boden ge-

fallen sind) auf einer Fläche bilden immer Dreiecke (zumindest in der euklidischen Geometrie).
So lässt sich eine beliebig geformte Fläche oder
gekrümmte Oberfläche annähern, indem man
sehr viele Dreiecke klein genug wählt und diese
Dreiecke zu einem Gitter zusammenfügt. Genau
so entstehen computergenerierte Zeichnungen:
Die Form wird durch ein Gerüst aus Millionen
kleiner, passend angeordneter Dreiecke bestimmt.
Und über dieses Gerüst legt man Farbe, Beleuch-
tung und Oberflächenmuster, damit das Ergebnis
realistisch aussieht.

Die Anordnung von Formen ist in vielen Bereichen von Wissenschaft und Technik wichtig.
Statt sich um die Winkel oder Abmessungen der
Formen zu kümmern, ist es manchmal sogar
wichtiger, ihre Lage in Bezug zueinander erkennen zu können.

Wie jeder Zweig der Mathematik hat auch
dieser Zweig einen besonderen Namen. Gottfried
Wilhelm Leibniz, der die Binärzahlen so sehr
mochte, nannte ihn *analysus situs* (»Analyse des
Ortes«). Er wurde auch *geometria situs* (»Geometrie des Ortes«) genannt. Heute kennen wir
ihn als Topologie (von dem griechischen *topos*
»Ort« und *logos* »Studium«).

In der Topologie behandelt man eher Gummi-
bänder als Spaghetti. Man stelle sich eine Anzahl
Reißzwecken auf einem Brett vor, um die ein
Gummiband gelegt ist, oder eine Gummihaut
(etwa ein Stück Luftballon), um auch eine Vorstellung der Fläche, nicht nur des Umrisses zu bekommen. Durch Bewegen der Reißzwecken können
wir die Form elastisch ändern. Die Topologie untersucht nun, wie man verschiedene Formen erzeugen, ändern, vergleichen und organisieren kann.
In der Topologie gibt es somit keinen gravierenden
Unterschied zwischen einem Kreis und einem
Quadrat, weil die eine Form leicht in die andere
gedehnt werden kann. Aber es gibt einen großen
Unterschied zwischen einem Kreis und einer 8,
denn man muss zwei Löcher in das Tuch schneiden, um die 8 zu erzeugen.

Ein Witz behandelt dieses Teilgebiet der
Mathematik:

F: Wie heißt jemand, der Kaffee aus einem Donut
trinkt und seine Kaffeetasse isst?

A: Ein Topologe.

In der Topologie hat ein Donut dieselbe Form
(denselben »topologischen Ort«) wie eine
Kaffeetasse. Dazu muss man nur eine Vertiefung
in die Seite des Donuts drücken, und der Rest
des Rings bildet den Henkel. Wenn man eine
Figur durch elastische Dehnungen in eine andere
umwandeln kann, ohne ein Loch hineinzuschnei-
den oder es zu füllen, dann sind die beiden Figu-

Rechts: Der Mathematiker Leonhard Euler blieb auch nach seiner Erblindung unglaublich produktiv.

ren topologisch äquivalent (»homöomorph«). Das erscheint mehr Sinn zu ergeben, wenn man sich daran erinnert, dass Figuren nur miteinander verbundene Oberflächen sind, die Kanten und Ecken bilden. Wenn man eine Figur dehnt, ändert man nur die Abmessungen dieser Merkmale, aber nicht ihre Anzahl. Schneidet man aber ein Loch in eine Form, fügt man tatsächlich Kanten oder Ecken hinzu (oder ordnet die vorhandenen völlig neu an). Man kann ein Dreieck leicht mit einem Gummiband und drei Reißzwecken bilden. Soll das Dreieck aber ein Loch haben, braucht man einen neuen Satz von Reißzwecken und ein weiteres Gummiband.

Über sieben Brücken ...

Leonhard Euler war der Sohn von Paul Euler, der Mathematik bei Jakob Bernoulli gelernt und sogar mit Johann in Jakobs Haus gewohnt hatte, als beide noch an der Universität studierten. Leonhard Euler wurde 1707 in Basel geboren. Er wurde an einer eher schlechten Schule unterrichtet, aber sein Vater brachte ihm Mathematik bei, und Leonhard erwies sich rasch als Könner. Schließlich konnte er Johann Bernoulli davon überzeugen, ihn in Mathematik zu unterrichten. Mit 16 Jahren erhielt er seinen Magister in Philosophie für einen Vergleich der Vorstellungen von Descartes und Newton. Mit 20 Jahren hatte er sein Mathematikstudium beendet und schon zwei wissenschaftliche Artikel geschrieben.

Doch dies war erst der Anfang einer der fruchtbarsten und ungewöhnlichsten Karrieren, die die Mathematik je gesehen hat. Euler erhielt eine Dozentur an der Akademie der Wissenschaften in St. Petersburg, und im Alter von 26 Jahren übernahm er den Mathematiklehrstuhl von Daniel Bernoulli (siehe Kapitel 0). Er arbeitete zur Zah-

lentheorie (wobei er viele mathematische Konstanten wie e und π benannte und untersuchte) und zur Analysis (wobei er die Arbeiten von Newton und Leibniz kombinierte und ihnen so ihre heutige Form verlieh). Doch er beschäftigte sich auch mit praktischen Problemen wie Kartografie, wissenschaftlicher Ausbildung, Magnetismus, Feuerspritzen, Maschinen- und Schiffsbau.

Zu jener Zeit untersuchte Leonhard Euler ein Problem, mit dem er die Topologie begründete. Durch die Stadt Königsberg in Ostpreußen (heute Kaliningrad, Russland) fließt ein großer Fluss, der Pregel. Damals teilte er die Stadt in vier durch Wasser getrennte Viertel, die über sieben Brücken miteinander verbunden waren.

Unten: Die ostpreußische Stadt Königsberg (heute Kaliningrad, Russland), wo Euler das »Sieben-Brücken-Problem« löste.

KÖNIGSBERG.

*Oben: An den Pyramiden
kann man Eulers einfache
Beziehung zwischen der
Anzahl von Ecken, Kanten
und Flächen demonstrieren.*

Euler fragte sich, ob man bei einem Spaziergang durch die Stadt einmal über jede Brücke gehen und zu seinem Ausgangspunkt zurückkehren könne. 1736 bewies er, dass das nicht möglich ist (siehe Kasten gegenüber).

Euler entdeckte zudem als Erster eine sehr einfache Beziehung zwischen der jeweiligen Anzahl von Ecken, Kanten und Flächen von Körpern, die durch flache Seiten begrenzt sind (sogenannte Polyeder) – und das, obwohl vor ihm schon Hunderte von Mathematikern derartige Körper über Jahrtausende studiert hatten: Die Anzahl der Ecken (E) plus die Anzahl der Flächen (F) minus die Anzahl der Kanten (K) ist immer 2:

$$E + F - K = 2$$

Ein einfaches Beispiel soll zeigen, dass Euler recht hatte: Eine Pyramide hat 5 Ecken, 5 Flächen (4 Dreiecke und 1 quadratische Basis) und 8 Kanten, das ergibt:

$$5 + 5 - 8 = 2$$

Vor Euler hatten Mathematiker wie Pythagoras oder Descartes vor allem die Maße und Winkel in den Figuren untersucht. Eulers Erkenntnis, dass die Beziehungen zwischen Merkmalen wichtiger sein können als ihre Abmessungen, brachte ihn auf höchst originelle Gedanken.

Das Königsberger Brückenproblem

Euler bewies das Königsberger Brückenproblem, indem er die Karte stark vereinfachte: Statt vier komplizierte Stadtviertel und sieben Brücken zeichnete er vier Punkte und sieben Verbindungen zwischen ihnen auf.

Damit hatte er eine komplizierte Form in eine Reihe von Knoten und Verbindungen transformiert, die wir heute einen Graphen oder ein Netz nennen. Das ist möglich, weil hier nur die topologischen Eigenschaften wichtig sind, nicht die Maße und Abstände.

Indem er die Viertel zu Knoten verkleinerte und die Brücken zu Verbindungslinien ausdehnte, änderte er die topologischen Eigenschaften nicht, machte aber die Karte leichter verständlich.

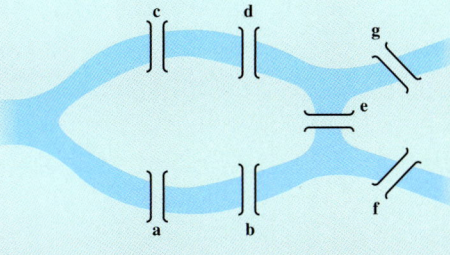

Hier zeigt der Graph eindeutig, dass mit einer Ausnahme jeder Knoten 3 Verbindungen zu den anderen Knoten hat, ein Knoten hat 5 Verbindungen. Euler bewies, dass man keinen Graphen, der einen Knoten mit einer ungeraden Zahl von Verbindungen enthält, so durchqueren kann, dass man jeder Verbindung nur einmal folgt. Intuitiv ist dies recht einfach zu verstehen:

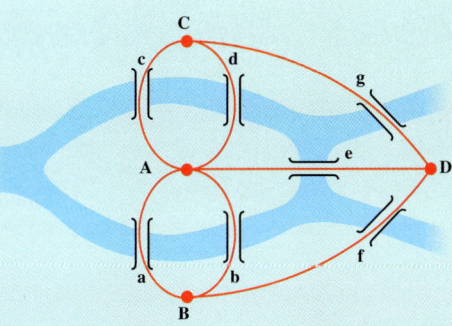

Wenn drei Brücken in ein Gebiet führen, dann wird man irgendwann in diesem Gebiet sein und es nicht mehr verlassen können, oder man ist an einer anderen Stelle und kann nicht mehr zurückkehren. Man braucht immer eine gerade Zahl von Verbindungen, um irgendwohin und wieder zurück zu kommen.

Eine solche Durchquerung eines Netzes heißt heute Euler-Tour oder »geschlossene Euler'sche Linie«. Die Topologie von Netzen ist noch immer ein fruchtbares Forschungsgebiet, denn Techniken wie das Internet benötigen vernünftige Verbindungen zwischen den Knoten (Computern). Ohne Euler und seine Studien über Brücken gäbe es das Internet vielleicht nicht.

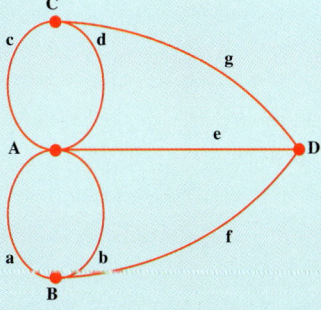

Euler heiratete im Alter von 26 Jahren und zeugte 13 Kinder, von denen jedoch nur fünf das Erwachsenenalter erreichten. Euler will seine besten Arbeiten mit einem Baby im Arm und umgeben von spielenden Kindern geschrieben haben. Gesundheitlich ging es ihm allerdings nicht sehr gut. Durch eine Krankheit verlor er 1738 das rechte Auge, später litt er an einer starbedingten Sehschwäche des linken Auges. 1741 wurde Euler von Friedrich dem Großen zum Leiter der mathematischen Klasse an der Königlich-Preußischen Akademie der Wissenschaften berufen. Trotz der gesundheitlichen Beeinträchtigung bewältigte er ein unglaubliches Arbeitspensum: Er beaufsichtigte das Observatorium und die botanischen Gärten, verwaltete die Finanzen und leitete die Veröffentlichung von Kalendern und Landkarten. Zudem beriet er die Regierung in Sachen Staatslotterie, Versicherungen, Renten und Artillerie und beaufsichtigte die Arbeit an Pumpen und Leitungen für die Wasserspiele von Schloss Sanssouci. Daneben schrieb Euler 380 Artikel und mehrere Bücher. Er entwickelte neue Ideen zur Analysis, zu den Umlaufbahnen der Planeten, zu Ballistik, Schiffsbau, Navigation und zur Bewegung des Mondes. Von ihm stammt auch ein populärwissenschaftliches Buch, die »Briefe an eine deutsche Prinzessin«. Es besteht aus mehreren hundert Briefen an die Prinzessin von Anhalt-Dessau, eine Nichte Friedrichs des Großen, der Euler die Grundzüge der Mathematik, Physik und Philosophie vermittelte.

Oben: August Möbius (Foto um 1860/65).

Nach 25 Jahren in Berlin ging Euler im Alter von 59 Jahren nach St. Petersburg zurück. Bald nach seiner Rückkehr erkrankte er erneut und erblindete vollständig. Aber Euler setzte seine Arbeiten jetzt mit der Hilfe mehrerer anderer Mathematiker – einschließlich eines Sohnes – fort. Sein bemerkenswertes Gedächtnis erlaubte ihm trotz seiner Blindheit, in dieser Zeit mehrere hundert Aufsätze zu verfassen, fast die Hälfte seines Gesamtwerks. Euler trug Wesentliches zu fast allen Bereichen der Mathematik bei, die in diesem Buch erwähnt werden. Teilweise hat er sie sogar begründet. Er verbesserte die Geometrie, die analytische Geometrie und Trigonometrie (dazu mehr in Kapitel π), die Zahlentheorie, Differential- und Integralrechnung, die Mechanik, Akustik und analytische Mechanik, die Mondtheorie, Wellentheorie des Lichts und Hydraulik sowie Musik und viele andere Themenbereiche. Auch unsere moderne mathematische Schreibweise stammt von Leonhard Euler. In jedem modernen Lehrbuch, Klassenzimmer und Labor verwenden wir die Sprache der Mathematik, die Euler schuf.

Aufgrund seiner bizarren Eigenschaften haben einige Forscher das Möbius-Band mit Wurm–löchern im Raum verglichen. Ein Wurmloch ist ein hypothetisches, durch eine Art Schwarzes Loch hervorgerufenes Gebilde, das einen Bereich des Raums mit einem anderen verbindet. Eine Reise durch ein Wurmloch würde den sofortigen Übertritt in einen anderen Teil des Universums ermöglichen. Diese Idee kann man mit einem Möbius-

Unten: Die Eigenschaften des Möbius-Bandes wurden mit denen von Wurmlöchern im Raum verglichen.

Wurmlöcher aus Papier

1790, sieben Jahre nach Eulers Tod, wurde in Schulpforte (heute zu Bad Kösen in Sachsen-Anhalt) der Mathematiker August Möbius geboren. Bis zum Alter von 13 Jahren erhielt er Hausunterricht, dann zeigte er großes Interesse an Mathematik. Er ging bald nach Leipzig und studierte dort Astronomie und Mathematik, obwohl seine Familie ein Jurastudium für ihn vorgesehen hatte. Bereits mit 24 Jahren wurde er im Fach Astronomie promoviert. Ein Jahr später habilitierte er sich und wurde zum Observator der Leipziger Universitäts-Sternwarte und zum Professor der Astronomie ernannt.

Möbius hielt an der Universität Leipzig Vorlesungen und machte stete Fortschritte als Mathematiker. Sein Name ist mit einer bedeutenden Arbeit auf dem Gebiet der Topologie verbunden, insbesondere mit einer trügerisch einfachen Figur, die seinen Namen trägt: das Möbius Band. Zwar hat Möbius diese Figur nicht entdeckt (die erste Arbeit dazu stammt von Johann Benedict Listing), doch wegen seiner bedeutenden topologischen Arbeiten ist das Band nach Möbius benannt.

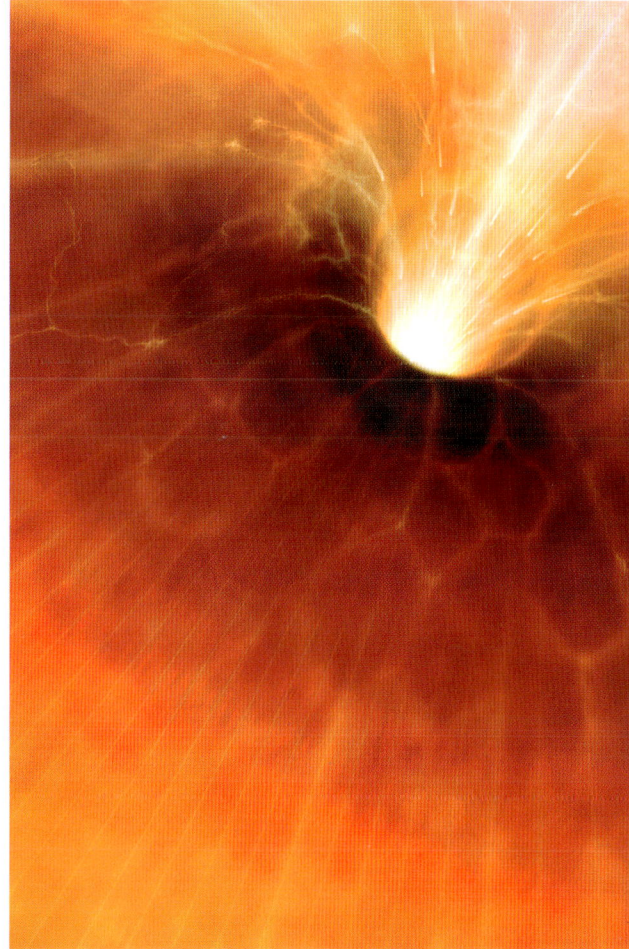

Das Möbius-Band

Das Möbius-Band lässt sich ganz einfach her-stellen. Man schneidet von einem Stück Papier einen langen Streifen ab. Die beiden Enden wer-den um 180° verdreht und aneinandergeklebt. Fertig ist das Möbius-Band.

Möbius war von diesem Gebilde fasziniert, weil es einige ungewöhnliche topologische Merkmale hat. So hat es überraschenderweise nur eine Seite und eine Kante: Zeichnet man auf ein Möbius-Band, ohne abzusetzen, längs des Ban-des einen Strich, findet man, wenn man wieder am Anfang ankommt, auf beiden Seiten des Papiers einen Strich, obwohl man immer nur auf der Oberseite gemalt hat. Ähnliches passiert, wenn man die Kante mit einem Finger abfährt.

Man erkennt das Unheimliche eines Möbius-Bandes auch, wenn man es der Länge nach in zwei Streifen zerschneiden will. Sticht man nun ein Loch in das Band und schneidet von dort immer entlang des Streifens, bis man wieder am Ausgangsort angekommen ist, erhält man ein überraschendes Ergebnis, das in diesem Limerick zusammengefasst ist:

Ein länglicher Streifen, einmal gewunden,
so hat Möbius sein Band erfunden.
Und will man's zerschneiden,
Ist's nicht zu vermeiden:
Es bleibt bei ein'm Teil, einem runden.

Etwas komplizierter wird es noch, wenn man versucht, ein Möbius-Band horizontal in drei Teile zu zerschneiden. Dazu sticht man wieder ein Loch und schneidet auf etwa einem Drittel der Breite parallel zur Kante. Obwohl man ver-sucht, das Band in drei Teile zu zerschneiden, macht man nur einen einzigen Schnitt. Dieses Ergebnis hätte man nicht unbedingt erwartet.

strömungen laufen um die Erde herum (wegen der Erddrehung und der ungleichmäßigen Erwärmung von Landmassen und Meer durch die Sonne). Dann sagt uns derselbe Satz, dass nicht überall auf der Erde ein Wind in etwa dieselbe Richtung wehen kann. Es gibt immer mindestens eine windstille Stelle sowie Orte, an denen Winde aus sehr verschiedenen Richtungen zusammenkommen und Hochdruckgebiete verursachen. Selbst ohne die durch Land und Meer verursachten Komplikationen muss also unser Wetter – nur aufgrund der Topologie! – sehr abwechslungsreich sein.

Band demonstrieren. Bekanntlich hat das Band nur eine Seite (siehe Kasten gegenüber). Was entsteht, wenn man ein Loch hineinschneidet? Es kann kein Loch sein, das von der Ober- zur Unterseite reicht, weil es ja nur eine Seite gibt! Das Loch verbindet einen Bereich des Bandes mit einem anderen – wie ein Wurmloch.

Heute gibt es viele Bereiche und Anwendungen der Topologie, die unser alltägliches Leben betreffen. Topologie ist zu einem Forschungsgebiet mit vielen Teildisziplinen geworden. Dazu gehören etwa die kombinatorische, geometrische, niederdimensionale oder die Punktmengen- und punktfreie Topologie. Mit Topologie kann man alles Mögliche erklären und verstehen, von Knoten bis hin zum Wetter. Ein Beispiel dafür ist der »Satz vom gekämmten Igel«: Wenn man einen Igel so kämmt, dass alle Stacheln etwa in dieselbe Richtung zeigen, bleibt mindestens eine kahle Stelle (der sogenannte Glatzpunkt). Man kann sich das sehr leicht vorstellen: Es wird immer mindestens eine Stelle auf dem Igel geben, an der die Stacheln aus verschiedenen Richtung kommen. Die Topologie kann das auch beweisen. Interessanter sind aber die Anwendungen dieses Satzes, beispielsweise für den Wind. Die Wind-

Rechts: Computerzeichnung des gekrümmten Raums um einen astronomischen Körper herum. Eine solche »verbogene Raum-Zeit« ist ein weiteres Beispiel für Topologie. Man glaubt, dass Wurmlöcher einem Möbius-Band ähneln. Sie könnten Sprünge durch Raum-Zeit ermöglichen.

Oben: Der Mathematik-
professor Augustus de Morgan,
der als Erster das Karten-
färbungsproblem untersuchte.

Farbige Landkarten

Am 23. Oktober 1852 stellte Francis Guthrie,
ein Mathematikstudent am University College
London, seinem Professor Augustus de Morgan
eine Frage. De Morgan war der erste Mathematikprofessor der neuen Universität und berühmt für
seine Untersuchungen zur Logik (siehe auch Kapitel 2). Aber trotz seiner Brillanz konnte er die Frage
des Studenten nicht beantworten. Am selben Tag
schrieb er an seinen Kollegen William Rowan
Hamilton in Dublin:

»Einer meiner Studenten bat mich heute darum,
ihm eine Tatsache zu begründen, von der ich gar
nicht wusste, ob sie eine Tatsache ist – auch jetzt
weiß ich es noch nicht. Er sagt, wenn man eine
ebene Fläche irgendwie aufteilt und die Gebiete
unterschiedlich färbt, sodass benachbarte Gebiete
verschiedene Farben tragen, würden dafür vier
Farben ausreichen, mehr nicht … Wenn Sie mir
irgendein ganz einfaches Gegenbeispiel angeben,
das mich meine Dummheit erkennen lässt, dann
muss ich wohl tun, was die Sphinx tat …«
(De Morgan bezog sich auf die Sphinx der griechischen Mythologie, die sich zu Tode stürzte,
nachdem Ödipus das von ihr gestellte Rätsel
gelöst hatte. Dieses Rätsel war jedoch erheblich
leichter als die Vier-Farben-Vermutung: »Welches
Tier geht am Morgen auf vier Beinen, auf zweien
am Mittag und auf dreien am Abend?« Es ist
der Mensch – wenn der Tag einem Lebensalter
entspricht, dann entsprechen die Zeiten dem
Kleinkind, dem Erwachsenen und dem Alten
mit einem Stock.)

Aber Hamilton wusste ebenfalls keine Antwort
und schrieb innerhalb von drei Tagen zurück:

»Ich werde Ihre Farben-Viererkombination wohl
nicht so bald angehen können.«

Dieses topologische Problem wurde als Färbungs-
problem von Karten bekannt, und die Frage des
Studenten Francis Guthrie hieß bald die Vier-
Farben-Vermutung. Das Problem stellt sich vor
allem dann, wenn man eine Weltkarte betrachtet.
Auf einer Landkarte sollen die verschiedenen
Länder unterschiedlich gefärbt sein, damit man
sie leicht voneinander unterscheiden kann. Sinn-

vollerweise sollen benachbarte Länder nicht die gleiche Farbe tragen. Francis Guthries Frage war: Lässt sich beweisen, dass man für eine beliebige Landkarte nie mehr als vier verschiedene Farben braucht?

Den Mathematikern war es egal, ob sie damit den Landkartendruckern halfen oder nicht – sie waren von dem Problem fasziniert. Mehrere Jahre lang fragte de Morgan Kollegen, ob sie die Vermutung beweisen könnten. Schließlich veröffentlichte der Mathematiker Alfred Kempe einen Beweis. Er erlangte damit Berühmtheit, wurde zum Fellow der Royal Society gewählt und sogar geadelt. Peinlicherweise stellte sich sein Beweis als falsch heraus. Der Mathematiker Percy Heawood arbeitete 60 Jahre an diesem Problem und konnte Kempes Fehler aufzeigen. Und er bewies, dass man eine beliebige Landkarte mit *fünf* Farben einfärben kann (Fünf-Farben-Satz).

Doch das reichte den Mathematikern noch nicht. Fünf Farben würden sicher für jede Landkarte reichen, aber was war mit vier? Oder sogar drei? Doch dieser Beweis kam erst 80 Jahre später, als die ersten Supercomputer gebaut wurden.

Zur Färbung von Landkarten

Es hat sich herausgestellt, dass man eine ganze Reihe von Sätzen zur Kartenfärbung beweisen kann, wenn man möchte (und Mathematiker möchten oft). Intuitiv ist klar, dass eine Karte nur mit gekreuzten Linien (z. B. ein Schachbrett) nur zwei Farben benötigt. Einige Landkarten mit den richtigen topologischen Eigenschaften brauchen drei Farben. Aber ein einfaches Beispiel zeigt, dass drei Farben nicht für alle Landkarten ausreichen:

Diese Karte lässt sich nicht mit nur drei Farben färben, oder?

Der Beweis der Vier-Farben-Vermutung geht ähnlich vor wie Euler, der den Königsberger Stadtplan in einen Graphen verwandelte. In diesem Graph dürfen keine zwei verbundenen Knoten dieselbe Farbe haben:

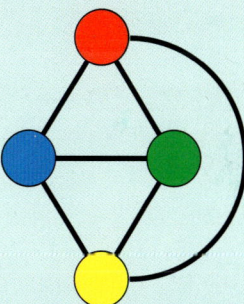

Mit einem Supercomputer wurden viele hundert spezielle Graphen erzeugt und überprüft, ob vier Farben zur Färbung ausreichen. Alle weiteren denkbaren Graphen waren äquivalent zu den speziellen Graphen. Der endgültige computergenerierte Beweis umfasste mehrere hundert Seiten, und es dauerte viele Jahre, um ihn auf Fehler durchzusehen. Aber, soweit wir bis heute wissen, ist er wahr. Francis Guthrie hatte recht: Die Drei mag eine ganz spezielle Zahl sein, aber sie reicht nicht, um eine beliebige Landkarte zu färben.

Einige Formen sind wichtiger als andere. In unserer modernen Welt sind wir zwar von Rechtecken und Würfeln umgeben, aber bei einem Spaziergang auf dem Land sieht man etwas anderes. Die Sonne steht rund am Himmel, man sieht Bäume mit nahezu kreisrunder Krone, Blumen mit kreisförmigen Blüten, kugelige Früchte wie Kirschen oder Orangen, runde Kiesel sind vom Wasser glatt geschliffen. Und vom Stein, der in den See fällt, breiten sich kreisförmig kleine Wellen aus. Wenn man ins Wasser bläst, steigen kleine ballförmige Luftblasen auf. Drehen Sie sich im Kreis, und schauen Sie sich um – die Welt ist voller Rundungen. Aber es gibt nur eine Zahl, die diese Rundungen, Kugeln und Kreise umfasst: Man nennt sie π (Pi).

DIE RUNDESTE ZAHL

KAPITEL π

π ist ein Verhältnis, das folgende Frage beantwortet: Wie hängt die Entfernung von einer Seite eines Kreises zur anderen (der Durchmesser) mit der Entfernung über die Außenseite (dem Umfang) zusammen? Seit Tausenden von Jahren ist bekannt, dass diese beiden Maße eines Kreises zusammengehören. Die Herausforderung bestand darin, die Beziehung zu beschreiben. Womit multipliziert man den Durchmesser, um den Umfang zu erhalten? Am einfachsten ist es, einen Kreis zu zeichnen, Umfang und Durchmesser zu messen und die erste Zahl durch die zweite zu teilen. Das Ergebnis ist etwas mehr als 3. Also müssen wir den Durchmesser mit einer Zahl multiplizieren, die etwas größer ist als 3, um den Umfang zu bekommen. Aber um wie viel größer? Wie sieht diese Zahl genau aus?

Noch heute wird gelegentlich die Ansicht vertreten, π sei gleich $^{22}/_7$. Doch das ist eine rationale Zahl (die Dezimalbruchdarstellung zeigt ein regelmäßiges Zahlenmuster). π aber ist irrational. Der Wert liegt dicht bei $^{22}/_7$, und wie für alle irrationalen

VON ALLEN

Zahlen gibt es keinen Bruch, der ihn exakt beschreibt. Der Dezimalbruch geht immer weiter, ohne regelmäßiges Muster. Wie $\sqrt{2}$, φ und e ist auch π eine Naturkonstante, die man nicht vollständig angeben kann. Das hat viele aber nicht davon abgehalten, es dennoch zu versuchen.

Man zieht Kreise

Merkwürdigerweise gab es die ersten Untersuchungen zu π schon, bevor die Null erfunden worden war. Einer der Ersten, der sich ernsthaft auf die Suche nach π begab, war Archimedes (der 300 Jahre nach Pythagoras in Sizilien lebte und gerade geboren wurde, als Euklid starb). Er erfand nicht nur Hebel, Flaschenzüge, Kriegsgerät und Spiralpumpen, sondern beschäftigte sich auch eingehend mit Kreisen und Kugeln. Er schrieb zu diesem Thema mehrere Bücher (oder Rollen, Bücher gab es damals noch nicht): »Über Kugel und Zylinder«, »Über Spiralen«, »Über Konoide und Sphäroide« und »Die Messung des Kreises«.

Es heißt, dass er all seine Fähigkeiten zur Fertigung von zwei Kugeln aufwandte, die der römische General Marcellus während der Invasion von Syrakus an sich nahm. Die eine war ein Himmelsglobus mit eingeritzten oder aufgemalten Sternbildern, die andere war ein Planetarium, das die Bewegung von Sonne, Mond und Planeten zeigte, wie sie von der Erde aus zu sehen ist. Zu sagen, dass die Römer beeindruckt waren, wäre noch untertrieben. Cicero meinte sogar, Archimedes müsse »mit größerem Genie gesegnet sein, als man es bei einem einzelnen Menschen für möglich gehalten hätte«, um solch ein beispielloses Gerät bauen zu können.

Archimedes erkannte als Erster, dass π irrational und der Wert nicht $^{22}/_7$ ist. Da ihm klar war, dass er den genauen Wert von π nie würde angeben können, wandte er einen raffinierten Kunst-

π wird eingekästelt

Archimedes wollte Kreise mithilfe von Polygonen (Vielecken, d. h. geradlinig begrenzten Figuren) annähern. Er zeichnete eines außen um den Kreis und eines innerhalb des Kreises und bestimmte dann das Verhältnis von Umfang zu Durchmesser für beide Polygone. Weil das äußere Vieleck größer und das innere kleiner ist als der Kreis, muss der wahre Wert von π zwischen den beiden Werten liegen.

In einem einfachen Beispiel verwendete er vierseitige Vielecke (Quadrate). Die Seitenlänge des großen Quadrats ist D, der Umfang also $4D$. Offensichtlich ist auch der Abstand von Seite zu Seite D. Das erste Verhältnis ist also $4\,D/D$, d. h. 4.

Man kann nun leicht den Umfang des kleineren Quadrats zu $4D/\sqrt{2}$ berechnen; der Durchmesser, diesmal von Ecke zu Ecke, ist immer noch D. Das zweite Verhältnis ist also $(4D/\sqrt{2})/D = 4/\sqrt{2} = 2{,}828427\dots$

Demnach muss π kleiner als 4 und größer als $2{,}828427\dots$ sein.

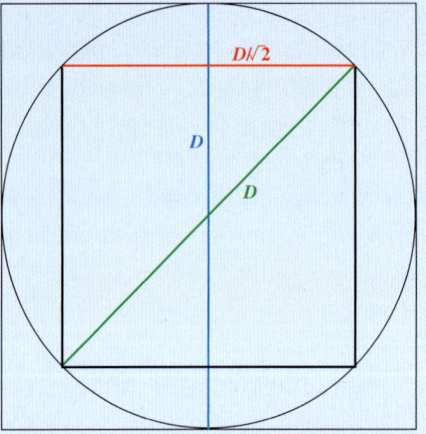

Nun wiederholt man dieses Verfahren, verwendet aber Polygone mit immer mehr Seiten, sodass sie sich der Form des Kreises besser anpassen. Mithilfe eines 96-Ecks konnte Archimedes zeigen, dass π zwischen $3^{10}/_{70}$ und $3^{10}/_{71}$ liegt oder, einfacher ausgedrückt, zwischen $^{22}/_7$ und $^{223}/_{71}$.

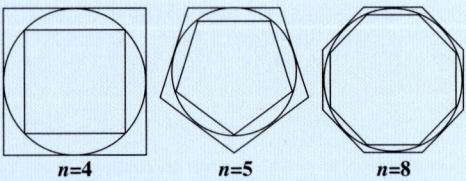

$n=4$ $n=5$ $n=8$

Die rundeste Zahl von allen 143

griff an, um den Näherungswert zu berechnen: Er versuchte, π zu finden, indem er die Kreisfläche möglichst genau durch Vielecke »ausschöpfte«. Diese sogenannte Exhaustionsmethode war so genau, dass 500 Jahre lang niemand einen besseren Wert ermittelte. Weil er keine Dezimalbruchentwicklung versuchte (anders als viele Mathematiker nach ihm), lag Archimedes richtig. π wird immer zwischen $^{22}/_7$ und $^{223}/_{71}$ liegen, ganz gleich, auf wie viele Dezimalstellen wir es angeben.

Obwohl Archimedes π bemerkenswert genau angab und etliche außergewöhnliche Erfindungen machte (man nannte ihn »den Weisen«, den »Meister« oder »den großen Geometer«), hielt er einen anderen mathematischen Befund für seine größte Leistung. Auch dieser war mit π verwandt, es ging aber um das Volumen einer Kugel und eines Zylinders. Archimedes konnte beweisen, dass eine in einen Zylinder eingeschriebene Kugel (so eingeschrieben, dass sie den Zylinder allseitig von innen berührt) $^2/_3$ des Zylindervolumens hat. Er bewies auch, dass Kugel und Zylinder das gleiche Verhältnis von Oberfläche und Volumen aufweisen. Solche Erkenntnisse waren ein enormer Erfolg zu einer Zeit, als man kaum wusste, wie man die Volumina und Flächen von gekrümmten Formen berechnen konnte.

Oben: Der griechische Autor Plutarch (ca. 46–120), der auch über Archimedes schrieb (neuzeitliche Radierung).

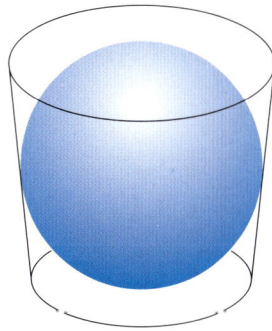

Oben: Das Volumen der in einen Zylinder eingeschriebenen Kugel beträgt $^2/_3$ des Zylindervolumens.

Wir wissen von Archimedes nur durch seine Arbeiten (die einzige Biografie ging vor Urzeiten verloren), aber es wurde viel über seinen Tod im Jahr 212 v. Chr. geschrieben, als Archimedes 75 Jahre alt gewesen sein soll. Der griechische Autor Plutarch überliefert drei Versionen der Geschichte. Was wirklich geschah, wird aber wohl für immer im Dunkeln bleiben.

Version 1: »Archimedes war mit einem Diagramm zu einem Problem beschäftigt und hatte sich derart darauf konzentriert, dass er weder bemerkte, wie die Römer in die Stadt eindrangen, noch dass die Stadt eingenommen wurde. Er war ganz in Gedanken versunken, als ein zu ihm abkommandierter Soldat ihm befahl, ihm zu Marcellus zu folgen. Er weigerte sich, bevor er

nicht sein Problem gelöst hatte, sodass der Soldat wütend wurde, sein Schwert zog und ihn erschlug.«

Version 2: »Ein römischer Soldat, der mit gezücktem Schwert auf ihn zulief, drohte, ihn zu töten. Archimedes blickte zurück und bat ihn, sich noch etwas zu gedulden, denn er könne seine Arbeit nicht so unvollständig und unvollkommen hinterlassen. Aber der Soldat, ungerührt von dieser Bitte, tötete ihn sofort.«

Version 3: »Als Archimedes seine mathematischen Instrumente, Skalen, Kugeln und Winkel zu Marcellus brachte, mit denen er die Höhe der Sonne über dem Horizont messen konnte, dachten einige Soldaten, er würde Gold zu einem Schiff tragen, und erschlugen ihn.«

Oben: Nach einer Überlieferung wurde Archimedes bei seiner Arbeit von einem römischen Soldaten gestört und im Zorn erschlagen.

Die ersten beiden Versionen klingen bemerkenswert ähnlich. Auf sie geht der bekannte Mythos zurück, Archimedes sei von einem Soldaten unterbrochen worden, als er Figuren in den Sand zeichnete, und habe gesagt: »Störe meine Kreise nicht!«

Wir wissen nicht, was an jenem Tag wirklich geschah. Wir wissen aber, dass General Marcellus wütend auf den Soldaten war, denn Archimedes sollte lebend zu ihm gebracht werden. Marcellus ließ den Soldaten für die Übertretung seiner Befehle sofort hinrichten.

Trotz der erfolgreichen römischen Invasion wurde Archimedes nach seinem Tod mit einem Grabmal nach seinen Wünschen geehrt. Eingraviert wurde ein Zylinder, der eine Kugel enthält, zusammen mit seinem Satz über die Volumina von Kugel und Zylinder. Auch eine Darstellung von π soll zu sehen gewesen sein. Das Grab blieb mindestens 100 Jahre erhalten. Im Jahr 75 v. Chr. schrieb der bekannte römische Staatsmann Cicero darüber:

»Als ich Quästor in Sizilien war, wollte ich Archimedes' Grab ausfindig machen. Die Syrakuser wussten nichts darüber und stritten ab, dass es so etwas gäbe. Aber es war dort, vollkommen von Brombeersträuchern und Dornen umgeben und darunter versteckt. Ich erinnerte mich, von einigen einfachen Verszeilen gehört zu haben, die auf seinem Grabstein eingraviert waren und die sich auf eine Kugel und einen Zylinder bezogen, die in Stein gehauen auf der Oberseite des Grabs standen. Und so sah ich mich unter den zahlreichen Gräbern am Agrigentinischen Tor um.

Schließlich bemerkte ich eine kleine Säule, gerade über dem Buschwerk sichtbar, gekrönt von einer Kugel und einem Zylinder. Sofort sagte ich den Syrakusern, von denen einige führende Bürger bei mir waren, dass ich glaubte, dies sei das eigentliche Objekt meiner Suche. Männer wurden mit Sicheln geschickt, um den Ort zu räumen, und als ein Pfad zum Denkmal geschlagen war, gingen wir bis zu ihm hin. Und die Verse waren immer noch sichtbar, obwohl die zweite Hälfte jeder Zeile verwittert war.

Eine der berühmtesten Städte der griechischen Welt, in früheren Tagen ein Zentrum der Gelehrsamkeit, wäre also in völliger Unkenntnis über das

Unten: Cicero entdeckt das Grabmal des Archimedes (Gemälde von Benjamin West).

Grab des herausragendsten ihrer Bürger geblieben, wäre nicht ein Mann von Arpinum gekommen und hätte sie darauf hingewiesen.«

Dankenswerterweise währte das nicht besonders ausgeprägte mathematische Interesse der damaligen Zeit nicht lange – heute ist Archimedes tot, aber nicht vergessen.

Wie man π berechnen kann

π hat die Mathematiker über Jahrhunderte fasziniert, und langsam lernte man es immer genauer kennen. Viele der Zahlenpioniere, die in früheren Kapiteln vorgestellt wurden, waren an diesen Untersuchungen beteiligt. Beispielsweise dachte Brahmagupta (der die Null untersuchte), π sei gleich $\sqrt{10}$ (der sogenannte Hindu-Wert). Er hatte unrecht, die Zahlen sind nur auf eine einzige Dezi-

malstelle gleich. Rund 160 Jahre später bekam Al-Charismi (der *al-jabr* erfand) den Wert von π auf vier Dezimalstellen heraus: 3,1416. Dies war schon sehr viel besser als der Versuch von Fibonacci (der mit den Kaninchen aus Kapitel φ) etwa 400 Jahre später, der mithilfe eines 96-Ecks den Wert von π mit $^{864}/_{275}$ angab.

Viele Jahrhunderte lang verfeinerten die Mathematiker Archimedes' Methode. Eines der beeindruckendsten Ergebnisse veröffentlichte der deutsche Mathematiker Ludolph van Ceulen 1596: Nach fast lebenslanger Arbeit hatte er den Wert von π mithilfe eines Polygons mit unglaublichen 4 611 686 018 427 387 904 Ecken auf 35 Stellen genau berechnet:

3,14159265358979323846264338327950 29

Das Ergebnis seiner erstaunlichen Anstrengung wurde in seinen Grabstein eingraviert, als er mit 70 Jahren starb.

Zu dieser Zeit bemerkten Mathematiker, dass man sich π auch mit einfacheren Verfahren nähern kann, als beängstigend große Vielecke zu berech-

Die Berechnung von π

Der englische Mathematiker John Wallis leitete 1656 dieses merkwürdige Produkt her, mit dem man π annähern kann:

$$\frac{\pi}{2} = \frac{2 \cdot 2}{1 \cdot 3} \cdot \frac{4 \cdot 4}{3 \cdot 5} \cdot \frac{6 \cdot 6}{5 \cdot 7} \cdot \ldots$$

Wenig später stellte James Gregory die folgende, manchmal auch Leibniz zugeschriebene Reihe auf (sie war aber in Indien schon im 15. Jahrhundert bekannt):

$$\frac{\pi}{4} = 1 - \frac{1}{3} + \frac{1}{5} - \frac{1}{7} + \frac{1}{9} - \ldots$$

Keine dieser Reihen eignet sich für eine effiziente Berechnung von π, denn man braucht Tausende von Termen, bis sich ihr Wert dem wahren Wert von π überhaupt nähert. Doch Gregory berechnete auch eine nützlichere Reihe, die schneller konvergiert:

$$\frac{\pi}{6} = \frac{1}{\sqrt{3}} \left(1 - \frac{1}{3 \cdot 3} + \frac{1}{5 \cdot 3 \cdot 3} - \frac{1}{7 \cdot 3 \cdot 3 \cdot 3} + \ldots \right)$$

In dieser Reihe braucht man nur neun Terme, um π auf vier Dezimalstellen richtig anzugeben.

*Rechts: George Louis Leclerc,
Comte de Buffon, gab mit
seinem Nadelproblem eine
statistische Methode zur
Bestimmung von π an.*

nen. Denn obwohl π eng mit Kreisen verbunden ist, tauchen Vielfache von π auch in einigen Zahlenfolgen auf (Kasten gegenüber).

So und auf ähnliche Art und Weise berechneten die Mathematiker über die folgenden Jahrhunderte immer mehr von π. Im 10. Jahrhundert wählte der französische Naturforscher Georges Buffon eine etwas bizarre Methode: Wenn man eine Nadel auf einen gefliesten Boden fallen lässt, beträgt die Wahrscheinlichkeit, dass die Nadel

über der Kante einer Fliese zu liegen kommt, $2k/\pi$ (dabei beträgt die Länge der Nadel das k-fache der Fliesenlänge, k ist kleiner 1). Bei einer großen Anzahl von Versuchen lässt sich die Wahrscheinlichkeit genau angeben. 1901 bestimmte der italienische Mathematiker Mario

Oben: Porträt des Mathematikers Augustus de Morgan, der William Shanks' Berechnung von π bezweifelte.

Lazzerini π auf diese Weise: Mit 3408 Versuchen gab er π auf 6 Dezimalstellen richtig an. Doch andere Mathematiker waren misstrauisch. Sie wiesen darauf hin, dass man zur rechten Zeit mit dem Versuch aufhören könne, wenn man den Wert von π schon kenne, um so ein genaues Ergebnis sicherzustellen. Da Lazzerini seine Nadel gerade 3408-mal hatte fallen lassen (und nicht etwa 3000- oder 3500-mal), hatte er wohl geschummelt und seine Antwort als genauer ausgegeben, als sie es in einem anderen Fall gewesen wäre. In einer ziemlich frechen Arbeit zeigte der Mathematiker Norman T. Gridgeman, wie eine derartige Schummelei aussehen könnte: Wenn man eine Nadel mit der Länge von 0,7857 genau zweimal fallen lässt und sie die Kante einer Fliese einmal trifft, dann gibt die Formel einen guten Näherungswert von π an, denn:

$$2 \cdot 0{,}7857 \,/\, \pi = \tfrac{1}{2}$$

also $\pi = 3{,}1428$

Mit seinem Spott über die experimentellen Versuche zum Berechnen von π hatte Gridgeman an einem Punkt recht: Wenn man den Wert von π schon mit einer gewissen Genauigkeit kennt, kann man leicht einen Versuch vortäuschen, der π mit dieser (oder einer etwas schlechteren) Genauigkeit anzugeben scheint.

Mit dem Aufkommen einfacherer Methoden zur Berechnung von π (mithilfe von Zahlenfolgen, anstelle Nadeln zu werfen) gaben Mathematiker diese Zahl bald auf Hunderte von Dezimalstellen an. 1874 hatte der Mathematiker William Shanks π von Hand (!) auf erstaunliche 707 Dezimalstellen berechnet. Und doch stimmte etwas nicht so recht. Augustus de Morgan (ein Mathematiker, der auch zur Vier-Farben-Vermutung gearbeitet hatte) bemerkte etwas Seltsames in den von Shanks angegebenen Nachkommastellen von π. Er stellte nämlich fest, dass nach den ersten 500 Dezimalstellen die Zahl Sieben immer seltener aufzutauchen schien.

Dies war nun ein echtes Rätsel, denn die Zahlen sind in der Dezimalbruchentwicklung von π immer sehr gleichmäßig verteilt, d. h., alle Ziffern von 0 bis 9 tauchen in den Nachkommastellen mit etwa derselben Häufigkeit auf. Der Wurf eines zehnseitigen Würfels würde die Ziffern 0 bis 9 mit derselben Häufigkeit in einer unregelmäßigen Zahlenfolge erzeugen (weil die Ziffern in zufälliger Reihenfolge auftreten). Man hatte zudem immer geglaubt, dass π dieselbe Anzahl der Ziffern 0 bis 9 enthält – zwar unregelmäßig, aber doch alles andere als zufällig verteilt. Das ist ein merkwürdiges Paradox dieser irrationalen Zahl: Jede Stelle ist zwar genau festgelegt, aber wie bei einer Zufallszahl tritt jede Ziffer mit jeweils gleicher Wahrscheinlichkeit auf.

De Morgan versuchte, den merkwürdigen Mangel an Siebenern aufzuklären – ohne Erfolg. Erst 1945 wurde das Geheimnis gelüftet, als der Mathematiker D. F. Ferguson π auf 620 Stellen berechnete und feststellte, dass Shanks einen Fehler gemacht hatte: In dessen Rechnung waren alle Ziffern nach der 528. Stelle falsch. In der richtigen Version von π gibt es keine Unstimmigkeit, jede Ziffer 0 bis 9 erscheint mit gleicher Häufigkeit.

Nach 1947 verwendeten die Mathematiker Tischrechner und Computer, um immer mehr Ziffern von π zu berechnen. Lange wurde die Leistungsfähigkeit eines neuen Computers demonstriert, indem man die Anzahl der Stellen angab, mit der er π berechnen konnte. 1999 berechnete der Hitachi-Supercomputer SR8000 π auf 206 158 430 000 Stellen. Das sind fast sechs Milliarden Mal mehr Ziffern, als van Ceulen in seinem ganzen Leben errechnet hatte. Heute kann sogar ein PC innerhalb weniger Sekunden Billionen Ziffern von π berechnen, sodass die Faszination, die von dieser Zahl ausgeht, verblasst. Was eine Schande ist, denn es gibt noch immer eine unendliche Anzahl von Ziffern in π zu berechnen.

The use of the Tangent lines. 9

CHAP. III.
The use the Tangent lines in ta-
king of Angles.

I *To finde an angle by the Tangent*
on the Staffe.

L Ft the midle fight be alwaies set to the middle of the
Croffe, noted with 20 and 30, and then the Croffe
B b   drawne

*Oben: Winkelmessung mit
einem Kreuzstab (Jakobsstab),
einem Vorläufer des Sextanten
(aus Edmund Gunters »The
description and use of the
sector«, 1636).*

*Gegenüber: Abbildung eines
astronomischen Quadranten
und einiger Zubehörteile.*

Winkelmessung

Im vorherigen Kapitel wurde gezeigt, wie grundlegend Dreiecke mit ihren drei Seiten und drei Ecken für die Geometrie und Topologie sind. Aber Dreiecke haben auch drei Winkel – und das war den Mathematikern so wichtig, dass sie einen eigenen Zweig der Mathematik erfanden, um sie zu beschreiben. Nach dem griechischen *trigonon* (»3 Winkel«) und *metro* (»Maß«) spricht man von der Trigonometrie.

Trigonometrie ist die Mathematik der Winkel. Wenn sich zwei Geraden in einem Punkt treffen, dann schließen sie einen Winkel ein. Die älteste Art, Winkel zu messen, ist das Gradmaß mit 360 Grad für einen vollen Kreis (statt Grad verwendet man auch das Zeichen °). Man macht sich das am einfachsten anhand einer Uhr klar: Wenn beide Zeiger in dieselbe Richtung weisen, etwa 12 Uhr, dann schließen sie einen Winkel von 0° ein. Steht ein Zeiger auf der 12 und einer auf der 9, so ist der Winkel zwischen ihnen 90°. Mit einem Zeiger auf der 12 und einem auf der 6 beträgt der Winkel 180°, und mit einem auf der 12 und dem anderen auf der 3 haben wir einen Winkel von 270° (Winkel werden gegen den Uhrzeigersinn gemessen). Winkel sind sehr wichtig, wenn man geometrische Figuren wie Dreiecke, Quadrate oder Pentagramme untersucht. Wir verwenden meist den kleineren (den innen liegenden) Winkel einer geometrischen Figur – es ist sinnvoller, über den Innenwinkel eines Quadrats mit 90° zu sprechen als über den Außenwinkel mit $360° - 90° = 270°$.

Dass der Vollkreis 360° hat, geht auf die Babylonier zurück, die vor 300 v. Chr. lebten. Dieses antike Volk baute sein Zahlensystem auf der 60 auf (wir verwenden heute die Basis 10, unsere Computer die Basis 2). Sie teilten den Kreis wahrscheinlich in 6 Segmente, teilten diese nochmals in 60 Teile und erhielten so 360 Teile. Beim Navi-

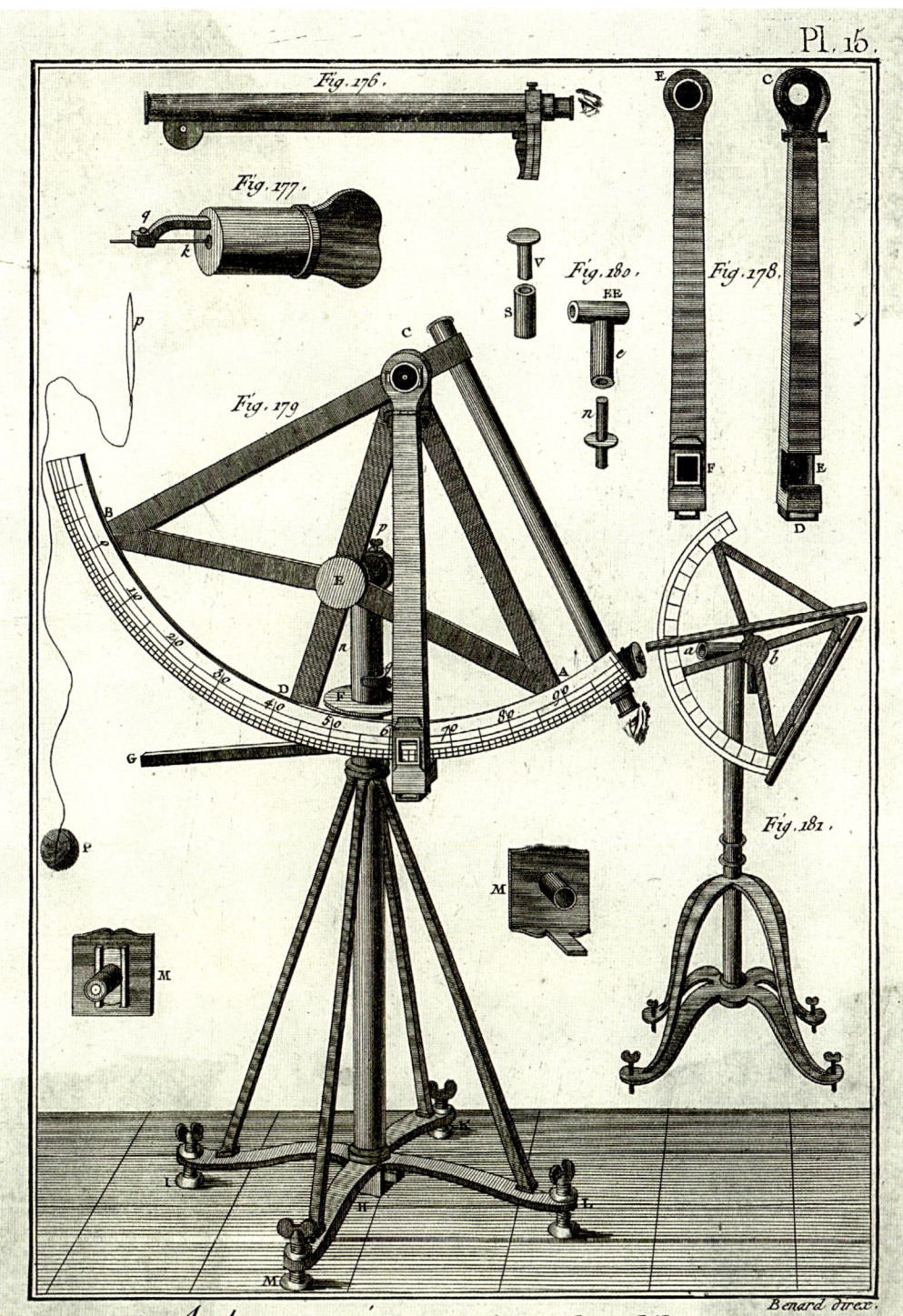

Pl. 15.

Fig. 176.

Fig. 177.

Fig. 180.

Fig. 178.

Fig. 179.

Fig. 181.

Benard direx.

Astronomie, Quart de Cercle Mobile.

gieren und bei der Angabe der Sternenposition maßen sie Winkel von der Erde aus gegen den Uhrzeigersinn.

Die Trigonometrie ergab sich aus einem einfachen Problem: Wie lassen sich alle Maße eines Dreiecks berechnen, wenn man nur einige der Maße kennt? Wenn man beispielsweise zwei Winkel und die Länge nur einer Seite kennt, wie erhält man dann die Länge der anderen Seiten?

Eine Teillösung für dieses Problem lieferte mehrere Jahrhunderte lang die Sehnenrechnung, die auf den griechischen Astronomen Hipparch (oder Hipparchos) zurückgeht. Er wurde um 190 v. Chr. im damaligen Nikaia geboren (heute İznik in der Nordwesttürkei). Fast alle Kenntnisse über sein Leben sind über die Jahrhunderte verloren gegangen, über den Menschen Hipparch wissen wir fast nichts. Aber wir kennen einige seiner Arbeiten zur Astronomie. Während einer Sonnenfinsternis maß Hipparch die verschiedenen Teile des Mondes, die an unterschiedlichen Standorten sichtbar waren. Damit konnte er berechnen, wie weit der Mond von der Erde entfernt ist. Seine Angabe war

Der Ursprung der Sehnenrechnung

Die Sehnenrechnung hilft bei einem wichtigen Problem der Landvermessung: Man braucht für eine Karte die Entfernung zu einem markanten Punkt (z. B. einer Kirche), der aber (z. B. durch einen Fluss) unzugänglich ist. Man kennt nur die beiden Punkte A und B auf dieser Seite des Flusses. Wie geht man vor?

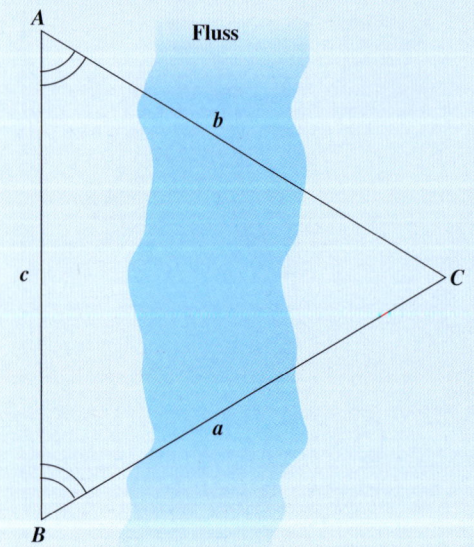

Man bezeichnet die Kirche als Punkt *C*. Damit hat man ein großes Dreieck *ABC*. Nun kann man den Abstand von *A* zu *B* und mithilfe eines sogenannten Theodoliten (einer Art Teleskop) die Winkel zu Punkt *C* messen (d. h. die Winkel zwischen den Dreiecksseiten *AB* und *BC* sowie *AB* und *AC*). Damit kennt man die Länge der einen Dreiecksseite und zwei Winkel. Nun möchte man die Entfernung von Punkt *C* zu *A* oder *B* bestimmen. Wie findet man die Längen der beiden anderen Dreiecksseiten? Der Satz des Pythagoras ist nicht anwendbar, weil dieser nur für rechtwinklige Dreiecke gilt. Außerdem müsste man dann auch zwei Seitenlängen kennen, um die dritte zu berechnen, man kennt aber nur eine Länge. Irgendwie muss man also mithilfe des Winkels zwischen den Seiten eine fehlende Seitenlänge bestimmen. Dabei hilft die Sehnenrechnung: Die zu bestimmten Winkeln gehörenden Maße sind tabelliert.

erstaunlich genau: Zwischen 59 und 67 Erdradien sollte der Abstand betragen. Der wahre Wert ist 60. Er berechnete zudem die Länge eines Erdjahres mit solcher Genauigkeit, dass er die Präzession der Erde (die Bewegung der Erdachse) entdeckte und messen konnte. Für jemanden, der vor über 2000 Jahren lebte, eine beachtliche Leistung!

Hipparch entwickelte als Erster eine Tabelle von Sehnenlängen (Chordentafel) – eine Liste von Dreiecksseitenlängen, die zu verschiedenen Winkeln eines Dreiecks gehörten. Das war der Anfang der Trigonometrie (Kasten gegenüber).

Oben: Der griechische Astronom Hipparch bei der Himmelsbeobachtung.

Einer der wichtigsten Astronomen und Geografen wurde um 85 n. Chr. in Ägypten geboren. Claudius Ptolemäus glaubte wie schon Aristoteles an ein geozentrisches Weltbild, nach dem Sonne und Planeten um die Erde kreisen. Weite Teile seiner Arbeiten dienten dazu, seine Beobachtungen der Planetenbewegung zu erklären. Weil viele der von ihm verwendeten Daten ungenau waren, konnten seine Theorien lange nicht widerlegt werden. Spätere Wissenschaftler beschuldigten ihn, Beobachtungen gefälscht zu haben, um seine Ideen zu belegen. Newton war besonders heftig:

*Links: Claudius Ptolemäus
und die Allegorie der Astronomie (aus einem Buch von
Nicolo Bascarini, 1548).*

Sehnen

Gegeben ist ein Kreis um O mit zwei Punkten A
und B auf dem Umfang. Die Sehne AOB ist die
Länge der Strecke AB. Wenn man den Winkel bei
O ändert, wächst die Länge der Sehne von null
(wenn der Winkel null ist) bis zum Kreisdurch-
messer (wenn der Winkel 180° ist). Hipparch gab
eine Tabelle von Ergebnissen für verschiedene
Winkel an, denn er wusste, dass die Beziehung
zwischen Winkel und Länge immer gleich ist,
egal, wie groß der Kreis ist. Zur Bestimmung der
wahren Sehnenlänge bestimmte er die Größe
des Kreises und veränderte dann das Ergebnis
aus seiner Tabelle um denselben Betrag. Hipparch erstellte eine Chordentafel für Winkel im
Abstand von 7,5° (insgesamt 24 auf 180°).

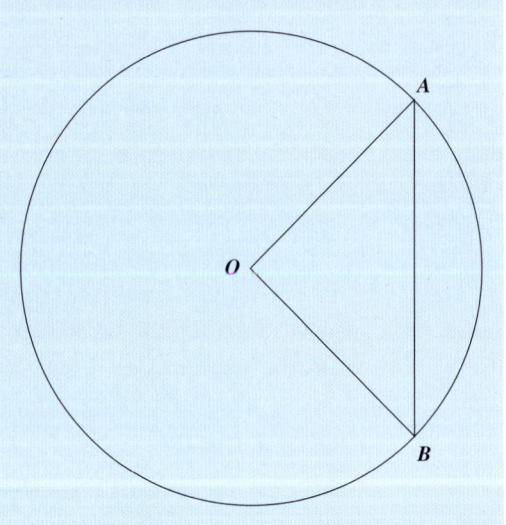

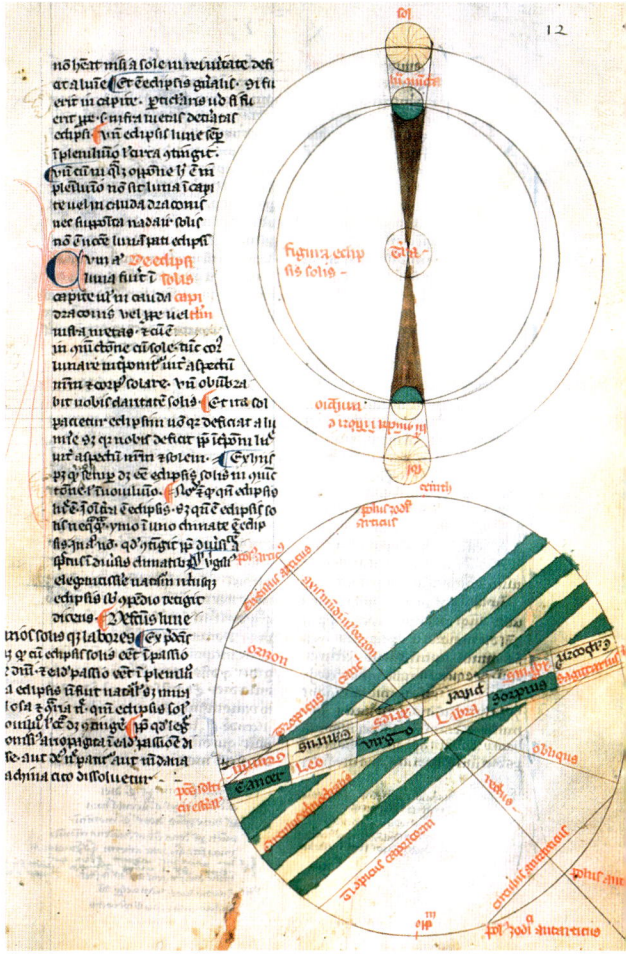

»[Er] entwickelte bestimmte astronomische Theorien und entdeckte, dass sie nicht mit der Beobachtung übereinstimmten. Statt aber die Theorien zu verwerfen, erfand er vorsätzlich passende Beobachtungen und behauptete, sie würden die Gültigkeit seiner Theorien beweisen. In jedem bekannten wissenschaftlichen oder gelehrten Milieu nennt man das Betrug, und es ist ein Verbrechen gegen Wissenschaft und Gelehrsamkeit.«

Aber solche Kommentare sind wahrscheinlich nicht gerechtfertigt, wenn man sich klarmacht, dass Ptolemäus vor fast 2000 Jahren lebte, zu einer Zeit, als die wissenschaftliche Methodik noch jung war und man die Planetenbewegung nur sehr ungenau messen konnte.

Trotz der verzeihlichen Fehler in einigen seiner Ideen waren die mathematischen Lösungen, die Ptolemäus entwickelte, enorm wichtig. Er schrieb zahlreiche Bücher, darunter ein 13-bändiges Werk über die Planetenbewegung, den *Almagest*. Seine Ansichten (über kreisförmige Umlaufbahnen um die Erde) wurden erst 1400 Jahre später (von Kepler) widerlegt. Seine Bücher galten vielen daher als ebenso wichtig wie Euklids *Elemente*. Im Verlauf seiner Arbeit berechnete Ptolemäus die Zahl π auf 4 Dezimalstellen richtig. Das war zur damaligen Zeit der genaueste bekannte Wert, der in den folgenden 150 Jahren nicht verbessert werden sollte. Er entwickelte zudem die Sehnenrechnung weiter, erstellte eine Chordentafel für Winkel im Abstand eines halben Grads und entwickelte viele Regeln und Operationen, um mit den Sehnenlängen rechnen zu können. Damit

Oben: Mittelalterliche Darstellung einer Sonnenfinsternis. Das obere Diagramm zeigt Sonne (gelb) und Mond (teils grün), die die Erde umkreisen.

Trigonometrie

Die Sehnen waren zwar intuitiv, aber nicht sehr hilfreich bei der Berechnung von fehlenden Dreiecksseiten (was man für die Landvermessung braucht). Die Sinusfunktion (»sin« auf dem Taschenrechner) war die Lösung. Der Sinus gibt nicht die Streckenlänge gegenüber dem Winkel (zwischen zwei Punkten auf einem Kreis) an, sondern die Entfernung zwischen einem Punkt auf dem Durchmesser und einem Punkt auf dem Umfang des Kreises. Um den Sinus eines Winkels x zu berechnen, messen wir den Winkel x gegen den Uhrzeigersinn, zeichnen dann einen Durchmesser durch den Kreis mit Radius 1 (Punkt P); der Sinus ist die y-Koordinate von P. Daher ist der Sinus von 0° gerade 0, der Sinus von 90° ist 1.

Sinus und Kosinus

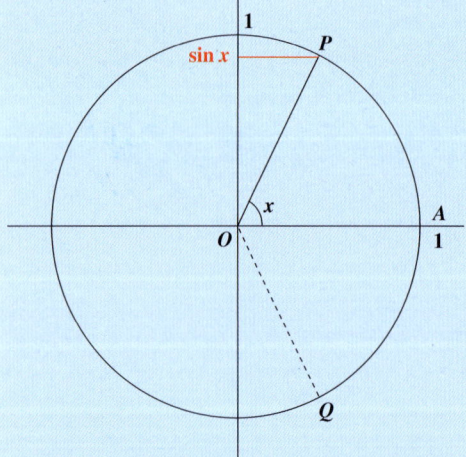

Eine andere Betrachtungsweise ist, den Sinus als eine halbe Sehne aufzufassen. Wenn wir die Strecke OP an der x-Achse spiegeln und einen neuen Punkt Q erzeugen, dann ist PQ eine Sehne. Das ist der Ursprung des Sinus. Wir wissen das, weil die Geschichte des Begriffs bekannt ist: In Sanskrit hieß Sehnenhälfte *jya-ardha*, manchmal verkürzt zu *jiva*. Auf Arabisch wurde dies zu *jiba*,

geschrieben als *jb* (im Arabischen schreibt man keine Vokale). Lateinische Übersetzer verwechselten *jb* mit dem arabischen *jaib* (»Brust«) und verwendeten dafür das lateinische Wort *sinus*.

Tangens

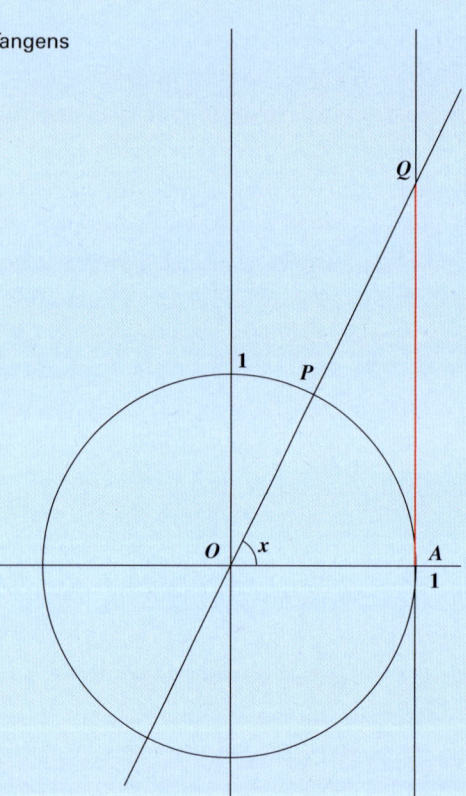

Sobald der Sinus definiert ist, kann man leicht über ähnliche Funktionen nachdenken. Der Kosinus beispielsweise lässt sich berechnen, indem man statt der y-Koordinate die x-Koordinate von P verwendet. Daher ist der Kosinus von 0° gleich 1 und von 90° gleich 0. Und es gibt eine verwandte Funktion namens Tangens, die ähnlich wie der Sinus berechnet wird. Allerdings betrachtet man nicht wie beim Sinus einen Punkt P auf dem Kreis, sondern den Schnittpunkt Q einer Geraden AQ tangential an den Kreis mit der Fortsetzung der Geraden *OP*. Die *y*-Koordinate von Q gibt den Tangens des Winkels *x* an. Daher ist der Tangens von 0° gleich 0, und der Tangens von 90° ist undefiniert (wir wissen nicht, wo *Q* für *x* = 90° liegt; daher ist die Antwort undefiniert, nicht unendlich). Einige moderne elektronische Taschenrechner geben hier jedoch ein falsches Ergebnis an.

Alle trigonometrischen Funktionen können auch umgekehrt werden, um aus der Länge der Geraden den zugehörigen Winkel zu bestimmen. Die Umkehrfunktionen heißen Arkusfunktionen und werden mit arcsin, arccos, arctan bezeichnet (manchmal findet man auch sin⁻¹, cos⁻¹ und tan⁻¹ bzw. asin, acos, atan).

Weil alle trigonometrischen Funktionen auf dieselben Dreiecke und Kreise angewendet werden können, gibt es viele Regeln und Formeln zur Umrechnung. Wenn man nicht gerade Mathematiker ist, sind diese Regeln nicht besonders interessant, besonders weil man sie auswendig lernen muss. Für Mathematiker aber können sie sehr nützlich sein. Hier drei von Dutzenden von Beispielen:

$$\sin^2 A + \cos^2 A = 1$$

$$\sin(A+B) = \sin A \cos B + \cos A \sin B$$

$$\sin 2A = 2 \sin A \cos A$$

schuf er die Grundlagen für die nächste Generation von trigonometrischen Funktionen, die wir heute als Sinus, Kosinus und Tangens kennen.

Auf den Sinuswellen surfen

Man braucht keine Sinusfunktion für eine Sinuswelle. Sinuswellen sind nämlich etwas ganz Gewöhnliches. Licht bewegt sich wie eine Sinuswelle, und die verschiedenen Farben entsprechen verschiedenen Frequenzen. Meist gibt man aber die »Wellenlängen« an (den Abstand zwischen zwei aufeinanderfolgenden »Wellenbergen«). Bei einer kurzen Wellenlänge liegen die Wellenberge dichter beieinander, bei einer langen Wellenlänge sind sie weiter auseinander. Die Farbe Rot hat eine größere Wellenlänge als Grün, und Grün hat eine größere Wellenlänge als Blau. Aber sichtbares Licht (d. h. die Wellenlängen, die

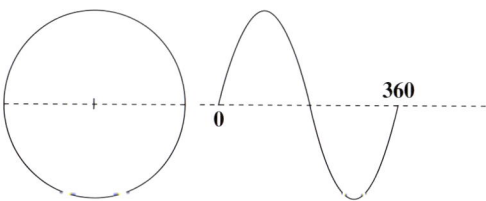

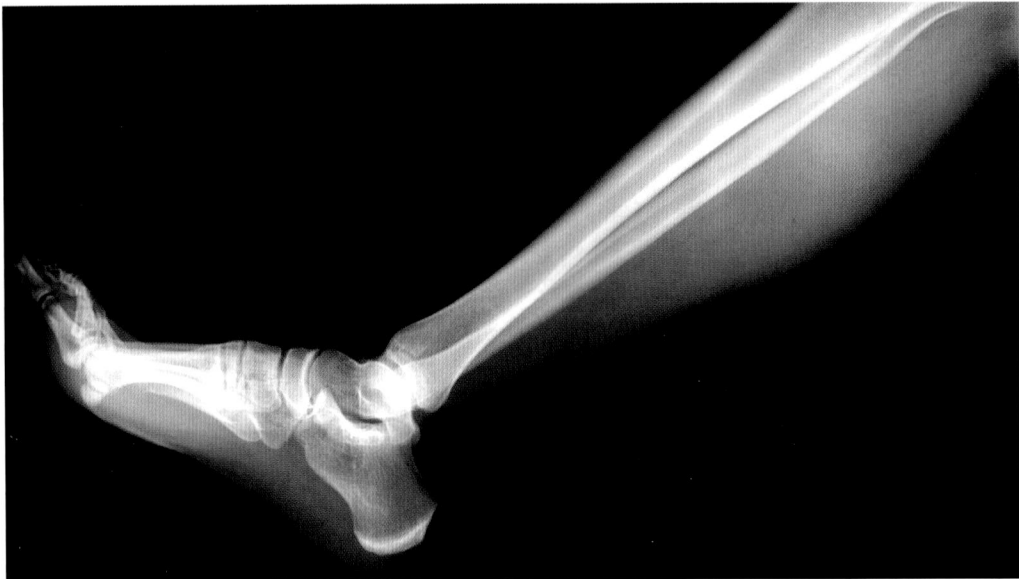

Oben: Röntgenaufnahme eines menschlichen Unterschenkels und Fußes.

unsere Augen sehen können) ist nur ein ganz winziger Teil des elektromagnetischen Spektrums, das z. B. von der Sonne emittiert wird. Eine Infrarot-Fernbedienung ist wie eine Fackel, die Lichtpulse mit einer größeren Wellenlänge als Rot ausstrahlt. Ein Mikrowellenherd hat eine noch größere Wellenlänge, und der Rundfunk sendet auf Wellenlängen, die noch größer sind. Doch wir verwenden auch Wellenlängen, die kleiner als die des sichtbaren Lichts sind. Ultraviolettlicht (UV-Licht) hat eine kleinere Wellenlänge als violett. Die Medizin verwendet Röntgenstrahlen, weil diese alles durchdringen außer unsere Knochen, denn sie haben eine noch geringere Wellenlänge. Gammastrahlen sind noch kurzwelliger. Die Comicfigur »Hulk« soll aufgrund eines Unfalls mit Gammastrahlen mutiert sein – in der Realität verwendet man sie in der Medizin zum Sterilisieren von Instrumenten oder bei der Strahlentherapie.

Aber Licht (oder allgemein elektromagnetische Strahlung) ist nicht die einzige Art von Sinuswellen. Beim Wechselstrom wechselt die Spannung in Form einer Sinuswelle mit einer Frequenz von 50 oder 60 Hertz (je nachdem, in welchem Land man lebt). Bei manchen frei stehenden Schaltkästen am Straßenrand kann man diese Frequenz als »Kabelbrummen« sogar hören. Man überträgt auf diese Weise elektrischen Strom mithilfe einer Wechselspannung, weil so die Verluste in den Kabeln vom Kraftwerk bis zum Hausanschluss geringer sind, als wenn man eine Gleichspannung verwenden würde, wie sie beispielsweise aus Batterien geliefert wird.

So wie alle Farben des Lichts aus Sinuswellen verschiedener Wellenlänge (bzw. Frequenz) bestehen, so entsteht der Schall durch Schwingungen mit verschiedenen Frequenzen. Wenn man die Hand vor einen Lautsprecher hält, kann man

Links: Lichtstrahlen fallen durch ein Glasprisma. Rote, grüne und blaue Wellenlängen sind sichtbar.

Rechts: Elektromagnetisches Spektrum (Mitte), die Farben des sichtbaren Lichts (unten) und die verschiedenen Wellenlängen von elektromagnetischer Strahlung (oben).

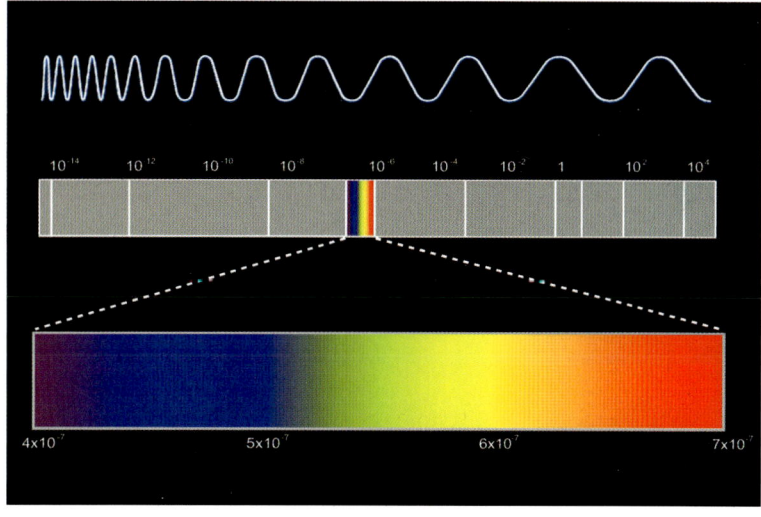

den Druck der Schallwellen deutlich spüren. In der Nähe einer tief dröhnenden Trommel spürt man, wie der Schall durch Mark und Bein dringt. Ein Lautsprecher erzeugt Schall, indem er mithilfe eines Elektromagneten und eines Wechselstroms einen Kegel aus Karton mit verschiedenen Frequenzen schwingen lässt. Gibt man als Signal eine einzige Sinuswelle auf einen Lautsprecher, hört man einen ganz reinen Ton mit einer einzel-nen Frequenz. Indem man sehr viele Sinuswellen von unterschiedlicher Frequenz überlagert, kann man jeden beliebigen Klang erzeugen, von einer Sinfonie bis hin zum Klang der eigenen Stimme. Frequenzen sind sehr wichtig in der Musik. In unserem musikalischen System teilen wir die Töne in Oktaven mit je 12 Halbtönen ein. Ein 1 Oktave höherer Ton hat einfach die doppelte Frequenz; der Ton A der großen Oktave hat eine Frequenz von

220 Hz, der Ton a der kleinen Oktave hat eine Frequenz von 440 Hz. Daher klingen einige Töne harmonisch, wenn sie zusammen gespielt werden: Ihre Sinuswellen passen gut zusammen (bei 220 und 440 Hz beispielsweise laufen die Wellenberge meist in dieselbe Richtung). Disharmonische Töne klingen schlecht, weil ihre Frequenzen nicht zueinanderpassen. Wenn man ihre Sinuswellen vergleicht, ergibt sich ein sehr ungeordnetes Bild.

Unten: Galileo Galilei erklärt einem Geistlichen seine Theorien.

Pendel und Ketzerei

Sinuswellen und π finden sich auch an anderer Stelle. Man stelle sich das hin- und herschwingende Pendel einer Uhr vor. Zeichnet man die seitliche Bewegung über einen gewissen Zeitraum auf, erhält man eine Sinusschwingung. Ein junger Italiener namens Galileo Galilei, geboren 1564, sieben Jahre vor Kepler, kam zu den wichtigsten Erkenntnissen über Pendel.

Galileos Vater war Musikgelehrter, der Versuche mit Saiten durchgeführt hatte, um den Zusammenhang von Frequenzen und Harmonie zu verstehen. Nach seinem Willen sollte der Sohn Arzt werden.

Rechts: Zwei Kugeln, eine aus Holz, eine aus Metall, werden vom Schiefen Turm von Pisa fallen gelassen und kommen gleichzeitig am Boden an. Galileo hat diesen Versuch aber wohl nie wirklich durchgeführt.

Nach dem Besuch der Klosterschule wurde der junge Galileo auf die Universität Pisa geschickt, um Medizin zu studieren. Galileo war jedoch an Medizin nicht interessiert und verbrachte mehr Zeit mit Mathematik und Naturphilosophie. Trotz seiner Anstrengungen, den Vater zu überzeugen (er ließ sogar einen seiner Mathematikprofessoren mit seinem starrsinnigen Vater sprechen), musste Galileo seine medizinischen Studien fortsetzen. Mathematik konnte er nur in seiner Freizeit betrei-

ben. Aber mit 21 Jahren gab Galileo die Medizin endgültig auf und wurde stattdessen Privatlehrer für Mathematik. Mit 25 Jahren erhielt er eine Professur für Mathematik an der Universität Pisa, drei Jahre später wurde er auf eine – sehr viel besser bezahlte – Professur an der Universität Padua berufen.

Ein großer Teil von Galileos Arbeiten behandelt die Bewegung der Planeten und fallender Objekte. Dies führte zu der bekannten Geschichte, Galileo

Oben: Galileo führte viele Versuche mit Pendeln durch. Er erkannte, dass die Pendellänge eine wichtige Rolle spielt.

habe eine Kugel aus Holz und eine aus Metall vom Schiefen Turm von Pisa fallen lassen, um zu zeigen, dass beide gleichzeitig auf den Boden treffen. Es ist nicht sicher, dass Galileo diesen Versuch wirklich durchgeführt hat (andere Mathematiker wie Simon Stevin hingegen haben es ausprobiert). Wir wissen aber, dass Galileo das Prinzip sehr wohl verstanden hatte. Bereits in Pisa setzte er sich mit den Lehren Aristoteles' auseinander und stellte dessen These, wonach schwerere Objekte schneller fallen sollten als leichtere, infrage. Galileo nahm an, dass alle Körper ungeachtet ihrer Dichte in einem Vakuum gleich schnell fallen. In einem seiner frühen Experimente ließ er Kugeln aus verschiedenen Materialien eine schiefe Ebene hinunterrollen und bestimmte deren Lage, nachdem sie eine vorher genau definierte Zeitspanne gerollt waren. Seine Entdeckungen zur Beschleunigung hielt er in seinem ersten, jedoch nicht publizierten Werk *De motu* (»Über Bewegung«) fest.

Galileo führte zudem zahlreiche Versuche mit Pendeln durch und entdeckte, dass die Periode eines Pendels (die Zeit, die das Pendel braucht, um einmal hin und zurück zu schwingen) weder vom Gewicht der Pendelmasse noch von der Auslenkung abhängt, sondern einzig und allein von der Pendellänge: Ein viermal so langes Pendel braucht zweimal so lang, um hin und wieder zurück zu schwingen. Das waren Entdeckungen, die der aristotelischen Beschreibung des Universums widersprachen (danach sollten, wie bereits beschrieben, schwerere Objekte schneller fallen und deshalb ein schwereres Pendel auch schneller schwingen).

1609 hatte Galileo Galilei von einem magischen »Schauglas« gehört, das Objekte größer aussehen ließ. 1610 schrieb er über diese Entdeckung:

Unten: Galileos Teleskope gehörten zu seiner Zeit zu den besten der Welt. Sie vergrößerten acht- bis neunfach.

»Vor etwa zehn Monaten kam mir ein Bericht zu Ohren, dass ein gewisser Flame ein Schauglas gebaut hatte, durch das sichtbare Objekte, obwohl vom Auge des Beobachters weit entfernt, ganz deutlich sichtbar wurden, als ob sie in der Nähe wären. Von dieser bemerkenswerten Wirkung wurden mehrere Experimente durchgeführt, welche einige Personen glaubten, während andere sie leugneten. Einige Tage später wurde der Bericht in einem Brief bestätigt, den ich von dem Franzosen Jacques Badovere aus Paris erhielt. Dies brachte mich dazu, die Mittel zu untersuchen, mit denen ich zu einem ähnlichen Instrument kommen könnte. Dies tat ich alsbald danach auf Grundlage meiner Brechungstheorie.«

Galileo brachte sich bei, Glaslinsen zu schleifen und zu polieren. Er baute Teleskope mit acht- bis neunfacher Vergrößerung. Diese Entdeckung hatte durchaus militärische Bedeutung – nun konnte man feindliche Schiffe schon ausmachen, lange bevor man selbst gesehen wurde. Doch als Galileo sein neues Teleskop in den Himmel richtete, veränderte sich das Universum für immer. Seine Augen sahen als Erste die Berge auf dem Mond, die Sterne der Milchstraße und sogar die Jupitermonde. Ein Historiker bewertet dies so:

»In etwa zwei Monaten, Dezember und Januar, machte er mehr weltverändernde Entdeckungen als irgendjemand sonst vorher oder seither.«

Nur Wochen nach dem Bau seines Teleskops veröffentlichte Galileo das Buch *Sidereus nuncius* (»Nachricht von neuen Sternen«), das ihn über Nacht berühmt machte. Der Großherzog von

Rechts: Galileo demonstriert seine Arbeiten dem venezianischen Dogen und den anwesenden Senatoren.

Toskana ernannte ihn zum Mathematikprofessor an der Universität Pisa (ohne Lehrverpflichtung) und zum Hofmathematiker und -philosophen. Binnen Kurzem bemerkte Galilei, dass Saturn merkwürdige »Ohren« zu haben schien, die von seinen Seiten abstanden (sein Teleskop war nicht gut genug, um die Saturnringe aufzulösen). Er entdeckte die Sonnenflecken und bemerkte, dass die Venus Phasen zeigte, ähnlich den Mondphasen. Dieser Befund legte nahe, dass die Venus um die Sonne und nicht um die Erde kreiste.

Bis 1616 meinte Galileo, das alte geozentrische Weltbild, nach dem die Erde das Zentrum des Universums ist und alles um sie kreist, müsse falsch sein. Den Lehren von Aristoteles und Ptolemäus zum Trotz war Galileo überzeugt, es besser zu wissen. Er schrieb in einem Brief:

»Ich meine, dass die Sonne sich im Zentrum der Bewegungen der Himmelskörper befindet und ihren Ort nicht ändert und dass die Erde sich um sich selbst dreht und um sie herum bewegt. … Ich bestätige diese Ansicht nicht nur, indem ich Ptolemäus und Aristoteles widerlege, sondern auch

Obwohl Galileo von den Häschern der Inquisition beobachtet wurde, setzte er seine Arbeit fort. Zwei Jahre vor seinem Tod wurde ihm klar, dass die regelmäßige Schwingung von Pendeln für Uhren verwendet werden konnte, aber er sah seine Idee nie verwirklicht. Galileo starb 1642 im Alter von 78 Jahren. 350 Jahre später räumte die katholische Kirche in einer Erklärung von Papst Johannes Paul II. ein, »im Falle von Galileo seien Fehler gemacht worden«.

durch neue Belege für die andere Ansicht, insbesondere physikalische Wirkungen betreffend, deren Ursachen wohl nicht anders gedeutet werden können, sowie weitere astronomische Entdeckungen; diese Entdeckungen widerlegen das ptolemäische System eindeutig, sie stimmen vortrefflich mit der neuen Ansicht überein und bestätigen sie.«

Doch Galileo und Kepler waren Prediger in der Wüste, und Kepler war zu ängstlich, seine Ansichten zu publizieren. Galileo konnte schreiben:

»Ich wünschte, mein lieber Kepler, wir könnten zusammen über die Dummheit der Menge lachen. Was halten Sie von den besten Philosophen dieser Universität? Trotz meiner wiederholten Einladungen haben sie sich mit der Hartnäckigkeit einer übersättigten Natter geweigert, die Planeten oder den Mond oder mein Teleskop anzusehen.«

Die religiöse Welt war nicht reif für Galileos Enthüllung. Papst Paul V. rief die Inquisition an, um die Angelegenheit untersuchen zu lassen. Zur offiziellen Glaubenswahrheit wurde erklärt, die Erde sei das Zentrum des Universums. Die Lehren des Kopernikus wurden verdammt. Doch bald wurde mit Urban VIII. ein neuer Papst gewählt. Er schien empfänglicher für Galileos Ideen und ermutigte ihn, sie aufzuschreiben. Nach sechs Jahren Arbeit veröffentlichte Galileo seine Befunde im »Dialog über die beiden hauptsächlichsten Weltsysteme, das ptolemäische und das kopernikanische« (dem *Dialogo*). Bald danach verbot die Inquisition dessen Verkauf. Galileo wurde der Ketzerei für schuldig befunden und zu lebenslanger Kerkerhaft verurteilt, später zu Hausarrest begnadigt.

Unten: Titelseite von Galileos 1632 erschienenem Dialogo *(»Dialog über die beiden hauptsächlichsten Weltsysteme«).*

DIALOGO
DI
GALILEO GALILEI LINCEO
MATEMATICO SOPRAORDINARIO
DELLO STVDIO DI PISA.

E Filosofo, e Matematico primario del
SERENISSIMO
GR.DVCA DI TOSCANA.

Doue ne i congressi di quattro giornate si discorre
sopra i due
MASSIMI SISTEMI DEL MONDO
TOLEMAICO, E COPERNICANO;

*Proponendo indeterminatamente le ragioni Filosofiche, e Naturali
tanto per l'vna, quanto per l'altra parte.*

CON PRI VILEGI.

IN FIORENZA, Per Gio:Batista Landini MDCXXXII.
CON LICENZA DE' SVPERIORI.

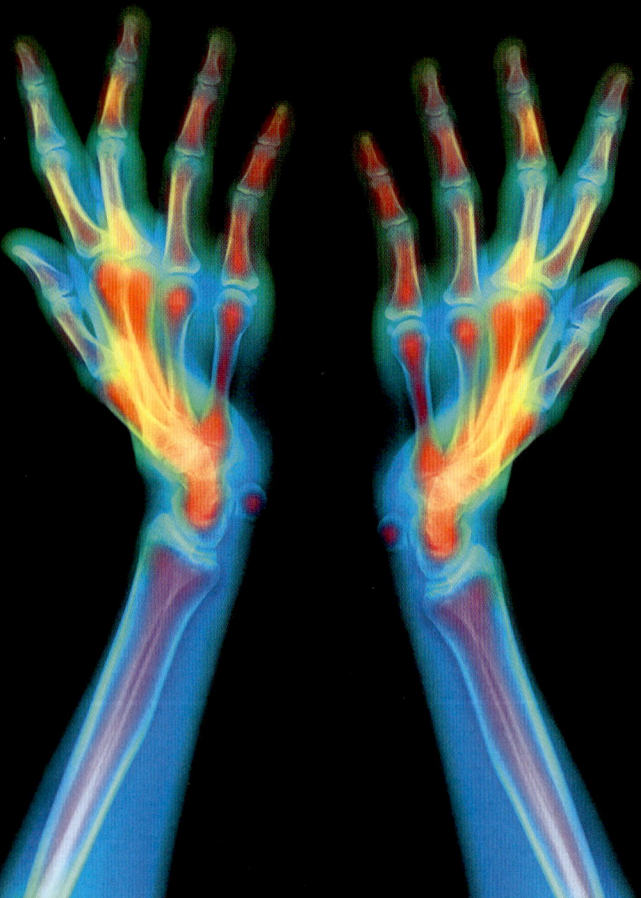

Noch vor nicht allzu langer Zeit zählten Schäfer in Teilen West- afrikas ihre Herden mithilfe von Muscheln. Der Schäfer stand am Tor und zog für jedes vorbei- gehende Schaf eine Muschel auf einen weißen Riemen. Nach zehn Schafen (eines für jeden Finger) nahm er die Muscheln weg und zog eine Muschel auf einen blauen Riemen. Nach weiteren zehn Schafen kam eine zweite Muschel auf den blauen Riemen. Hatte er zehn Muscheln auf dem blauen Riemen, entfernte er sie und zog eine Muschel auf einen roten Rie-

DEZIMALISIERUNG

KAPITEL 10

men. So konnte er in Hundertern, Zehnern und Einsen zählen und die Ergebnisse bequem transportieren, ohne die Namen der Zahlen zu kennen, die er verwendete.

Diese Form des Zählens nennt man dezimal (zur Basis 10). Sie verwendet zehn Ziffern (0 bis 9), und gezählt wird in Vielfachen von 10 (Einsen, Zehner, Hunderter, Tausender usw.). Wie viele andere Zählformen in der Geschichte beruht auch diese Zählweise auf Zehnern. Doch die Fixierung auf die Zehn hat keine mathematischen Gründe. Zehner lassen die Summen zwar einfach aussehen, doch das Zählen zu einer anderen Basis wäre auch nicht schwieriger. Weitverbreitet ist beispielsweise auch die Basis 60: etwa 60 Sekunden pro Minute und 60 Minuten pro Stunde. Kaum jemandem bereitet es Schwierigkeiten zu begreifen, dass eine Viertelstunde 15 Minuten hat oder eine Dreiviertelstunde 45 Minuten. Stunden zu hundert Minuten und Minuten zu hundert Sekunden würden unser Leben nicht sehr verändern (außer dass die Minuten und Sekunden etwas kürzer wären). Dass wir die Zehn zum Zählen verwenden, liegt eher in dem evolutionären Umstand, dass wir zehn Finger an den Händen haben. Wenn wir 16 Finger hätten, wäre wahrscheinlich das Zählen in Hexadezimalzahlen für uns die natürlichste Zählweise. In der Informatik verwendet man in der Tat häufig die Basis 16, weil man damit sehr große Zahlen schreiben kann und nur wenige Ziffern benutzen muss.

Viele meinen, dezimal zu zählen sei einfacher; das liegt daran, dass jahrhundertelang einige recht merkwürdige Systeme in Verwendung waren. Anstatt mit Vielfachen von 1 und 10 zu zählen, gab es beispielsweise Systeme mit Vielfachen von 1, 12 und 20. Oder – noch etwas umständlicher – mit Vielfachen von 1, 16, 14, 8 und 20. Doch genauso zählten Millionen Menschen jahrhundertelang ihr Geld in Großbritannien mit Pound, Shilling und Pence (12 Pence zu 1 Shilling und 20 Shilling zu 1 Pound). Und das zweite System, das immer noch vielen sehr vertraut ist, gibt Gewichte mit ounce, pound, stone, hundredweight (Zentner) und ton an (16 ounces in 1 pound, 14 pound in 1 stone, 8 stone in 1 hundredweight und 20 hundredweight in 1 ton). Und als ob das nicht schon verwirrend genug wäre, gab es auch noch Maßsysteme mit den Vielfachen von 1, 12, 3, 220, 8 und 3. Dabei handelt es sich um inch, foot, yards, furlongs, miles und leagues (und die ganz obskuren Maße sind hier nicht einmal erwähnt).

Sonderbare Zählung

Die Geschichte unserer vollkommen unterschiedlichen und oft ziemlich seltsamen Zählsysteme ist uralt. Eines der ältesten bekannten Systeme hatten die Sumerer, die vor über 6000 Jahren wohl von Persien nach Mesopotamien zogen. Sie zähl-

ten zur Basis 60. Anstelle von 1, 10, 100 usw.
benutzten sie also 1, 60 und 360. Es gibt viele
Theorien, warum sie eine solch bizarre Methode
verwendeten, doch Gewissheit gibt es nicht.
Eine Hypothese besagt, dass die Sumerer zwei
ältere Zählsysteme vereinigten: ein Zählsystem
basierend auf den Fingern einer Hand, also zur
Basis 5: 1, 5 und 25 usw.; und ein Systen, bei
dem sie die Fingerglieder einer Hand (außer den
Gliedern des Daumens) verwendeten, damit ergab sich die Basis 12: 1, 12 und 144. Wenn bei
Völkerwanderungen verschiedene Kulturen ver-
schmelzen, könnten infolgedessen auch die
Zählsysteme vereinigt worden sein. Anstatt also
zur Basis 5 oder zur Basis 12 zu zählen, begannen
die Sumerer, in fünf Gruppen zu 12 zu rechnen,
also zur Basis 60.

*Unten: Sumerische Tontafel mit
einer Liste von Schafen und Zie-
gen in Keilschrift.*

Wo auch immer die Ursprünge liegen mögen,
dieses merkwürdige Zählsystem wurde von den
Babyloniern übernommen. Später verwendeten
es die Griechen für ihr wissenschaftliches Zahlensystem, dann die Araber und schließlich wir. Deshalb messen wir die Zeit heute zur Basis 60
(60 Sekunden pro Minute und 60 Minuten pro
Stunde), ebenso die Winkel (6 mal 60 Grad in
einem Vollkreis, 60 Minuten pro Grad und 60
Sekunden pro Minute). Der chinesische Kalender
hat sogar einen 60-Jahre-Zyklus.

Auch das Zählen zur Basis 12 (duodezimal oder
dozenal – daher das Wort Dutzend) ist uralt und
findet sich bis zum heutigen Tag . Es ist leicht
einzusehen, warum das Zählen auf zwölf immer
beliebt gewesen ist (beispielsweise verwendeten
die Römer die Zwölf für ihre Bruchteile): Zwölf
hat mehr Faktoren als zehn und ist daher sehr
viel leichter in Hälften, Drittel, Viertel und Sechstel
einzuteilen. Das war vor allem beim Handeln
wichtig und bei allen Zählungen oder Messungen,
bei denen Bruchteile auftauchen konnten. Daher
wurde die Zwölf in fast alle unsere Zählsysteme
integriert. Deshalb haben wir 12 Monate, 12 Tierkreiszeichen und zweimal 12 Stunden pro Tag,
und deshalb gehen in England 12 Zoll auf einen
Fuß oder 12 Pennies auf einen Schilling.

Andere merkwürdige Faktoren in älteren Zahl-
systemen haben rein historische Gründe. Nehmen
wir ein Beispiel aus England: Die Meile war ein
zuerst von den Römern verwendetes Längenmaß
von 1000 Doppelschritten (*mille passuum*) oder
5000 römischen Fuß. Die Römer hatten auch ein
von den Griechen übernommenes Längenmaß
namens *Stadium* (daher das Wort »Stadion«) von
einer Achtelmeile. Seit dem 9. Jahrhundert nannte

Oben: Römischer Meilenstein
bei Kapernaum, Galiläa.

man dieses Maß *furlong* (abgeleitet vom altenglischen *furh* »Furche« und *long* »Länge«), weil es recht genau die typische Furchenlänge auf einem gepflügten Acker angab. Doch so waren zahlreiche Maße in Gebrauch: inch (Zoll), foot (Fuß), yard, rod (Rute), furlong und mile (Meile).

Das war so verwirrend, dass um 1300 mit einem Erlass viele der Maße in England vereinheitlicht wurden. Seit römischer Zeit waren dort 12 Zoll (inch) gleich 1 Fuß (foot) und 3 Fuß gleich 1 Yard gewesen. Die Rute (rod) war die Länge des Stachelstocks, mit dem die Bauern beim Pflügen ihre Ochsen antrieben. Auch die Rute wurde zu

einer Längeneinheit, festgesetzt mit 16,5 Fuß oder 5,5 Yard. Damit war ein furlong 40 Ruten lang, und die Meile hatte 8 furlongs (so wie es 8 Stadien in einer römischen Meile gegeben hatte). Es liegt demnach an der Rute, dass die englische Meile 5280 Fuß zählt ($8 \cdot 40 \cdot 16,5$) anstatt 5000 wie bei den Römern. Ähnliches gilt auch für alle anderen europäischen Staaten. Erst die Revolutionszeit brachte eine Tendenz zur Vereinheitlichung und Dezimalisierung mit sich.

Noch 1548, als der flämische Mathematiker Simon Stevin geboren wurde, waren so verwirrnde Maßsysteme wie das »imperiale System« weitverbreitet. Wie bereits in Kapitel φ erwähnt, war Stevin einer der ersten Verfechter der Dezimalzahlen in Europa. In seinem Buch *De Thiende* (»Vom Zehnten«) beschrieb er nicht nur, wie man Dezimalbrüche schreibt, sondern war auch davon überzeugt, die Einführung dezimaler Währungen, Maße und Gewichte sei nur eine Sache der Zeit. Das Messen von Längen oder der Umgang mit Geld sollte sehr viel einfacher werden, wenn man in Vielfachen von zehn rechnete. Stevin wäre sicher erstaunt, wenn er erführe, wie lange die Dezimalisierung tatsächlich gedauert hat, und verwundert, dass einige Länder (wie die USA) noch im 21. Jahrhundert keine metrischen Gewichte oder Längenmaße verwenden.

Eines der Schlüsselprobleme beim Entwickeln eines neuen metrischen Systems ist nicht die Bestimmung der Faktoren zwischen den Einheiten, sondern die Festsetzung der Einheiten selbst. Einer der Pioniere, dem die Erfindung des ersten metrischen Systems zugeschrieben wird, war der französische Theologe Gabriel Mouton. Er wurde 1618 geboren und verbrachte sein Leben als Kleriker in Lyon. Nebenbei beschäftigte er sich mit Mathematik und Astronomie. Mouton war klar, dass ein metrisches System bei der Längenmessung überlegen wäre, und so entwickelte er sein eigenes. Seine größte Einheit, ein *mille* (Meile),

Oben: Die Unabhängigkeits-
erklärung *(Gemälde von John
Trumbull). Bei einer Abstim-* *mung im Kongress wurde das
metrische System in den Verei-
nigten Staaten nicht eingeführt.*

sollte gleich der Bogenlänge eines Längengrads
auf der Erdoberfläche sein. Da er aber einen solchen Abstand nicht messen konnte, nutzte er
stattdessen die Eigenschaften eines Pendels.
Mouton wusste aus Galileos Arbeiten, dass die
Dauer einer Pendelschwingung nur von dessen
Länge abhängt. Er führte Versuche durch und
stellte fest, dass ein Pendel mit der Länge ein
virgula (etwa 30 cm) 3959,2-mal in 30 Minuten
schwingt. Damit konnte er die Länge der *virgula*
festlegen und alle anderen Maßeinheiten durch
Multiplikation daraus herleiten. Er schlug sieben

neue Einheiten vor: *centuria, decuria, virga,
virgula, decima, centesima* und *millesima*, jede
zu einem Zehntel der vorangehenden Einheit.

Aber Moutons Maße setzten sich nicht durch.
Erst mehr als 100 Jahre später, im Jahr 1795,
wurde in Frankreich ein metrisches System eingeführt. Ausgerechnet die Vereinigten Staaten waren
fast noch schneller. Thomas Jefferson hatte eine
Übersetzung von Stevins Buch »Vom Zehnten«
erhalten. Er war davon so beeindruckt, dass er
1783 bei der Planung eines dezimalen Währungs-
systems mitwirkte und 1790 ein dezimales Ein-

heitensystem für die Vereinigten Staaten vor-
schlug. Als der Kongress über das neue Maßsystem abstimmte, wurde der Vorschlag aber
mit einer Stimme Mehrheit abgelehnt. Obwohl
Jefferson den Rest seines Lebens die Idee eines
metrischen Maßsystems begeistert unterstützte,
sind die Vereinigten Staaten von Amerika immer
noch eines der wenigen Länder in der Welt, die
das alte »imperiale System« beibehalten haben.

Das revolutionäre Frankreich führte die Entwicklung des neuen Systems an und versuchte
anfangs, alles zu dezimalisieren, auch die Zeit.
Diesem Ideal widmete sich vor allem Lalande.

Jérôme Le Français wurde in 1732 in Bourg-
en-Bresse geboren. Er studierte am Jesuitenkolleg
in Lyon und wäre beinahe dem Jesuitenorden
beigetreten. Doch auf Wunsch seiner Eltern ging
er nach Paris und studierte Jura. Im Alter von
20 Jahren änderte er seinen Namen in Jérôme
Le Français de la Lande, aber mit Ausbruch der
Revolution nannte er sich Lalande, um nicht als
Angehöriger des Adels zu erscheinen. Neben
seinem Jurastudium besuchte er auch einige Vorlesungen in Astronomie. Nach Studienabschluss
ging er im Auftrag der Académie des Sciences
nach Berlin, wo er Beobachtungen des Mondes
und des Mars vornahm, um deren Abstände zu
bestimmen. Infolge dieser Arbeit wurde er in
die Preußische Akademie der Wissenschaften
aufgenommen, wo er mit großen Mathematikern
wie Euler in Kontakt kam.

*Oben: Der französische
Astronom Jérôme Le Français
de Lalande (Gemälde von Jean-
Honoré Fragonard).*

Mit 21 Jahren kehrte Lalande nach Frankreich zurück und wurde in die renommierte Académie des Sciences in Paris gewählt. Lalandes Karriere schritt voran, als er zutreffende Voraussagen über die Ankunft des Halley'schen Kometen machte. Er schrieb zahlreiche wissenschaftliche und populäre Bücher, die ihn sehr bekannt machten. Auch sein unverwechselbares Äußeres war legendär:

»Er war ein äußerst hässlicher Mann, und er war stolz darauf. Sein auberginenförmiger Schädel und ein zotteliger Haarschopf, der ihm nachzog wie der Schweif eines Kometen, machten ihn zum Liebling der Porträtmaler und Karikaturisten. Er behauptete, fünf Fuß [ca. 1,52 m] groß zu sein, aber so genau er beim Berechnen der Sternabstände war, so scheint er seine eigene Höhe übertrieben zu haben. Er liebte die Frauen, besonders geistvolle Frauen, und förderte sie in Wort und Tat.«

Lalande war zudem bekennender Atheist, was ihn wohl über die Revolutionszeit rettete. Er stellte ein »Wörterbuch für Atheisten« zusammen, in dem er viele bedeutende Personen auflistete:

»Es ist Sache der Gelehrten, das Licht der Wissenschaft zu verbreiten, sodass sie eines Tages jene ungeheuerlichen Herrscher zügeln können, die die Erde blutig machen, insbesondere die Kriegshetzer. Da die Religion so viele von ihnen produziert hat, mögen wir hoffen, auch diese schließlich am Ende zu sehen.«

Doch einige seiner Zeitgenossen lachten über seine Ansichten und scherzten, sie entsprängen nur der Bitterkeit, weil Gott ihn so überaus hässlich gemacht habe:

»… knochige Knie und wackelige Beine, ein Buckel und ein Kopf wie ein kleiner Affe, matte verhutzelte Gesichtszüge und eine niedere faltige Stirn, darunter rote Augenbrauen und leere glasige Augen.«

Glücklicherweise schien Lalande diese Kommentare nicht schwer zu nehmen. Er schrieb:

»Ich bin ein Ölzeug für Beleidigungen und ein Schwamm für Lob.«

Lalande überlebte die Revolution und wurde 1791 Rektor des Collège de France. Eine seiner ersten Handlungen war, Frauen zum Studium zuzulassen. Die Revolution führte nicht nur große politische Veränderungen herbei, Lalande nutzte seinen Ruhm und die turbulenten Zeiten, um unerhörte, nie dagewesene Neuerungen einzuführen.

Es ist genau 86 nach 5

Die Revolution war so umwälzend, dass man auch einen neuen Kalender für erforderlich hielt. So wollte man die Verbindungen zum traditionellen, christlich geprägten System kappen, das der abgeschaffte Adel verwendet hatte. Es gab verschiedene Vorschläge, wann das neue Jahr I beginnen sollte. Lalandes Vorschlag setzte sich durch: Der erste Tag des ersten Jahres sollte der 22. September 1792 sein, also der Tag, an dem die französische Republik gegründet wurde – und auf den zufällig auch die Herbst-Tagundnachtgleiche fiel. Das Jahr hatte jetzt 360 Tage (und fünf zusätzliche Feiertage). Es gab immer noch 12 Monate in

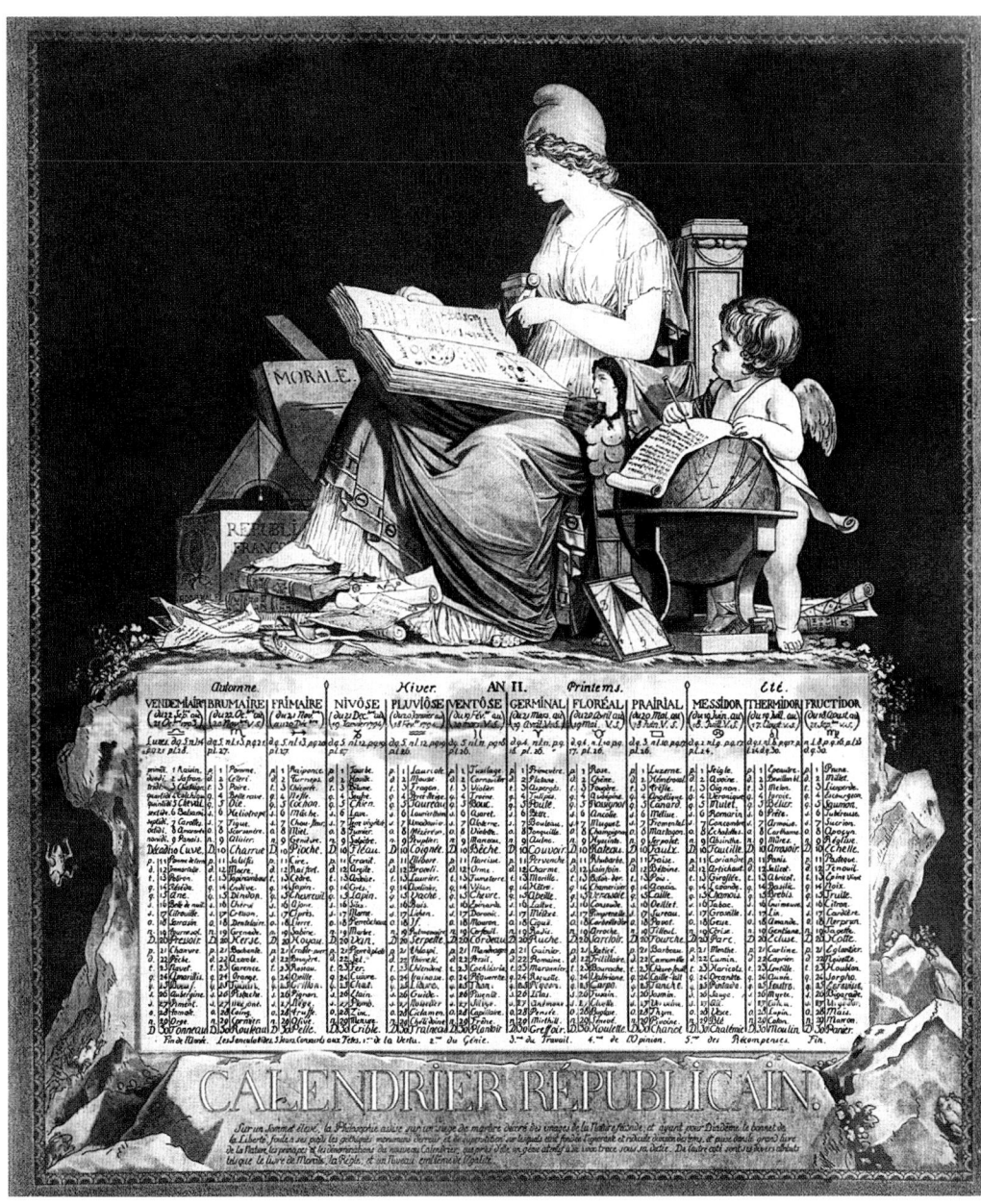

einem Jahr, aber jeder Monat umfasste nur noch drei Wochen, und jede Woche hatte 10 Tage. Um die Akzeptanz der Arbeiter zu gewinnen, schlug Lalande einen Feiertag in der Wochenmitte vor (eine Art zweites Wochenende). So unglaublich es klingt, der Vorschlag wurde akzeptiert, und zu Beginn des Jahres II (im Herbst 1793) wurde der neue Kalender in Frankreich offiziell eingeführt.

Oben: Porträt des franzö-
sischen Mathematikers
Pierre-Simon Laplace.

360 / 24 = 15 Grad wie im alten System. Sie bewegte sich dadurch nicht schneller; die Stunden
waren länger und ein Gon kleiner als ein Grad. (Die
meisten wissenschaftlichen Taschenrechner haben
eine Gon-Einstellung, oft mit »grad« bezeichnet;
damit kann man in Gon statt in Grad rechnen.)

Die Perückenmacher sollten nun dabei helfen,
neue Kalender, Zeitpläne und Trigonometrietabel-
len zu berechnen. Es gab damals viele arbeitslose
Perückenmacher, denn ein Großteil ihrer Kund-
schaft – der Adel – war während der Revolution
hingerichtet geworden (und wer der Guillotine
entgangen war, wollte nicht durch das Tragen einer
Perücke auf sich aufmerksam machen).

Der französische Mathematiker Pierre-Simon
Laplace mochte das neue Zeitsystem und ließ
sich eine Zehn-Stunden-Uhr anfertigen. Er verfasste ein Mathematikbuch, in dem er die neuen
Zeit- und Winkeleinheiten verwendete. Aber damit
war Laplace die Ausnahme. Die meisten Franzosen akzeptierten die Idee nur zögerlich, sie war
ihnen einfach zu konfus. So verwundert es nicht,
dass das Gesetz bereits 1795 ausgesetzt wurde
und Napoleon Bonaparte 1806 das alte System
wiederherstellte, um so die Unterstützung der
Kirche zu gewinnen. Sogar Laplace half bei der
Abschaffung, er habe wissenschaftliche Fehler
im neuen Kalender gefunden.

Uhren und Kalender waren nur kurze Zeit
metrisch; bei Längen und Gewichten sieht es
anders aus. 1793 war in Frankreich auch ein neues
Längenmaß eingeführt worden. Nach dem griechischen *metron* (»Maß«) hieß die Längeneinheit
Meter. Zunächst sollte ein Meter die Länge eines
Pendels mit einer Schwingungsdauer von einer

Doch das war nur der Anfang. Am 24. Novem-
ber 1793 (nach dem alten Kalender) wurde ein
neues Gesetz beschlossen, nach dem auch Zeit
und Winkel dezimal geteilt werden sollten. Es gab
jetzt 10 Stunden pro Tag, 100 Minuten pro Stunde
und 100 Sekunden pro Minute. Das neue Gesetz
schrieb vor, umgehend neue Uhren zu fertigen und
zu verwenden. Auch die Winkel wurden anders
angegeben. Der Vollwinkel hatte jetzt 400 Gon
(oder Neugrad), ein rechter Winkel also 100 Gon.
Die Erde drehte sich 40 Gon pro Stunde statt

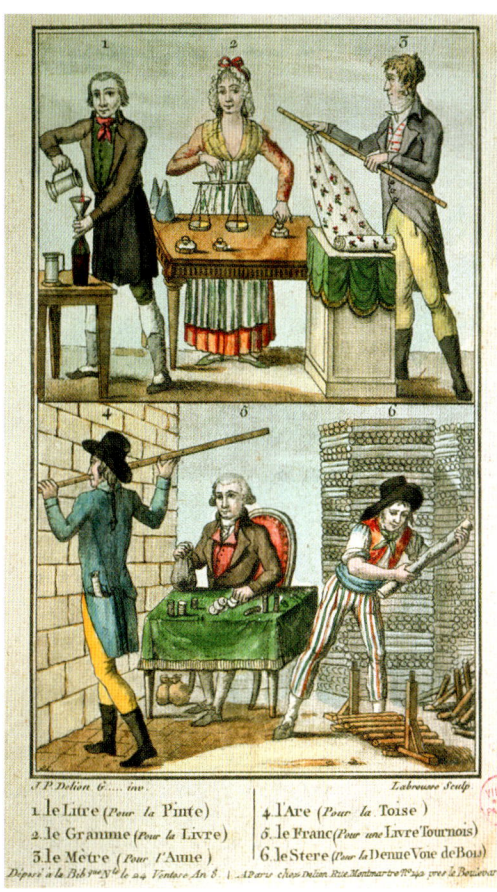

Oben: Bildtafel zur Einführung
des metrischen Systems in
Frankreich.

definiert und so keiner Änderung mehr unterworfen (ein Meter ist der Abstand, der von Licht im Vakuum in 1/299 792 458 einer Sekunde zurückgelegt wird).

Das Meter und seine Verwandten (Zentimeter, Millimeter, Kilometer) waren nicht aufzuhalten. Sobald das Meter eingeführt war, wurden auch Volumen und Masse neu bestimmt. Ein Liter wurde definiert als das Volumen eines Würfels mit der Seitenlänge 10 Zentimeter (entsprechend kam man zu Milliliter, Deziliter usw.). Ein Kilogramm wurde festgelegt als die Masse von einem

Sekunde sein, doch dann definierte man es als ein Millionstel der Entfernung vom Nordpol zum Äquator entlang des Meridians durch Dünkirchen. Dieser Abstand wurde berechnet (wie sich später herausstellte, nicht ganz korrekt), dann wurde ein Messingstab mit der genauen Länge angefertigt. Diesen ersetzte man später durch einen Platinstab, der unempfindlicher gegen Temperaturschwankungen war. 100 Jahre später fertigte man einen Stab aus einer Platin-Iridium-Legierung an. Heute ist das Meter über die Lichtgeschwindigkeit

Oben: Taschenuhr mit der Zehn-
Stunden-Teilung des französischen metrischen Systems.

Liter Wasser bei maximaler Dichte (4 °C). Später wurde auch das Kilogramm durch einen Block aus Platin-Iridium verkörpert. Der Unterschied zwischen Pfund und Kilogramm liegt darin, dass das Pfund eine Gewichtseinheit ist, das Kilogramm aber ein Maß für die Masse. Auf der Erde spielt das kaum eine Rolle, bei einer Messung auf dem Mond aber schon. Auf dem Mond ist die Schwerkraft geringer, daher hat dort dieselbe Masse weniger Gewicht. Eine Person mit einem Gewicht von 160 Pfund würde auf dem Mond gut 26 Pfund wiegen, die Masse wäre aber immer noch 80 kg. (Eine Badezimmerwaage würde den falschen Wert anzeigen, denn sie misst nicht die Masse, sondern das Gewicht über eine Feder; Balkenwaagen messen dagegen tatsächlich die Masse.) Wir kümmern uns normalerweise nicht darum, aber beim Start von Raketen ins All ist der Unterschied zwischen Masse und Gewicht sehr wichtig.

Das metrische Maßsystem verbreitete sich bald weltweit, heute haben es die meisten Länder übernommen. Sogar dort, wo noch das »imperiale System« gilt, wird eigentlich ein metrisches System verwendet, denn 1958 wurden durch internationale Übereinkunft all diese Einheiten (inch, pound usw.) mithilfe der metrischen Maße definiert. Nach dem *Système international d'unités* (»Internationales Einheitensystem«) entspricht ein Yard offiziell 0,9144 Meter und ein pound 0,45359237 Kilogramm, und zwar exakt. Trotz derselben Namen sind diese Einheiten also nicht exakt die gleichen wie vor einigen Jahrhunderten. Heute ist ein inch die Bezeichnung für 2,54 Zentimeter und sonst nichts – vielleicht mit Ausnahme der Spannerraupe, die im Englischen ebenfalls »inch« heißt.

Rechts: Die Pythagoreer glaubten an die Kraft der heiligen Tetraktys (der Vierheit). Das Bild zeigt die vier Jahreszeiten.

Die heilige Tetraktys

Die Zehn hat unsere Welt durch die Dezimalisierung verändert. Aber vor 2000 Jahren waren es die mystischen Eigenschaften der Zahl selbst, die die Zehn für die Pythagoreer so wichtig machte. Ein antiker Schriftsteller weiß darüber Folgendes zu berichten:

»Die Zehn ist die eigentliche Natur der Zahl. Alle Griechen und die Barbaren zählen bis zehn und kehren, wenn sie zehn erreicht haben, wieder zur Einheit zurück. Pythagoras behauptet, dass die Kraft der Zehn in der Vierheit liege, der Tetrade. Dies ist der Grund: Beginnt man bei der Einheit (1) und addiert die folgenden Zahlen bis zur Vier,

erhält man die Zehn (1 + 2 + 3 + 4 = 10). Was die Tetrade übersteigt, übersteigt auch die Zehn ... Also liegt die Einheit in der Zehn, aber potenziell in der Vier. Daher riefen die Pythagoreer die Tetrade in ihrem höchsten Eid an: *Bei dem, der unserer Seele die Tetraktys übergeben hat, welche die Quelle und Wurzel der ewig strömenden Natur enthält ...«*

Wenn Zahlen der Schlüssel zum Weltverständnis sind, wie die Pythagoreer glaubten, dann ist die Zehn etwas Besonderes. Die magische Beziehung zwischen den ersten vier Zahlen und der Zehn führte sie zu einer Philosophie basierend auf 10 Sätzen zu je 4. Mit der heiligen Tetraktys konnten sie die Welt erklären und verstehen:

1	*Zahlen*	1 + 2 + 3 + 4
2	*Größen*	Punkt, Linie, Fläche, Körper
3	*Elemente*	Feuer, Luft, Wasser, Erde
4	*Figuren*	Pyramide, Oktaeder, Ikosaeder, Würfel
5	*Lebendiges*	Saat, Wachstum in Länge, in Breite, in Dicke
6	*Gesellschaft*	Mensch, Dorf, Stadt, Nation
7	*Geist*	Grund, Wissen, Ansicht, Empfindung
8	*Jahreszeiten*	Frühling, Sommer, Herbst, Winter
9	*Lebensalter*	Kindheit, Jugend, Reife, Alter
10	*Teile des Lebendigen*	Körper, drei Teile der Seele

Das waren die Zehn Gebote, nach denen sie ihr Leben führten. Abgesehen davon half die Liste mit ihren Erklärungen dem suchenden Geist, die Wahrheit zu erkunden und zu verstehen. Im Gegenzug schränkte sie aber auch unerwünschte Verhaltensweisen ein. Das Herz dieser Philosophie bestand aus Zahlen, und so war es bei Weitem kein Zufall, dass die Pythagoräer gerade 10 Gruppen zu je 4 verehrten. Wenn man die ersten vier Zahlen, durch Punkte symbolisiert, untereinander schreibt, dann entsteht ein Dreieck, und die Anzahl der Punkte beträgt genau 10:

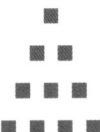

*Oben: Titelblatt eines Buchs zur
Deutung der 666 als »Zahl des
Tieres« (Oxford, 1642).*

Daher nennt man die Zehn auch die vierte Dreieckszahl: Sie bildet ein Dreieck aus Punkten. Versucht man, Zahlen mit solchen Punktreihen untereinander zu schreiben, findet man schnell die ersten zehn Dreieckszahlen: 1, 3, 6, 10, 15, 21, 28, 36, 45, 55. Alle bilden Dreiecke aus Punkten wie aufeinandergestapelte Ziegelsteine.

Dreieckszahlen sind sehr leicht zu berechnen: Man addiert die natürlichen Zahlen. Die erste Dreieckszahl ist 1, die zweite 1 + 2 = 3, die dritte ist 1 + 2 + 3 = 6, und die vierte ist 1 + 2 + 3 + 4 = 10.

Es zeigt sich, dass alle vollkommenen Zahlen Dreieckszahlen sind. (Die vollkommenen Zahlen wurden in Kapitel 1 behandelt: Sie entstehen als Summe aller ihrer Teiler). Eine der berühmtesten Dreieckszahlen ist die in der Johannes-Apokalypse genannte »Zahl des Tieres«: die 666. Mit allerlei Zahlenmystik kann man Bezüge zwischen der 666 und dem römischen Kaiser Nero, dem Papst als Antichristen und sogar dem World Wide Web herstellen. Es gibt jedoch auch eine andere Lesart, denn in einigen Abschriften des Neuen Testaments, die rund 1500 Jahre alt sind, wird eine andere Zahl des Tieres genannt: Es handelt sich um die 616!

Obwohl Dreieckszahlen schon Tausende von Jahren bekannt waren, wurde erst im 17. Jahrhundert eine der gründlichsten Untersuchungen dazu durchgeführt.

Blaise Pascal wurde 1623 in Clermont (heute Clermont-Ferrand) geboren. Seine Mutter starb, als er erst drei Jahre alt war, sodass er von seinem Vater (einem Rechtsanwalt und Amateurmathematiker) erzogen wurde. Sein Vater hatte ziemlich unorthodoxe Ideen, was das Lernen betraf. Er entschied, dass Blaise vor seinem 15. Lebensjahr keine Mathematik lernen sollte, und ließ alle Mathematikbücher aus dem Haus schaffen. Das mag ein schlauer Trick des Vaters oder ein Versehen gewesen sein, aber Blaise wurde gerade dadurch auf das verbotene Thema aufmerksam und brachte sich selbst die Geometrie bei. Mit zwölf entdeckte er, dass die Winkelsumme eines Dreiecks zwei rechte Winkel (180 Grad) ergibt. Als der Vater seine Arbeit entdeckte, gab er nach und ließ den Jungen Euklid lesen. Binnen Kurzem begleitete Blaise seinen Vater zu Treffen mit Mathematikern, wo er seine eigenen Sätze zur Geometrie präsentierte.

Als Pascal 16 Jahre alt war, erhielt sein Vater eine Anstellung als Steuereinnehmer in Rouen. Ein Jahr später gab Blaise Pascal seine erste Arbeit zur Geometrie heraus. Mit 22 Jahren erfand er eine mechanische Rechenmaschine (die Pascaline), um seinem Vater bei der Berechnung der Gelder zu helfen. Das war in der französischen Währung ziemlich schwierig, denn sie basierte – wie die britische – auf 12 und 20 (12 Deniers auf einen Sol, 20 Sol auf einen Livre). Ein Jahr später brach sich sein Vater ein Bein und

Unten: Der französische Mathematiker Blaise Pascal.

Oben: Eine von Blaise Pascal
1642 gebaute Rechenmaschine.
Die Sichtfenster oben zeigen
die berechneten Zahlen.

wurde von zwei Brüdern des nahe gelegenen Klosters gepflegt, die Pascal nachhaltig beeindruckten. Zeitlebens machte er »die Größe und das Elend des Menschen« zu seinem Thema.

Dennoch fand Pascal Zeit für seine Forschungen und befasste sich mit dem atmosphärischen Druck. In kürzester Zeit hatte er zu seiner eigenen Zufriedenheit gezeigt, dass ein Vakuum existieren konnte (d. h. ein Behälter ohne Luftdruck). Descartes kam zu Besuch, aber er glaubte ihm nicht. Später schrieb er an einen Freund, Pascal habe »zuviel Vakuum in seinem Kopf«.

Pascal war ein »Mann von schmächtigem Bau mit einer lauten Stimme und etwas herrischer Art«. Er war »altklug, verbissen und ausdauernd, ein Perfektionist, kämpferisch bis zur Rücksichtslosigkeit, und versuchte dabei, bescheiden und demütig zu sein«.

Zum Glück ließ sich Pascal von solchen Anwürfen nicht aufhalten. Er forschte weiter und zeigte, dass der Luftdruck in größeren Höhen abnimmt. Daraus schloss er, dass es ein Vakuum oberhalb der Atmosphäre geben muss (heute nennen wir das den Weltraum). Seine späteren Werke behandeln den Druck in Flüssigkeiten, Geometrie und Wahrscheinlichkeit sowie verschiedene philosophische und religiöse Ideen. Er versuchte sogar zu beweisen, dass der Glaube an Gott vernünftig sei. Sein wahrscheinlichkeitstheoretisches Argument:

»Wenn Gott nicht existiert, verliert man nichts durch den Glauben an ihn; wenn er aber existiert, verliert man alles durch den Unglauben.«

Dieser Satz wurde bekannt als »Pascals Wette«. Er schlussfolgerte: »Wir sind gezwungen zu wetten.« Doch seine Argumente sind falsch. Wir können unsere Überzeugungen nicht wählen wie Früchte von einem Baum. Könnten wir es, verlören wir unsere Integrität.

Pascals philosophische Ansichten kann man sicher infrage stellen, seine mathematischen Arbeiten aber waren bahnbrechend. Ein Bereich, der erst durch ihn besser verstanden wurde, ist die Zahlentheorie mit den Dreieckszahlen. Daher wird eine besondere Zahlenanordnung als »Pascal'sches Dreieck« bezeichnet (Kasten unten), obwohl Pascal es nicht erfunden hat.

Das Pascal'sche Dreieck ist eine bemerkenswerte Zahlenanordnung. Es hat eine »Haut« aus Einsen entlang der beiden nach unten führenden Diagonalen. Die nächsten Diagonalen geben die natürlichen Zahlen und die Dreieckszahlen in ihrer Reihenfolge an. Es folgen Diagonalen mit den Pyramiden- oder Tetraederzahlen. (Um Tetraederzahlen zu erhalten, legt man die Punkte nicht zweidimensional aus wie bei den Dreieckszahlen, sondern »stapelt« sie dreidimensional zu einer Pyramide mit dreieckiger Grundfläche, eben einem Tetraeder.) In der nächsten Diagonale finden sich Pentatop-Zahlen usw. Man findet in dem Dreieck auch Primzahlen, Fibonacci-Zahlen oder Catalan-Zahlen, und wenn man alle ungeraden Zahlen schwarz und die geraden weiß färbt, ergibt sich eine fraktale Form, das Sierpiński-Dreieck (auf

Das Pascal'sche Dreieck

Um ein Pascal'sches Dreieck zu bilden, beginnt man mit einer 1 am Gipfel. Nun schreibt man die einzelnen Zeilen nach einer einfachen Regel nieder: Eine Zahl ist die Summe der beiden Zahlen über ihr (schräg oben links und oben rechts). Am Rand, wo es nur eine Zahl oberhalb gibt, nimmt man als fehlende Zahl die 0. Das Ergebnis ist ein sehr spezielles Zahlendreieck:

```
                                        1
                                     1     1
                                  1     2     1
                               1     3     3     1
                            1     4     6     4     1
                         1     5    10    10     5     1
                      1     6    15    20    15     6     1
                   1     7    21    35    35    21     7     1
                1     8    28    56    70    56    28     8     1
             1     9    36    84   126   126    84    36     9     1
          1    10    45   120   210   252   210   120    45    10     1
       1    11    55   165   330   462   462   330   165    55    11     1
    1    12    66   220   495   792   924   792   495   220    66    12     1
  1   13    78   286   715  1287  1716  1716  1287   715   286    78    13     1
1    14    91   364  1001  2002  3003  3432  3003  2002  1001   364    91    14    1
```

Fraktale wird noch in Kapitel i eingegangen). Mit dem Pascal'schen Dreieck kann man sogar spezielle Gleichungen ausmultiplizieren, die sogenannten Binome.

Mit den Jahren wurde Pascal immer religiöser. Eines Tages hatte er einen Unfall mit der Kutsche: Die Pferde gingen durch, er blieb auf der Kante einer Brücke über die Seine hängen und wurde unverletzt befreit. Er führte sein Überleben auf Gott zurück. Sein Erweckungserlebnis notierte er auf einem Pergamentstreifen, den er eingenäht in seiner Jacke trug. Bei der Arbeit an einem mathematischen Problem litt er einmal an Schlaflosigkeit und heftigen Zahnschmerzen. Als ihm endlich die Lösung einfiel, war sein Schmerz vergangen. Er hielt dies für einen göttlichen Fingerzeig, die Idee weiterzuverfolgen, und arbeitete die nächsten acht Tage daran.

Pascals Schriften zur Religion setzten neue Standards in der französischen Prosa, sie ver-

Binome

Ein Binom ist ein einfacher Ausdruck, in dem zwei Elemente addiert werden, etwa:

$$(x + 1)^2$$

Oft ist es hilfreich, Binome auszumultiplizieren oder zu »entwickeln«, um den Wert des Ausdrucks zu bestimmen. Das Binom oben ergibt:

$$1 \cdot x^2 + 2 \cdot x + 1 \cdot 1$$

Betrachtet man das Pascal'sche Dreieck, erkennt man, dass dort die Vorfaktoren in der dritten Zeile erscheinen:

$$1 \quad 2 \quad 1$$

Es zeigt sich, dass dies bei jedem Binom funktioniert. Wenn man das allgemeine Binom

$$(x + y)^n$$

entwickeln möchte, muss man die Koeffizienten $a_0, a_1, a_2, ..., a_n$ im entwickelten Ausdruck finden:

$$a_0 \cdot x^n + a_1 \cdot x^{n-1} y + a_2 \cdot x^{n-2} y^2 + ... + a_{n-1} \cdot xy^{n-1} + a_n \cdot y^n$$

Diese Koeffizienten sind genau die Zahlen in Zeile $n + 1$ des Pascal'schen Dreiecks. Als Beispiel betrachten wir:

$$(x+4)^4 = a_0 \cdot x^4 + a_1 \cdot x^3 \cdot 4 + a_2 \cdot x^2 \cdot 4^2 + a_3 \cdot x^1 \cdot 4^3 + a_4 \cdot x \cdot 4^4$$

In Zeile $4 + 1 = 5$ des Pascal'schen Dreiecks haben wir die Zahlen: 1, 4, 6, 4, 1. Damit ergibt sich folgende Entwicklung:

$$1 \cdot x^4 + 4 \cdot x^3 \cdot 4 + 6 \cdot x^2 \cdot 4^2 + 4 \cdot x^1 \cdot 4^3 + 1 \cdot 4^4$$

oder, um das Ganze etwas einfacher auszudrücken:

$$x^4 + 16x^3 + 96x^2 + 256x + 256$$

banden Humor mit schneidender Kritik. Pascal verfasste eine Reihe von fiktiven Briefen eines Parisers an einen Freund in der Provinz. In Brief XVI heißt es: »Ich hätte dir einen kürzeren Brief geschrieben, aber ich hatte nicht genug Zeit.«

In seinen letzten Lebensjahren hatte Pascal wegen eines Magentumors beständig Schmerzen. Er gab die Wissenschaft auf und unterstützte fortan die Armen. Im Alter von nur 39 Jahren starb er an einer schweren Gehirnblutung. Die Welt hat ihn jedoch nicht vergessen. Nicht nur das Pascal'sche Dreieck und die Einheit des Drucks wurden nach ihm benannt, 1968 erhielt auch die Programmiersprache Pascal seinen Namen.

Rechts: Einer der ersten Drucke des Pascal'schen Dreiecks auf der Titelseite des Rechenbuchs von Petrus Apianus (1527).

Zahlen, überall Zahlen. Aber warum sind wir so wenig einfallsreich, wenn wir einige als Glücks- oder Unglückszahlen bezeichnen? Warum denken wir uns immer dieselben Zahlen, auch wenn wir meinen, sie zufällig auszuwählen? Vielleicht gibt es etwas an den Zahlen selbst, das uns berührt. Kann es so etwas wie eine Glücks- oder Unglückszahl wirklich geben? Ist an dem Aberglauben möglicherweise doch etwas dran?

TRISKAIDEKAPHOBIE

KAPITEL 12a

Welche Zahl wird man wohl wählen, wenn man eine Zahl zwischen 1 und 100 aussuchen kann? Im Jahr 2006 stellte der Kalifornier Greg Laabs auf seiner Website www.arandomnumber.com ohne Erläuterung ebendiese Frage. Nach einiger Zeit hatte er über 70 000 Antworten. Die statistische Auswertung – speziell für dieses Buch zusammengestellt – ist faszinierend: Die fünf meistgenannten Zahlen (von Menschen, die über die Zahl nachgedacht hatten, bevor sie sie eintippten) waren – sortiert nach der Anzahl ihrer Nennungen – die 5, 7, 37, 56 und 42. Die Fünf war dreimal häufiger vertreten, als sie es hätte sein dürfen, wenn jeder eine Zahl wirklich zufällig ausgesucht hätte.

An den ausgewählten Zahlen lässt sich eine interessante Mischung von Einflüssen ablesen. Die 5 liegt auf der Computertastatur in der Mitte der Zahlenreihe und in der Mitte des Numerikblocks; sie ist damit sehr gut zu sehen und gut zu tippen. Auch die 56 ist leicht und schnell einzugeben. Die 7 und die 37 sind interessanter, denn sie werden häufig genannt, vielleicht weil sie Primzahlen sind oder als glückbringend oder ausgewogen gelten. Und dass die 42 wesentlich häufiger auftaucht, als es statistisch gesehen der Fall sein dürfte, könnte mit dem Einfluss der Romanserie *Per Anhalter durch die Galaxis* von Douglas Adams zusammenhängen.

Die fünf am seltensten genannten Zahlen waren die 40, 91, 94, 70 und 90. Aus irgendeinem Grund hatten nur wenige Menschen eine besondere Beziehung zu diesen Zahlen. Vielleicht glaubte niemand, sie seien glückbringend, interessant oder außergewöhnlich.

Wie Greg Laabs' Experiment zeigt, können wir »Zufallszahlen« nicht gut auswählen. Aus irgendeinem Grund nennen wir bestimmte Zahlen häufiger als andere. Ob wir uns dabei vom Aberglauben oder von anderen kulturellen Einflüssen leiten lassen, spielt kaum eine Rolle.

Vorsicht mit dem Glauben

Was ist eigentlich Aberglaube? Das Wort stammt von dem spätmittelhochdeutschen Begriff *aber* (»schlechter«) ab. Im kirchlichen Sinn bezeichnet Aberglaube Formen und Inhalte des Glaubens, die von der offiziellen Lehre abweichen (z. B. den Teufelspakt). Im volkskundlichen Sinn ist Aberglaube der zu allen Zeiten vorhandene Glaube an die Wirkung magischer, naturgesetzlich unerklärbarer Kräfte und an damit verbundene Praktiken wie Wahrsagerei oder Orakeldeutung. Aberglaube bezieht sich häufig auf Omen oder Zeichen mit guter oder schlechter Zukunftsprognose: Wer unter einer Leiter hindurchgeht, wird etwas Schlimmes erleben; wer eine Sternschnuppe sieht und sich etwas wünscht, dessen Wunsch wird erfüllt; die 13 bringt Unglück.

Die 13 ist das Sinnbild des Aberglaubens. Viele Menschen werden allein bei ihrem Anblick nervös. Wenn es eine Zahl gibt, die mit Glück (oder Unglück) zu tun hat, dann ist es sicher die 13.

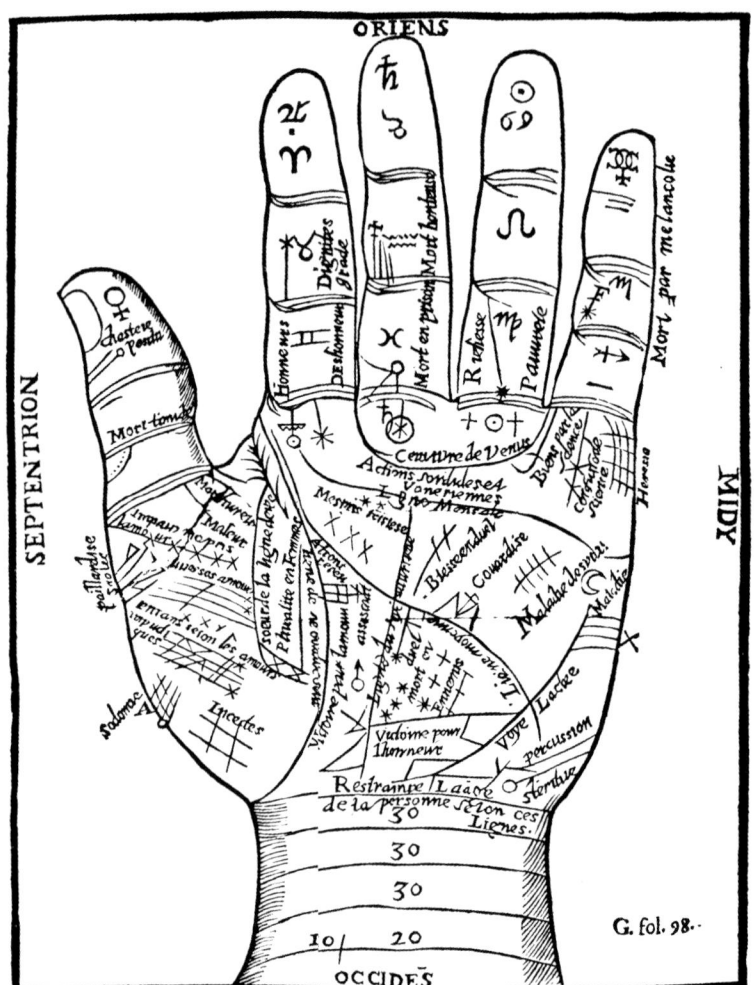

Links: Eine weitverbreitete Praktik, die Zukunft vorherzusagen, war das Handlesen (Illustration aus Les œuvres de Jean Belot, *17. Jahrhundert).*

Woher die Verbindung der 13 mit dem Unglück kommt, verliert sich in der Vergangenheit. Es gibt eine Reihe von Theorien, von Wikingergöttern über die Anzahl der Jünger beim letzten Abendmahl bis hin zur Hinrichtung der Tempelritter. Manche sind sogar überzeugt, in der 13 manifestiere sich ein uraltes Vorurteil gegen Frauen, weil es 13 Mond- (bzw. Menstruationszyklen) pro Jahr gibt.

Bei den Hindus gilt es als unglückbringend, 13 Personen in einem Raum zu versammeln, und bei den Türken ist die Zahl 13 so unbeliebt, dass sie möglichst nicht ausgesprochen wird. Den Chinesen hingegen gilt die 13 als Glückszahl, und auch bei den alten Ägyptern stand die 13 für ein glückliches Geschick. Im Abendland mag man die 13 nicht. In vielen amerikanischen Städten mit regelmäßigem Grundriss gibt es keine 13. Straße, Hochhäuser haben keinen 13. Stock, bei den Hausnummern lässt man die 13 aus. Selbst im Zeitalter der Computer und Düsenjets fehlt in vielen Passagierflugzeugen die 13. Sitzreihe.

In der Psychologie nennt man die übermäßige Furcht vor der Zahl 13 Triskaidekaphobie. Wer an dieser Phobie leidet, wird etwa mit Nachdruck darauf hinweisen, dass die Namen vieler berüchtigter Krimineller genau 13 Buchstaben aufweisen (so etwa Jack the Ripper, Charles Manson, Jeffrey Dahmer, Osama Bin-Laden oder Fritz Haarmann) oder dass sich zum Hexensabbat immer dreizehn Hexen treffen.

Solch abergläubische Vorstellungen lassen sich nicht rational erklären, und die meisten Menschen haben auch Schwierigkeiten, ihre Ängste zu begründen. So wie wir Weihnachten auch dann gerne feiern, wenn wir nicht religiös oder Kirchenmitglieder sind, so verändert sich ein Brauch, der in unsere Kultur eingebettet ist, allmählich und wird von einer Gewohnheit zu einem Ritual und schließlich zur Tradition. Bei uns ist etwa Freitag, der 13. traditionell ein Unglückstag. Das kann zur selbsterfüllenden Prophezeiung werden: Wenn genug Menschen daran glauben, kann das ihr Verhalten nachhaltig beeinflussen. Ein Artikel im *British Medical Journal* aus dem Jahr 1993 berichtete darüber, dass an einem Freitag, den 13. bis zu 52 Prozent mehr Menschen nach Verkehrsunfällen ins Krankenhaus eingeliefert wurden als am Freitag der Vorwoche – und das, obwohl am Freitag, dem 13. verglichen mit Freitag, dem 6. sehr viel weniger Menschen auf den Straßen unterwegs waren. Doch das ist noch lange nicht alles. Meldungen aus dem Jahr 2005 zufolge verliert die amerikanische Wirtschaft an jedem Freitag, der auf einen 13. fällt, rund eine Milliarde Dollar – nur wegen abergläubischer Arbeitskräfte, die an diesem Tag lieber zu Hause bleiben, oder wegen der Kunden, die an diesem Tag ihre Bus- oder Flugreise stornieren. Die Furcht vor Freitag, dem 13. ist so weitverbreitet, dass es für dieses Phänomen nicht nur einen, sondern sogar zwei Begriffe gibt: Paraskavedekatriaphobie und Friggatriskaidekaphobie.

Oben: Die Mitglieder eines Skeptikervereins gehen unter einer Leiter hindurch; das drohende Unglück wird durch die doppelte 13 noch potenziert.

Ironischerweise ist es gerade die Angst davor, an einem Freitag, den 13. ein Unglück zu erleben, die das Unglück erst herbeiführt. Viele Menschen sind dann besonders nervös und neigen zu Überreaktionen. So kann es tatsächlich riskanter als sonst sein, an einem solchen Freitag Auto zu fahren. Es ist aber nicht die Zahl selbst, die diesen Tag zum Unglückstag macht, sondern unsere fatale Reaktion darauf. Am anderen Ende der Welt, in Australien, sieht man das ganz anders: Dort gilt Freitag, der 13. als Glückstag – zumindest werden dann sehr viel mehr Lottoscheine verkauft als an jedem anderen Tag.

Oben: Wer einen Spiegel zerbricht, der hat – wie auch die Zahl 13 nahelegt – sieben Jahre Unglück.

Die Mathematik des Glücks

Zahlen und Glück gehören zusammen, aber nicht auf die Art und Weise, wie es der Aberglaube suggeriert. Zumindest im Spiel ist Glück ein Gewinn. Aber woher weiß man, wann man Glück haben wird? Welche Chancen hat man auf den Hauptgewinn oder den Traumjob?

Die beiden ersten Mathematiker, die sich mit der Mathematik des Glücks beschäftigten, lebten im 17. Jahrhundert. Es handelt sich um Blaise Pascal (nach dem das Zahlendreieck in Kapitel 10 benannt ist) und Pierre de Fermat (dessen berühmte »Vermutung« in Kapitel $\sqrt{2}$ behandelt wurde). Pascal wurde vom Chevalier de Méré gebeten, folgendes Problem zu untersuchen, das sich auf ein Glücksspiel bezieht: Zwei Würfel werden 24-mal geworfen. Kann man dann darauf wetten, dass mindestens ein Sechserpasch erscheint? Welche Chance besteht, dass man mindestens einmal einen Sechserpasch würfelt?

Pascal war mit Fermat befreundet und berichtete ihm 1654 von diesem Problem. Bald begannen die beiden einen Briefwechsel, in dem sie das erfanden, was wir heute Wahrscheinlichkeit nennen. Der Briefwechsel ist fast vollständig erhalten und gewährt einen faszinierenden Einblick in die Art und Weise, wie die beiden mathematischen Geister einander verbesserten und nach und nach zu neuen Vorstellungen kamen.

Wie kann man die Wahrscheinlichkeit für ein zukünftiges Ereignis berechnen? Wie lässt sich »Glück« in Zahlen fassen? Zunächst aber zu einem einfacheren Problem: Pascal und Fermat sitzen in einem Pariser Kaffeehaus und spielen ein simples Spiel. Sie werfen eine Münze. Bei »Kopf« erhält

Fermat einen Punkt, bei »Zahl« Pascal. Gewinner ist, wer als Erster zehn Punkte hat. Beide setzen je 50 Francs ein, der Gewinner erhält die gesamten 100 Francs. Sie spielen eine Weile, bis Fermat mit 8:7 führt. Da erreicht Fermat eine dringende Nachricht, er muss sofort gehen. Pascal hat Verständnis, aber als Fermat gegangen ist, wird ihm klar, dass nun er allein im Besitz der gesamten 100 Francs ist; das kann nicht in Ordnung sein. Er schreibt an Fermat und fragt, wie sie das Geld gerecht aufteilen können. Fermat beschreibt in seinem Antwortbrief, wie das Spiel hätte ausgehen können, und er erläutert die gerechte Aufteilung des Geldes (Kasten).

Unten: Pascal und Fermat spielten ein Glücksspiel miteinander: Sie warfen eine Münze.

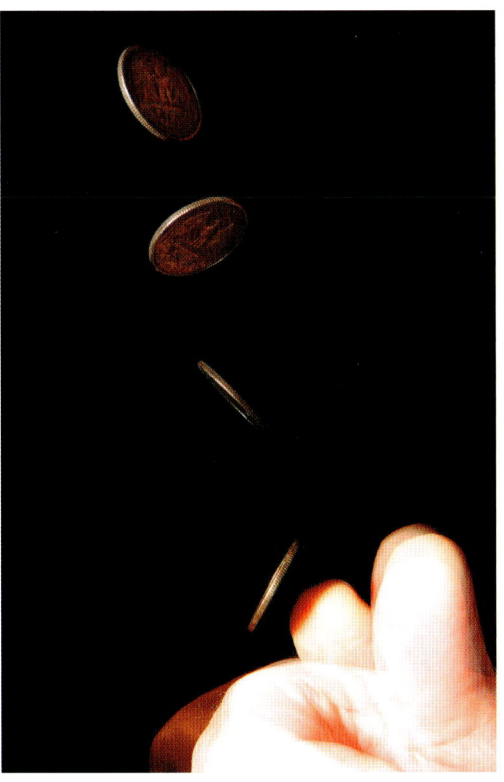

Fermats Brief an Pascal

Mein lieber Blaise,

für das Problem, wie wir die 100 Francs aufteilen, habe ich wohl eine faire Lösung gefunden. Ich brauchte nur noch 2 Punkte, um zu gewinnen, du hingegen noch 3 Punkte. Damit muss nach vier weiteren Würfen das Spiel vorbei gewesen sein, denn hättest du bei diesen vier Würfen nicht die notwendigen 3 Punkte für den Sieg erhalten, hätte ich die notwendigen 2 Punkte für meinen Sieg bekommen. Oder andersherum: Hätte ich nicht die notwendigen 2 Punkte für meinen Sieg erhalten, so hättest du mindestens 3 Punkte bekommen und das Spiel gewonnen. Daher ist folgende Liste der möglichen Spielausgänge vollständig. Um abzukürzen, schreibe ich »K« für »Kopf« und »Z« für »Zahl«. Die Sternchen zeigen an, dass ich bei diesem Ausgang gewonnen hätte.

K K K K * K K K Z * K K Z K * K K Z Z *

K Z K K * K Z K Z * K Z Z K * K Z Z Z

Z K K K * Z K K Z * Z K Z K * Z K Z Z

Z Z K K * Z Z K Z Z Z Z K Z Z Z Z

Du wirst mir beipflichten, dass all diese Ausgänge des Spiels gleich wahrscheinlich sind. Also hätte ich in 11 und du in 5 der möglichen Fälle gewonnen. Daher sollten wir den Einsatz im Verhältnis 11:5 zu meinen Gunsten aufteilen, demnach bekomme ich (11/16) · 100 Francs = 68,75 Francs, du den Rest.

Ich hoffe, in Paris ist alles in Ordnung.
Dein Freund und Kollege
Pierre

Fermat und Pascal kamen zu dem Schluss, dass man die Wahrscheinlichkeit für ein bestimmtes Ereignis mit Brüchen und Verhältniszahlen angeben kann. So liegt die Chance für »Kopf« bei einem Münzwurf bei 1 von 2 bzw. bei einer Wahrscheinlichkeit von 1/2, denn eine Münze hat nur zwei Seiten und landet mit gleicher Wahrscheinlichkeit auf einer der beiden Seiten. Sie bemerkten

Unten: Ein Casino gestaltet die Gewinnpläne nach den Regeln der Wahrscheinlichkeit so, dass es auf lange Sicht gewinnt.

auch, dass man Wahrscheinlichkeiten addieren und multiplizieren kann. So beträgt die Wahrscheinlichkeit dafür, mit einem Würfel eine »Sechs« *und* noch eine »Sechs« zu werfen, (1/6) · (1/6) (das »und« wirkt wie eine Multiplikation). Die Wahrscheinlichkeit hingegen für eine »Sechs« *oder* eine »Drei« ist (1/6) + (1/6) (das »oder« wirkt wie eine Addition). Mit diesen Regeln lassen sich die Wahrscheinlichkeiten vieler Ereignisse berechnen. Spielcasinos, Lottogesellschaften und Buchmacher legen mit diesen Regeln die Gewinne so fest, dass die Kunden immer etwas mehr verlieren, als sie gewinnen. Mit den Regeln können wir sogar das Ausgangsproblem des Chevalier de Méré lösen (Kasten gegenüber).

Die Wahrscheinlichkeitsrechnung ist nützlich, funktioniert aber nicht immer. Die Rechnungen setzen eine Reihe Annahmen voraus (dass die Würfel nicht gezinkt sind, dass die Münze wirklich »Kopf« und »Zahl« aufweist usw.). Oft sind die Annahmen aber gerade nicht oder nicht vollständig erfüllt. Dann taugen die theoretischen Werte nur als Richtschnur. Und manchmal kann man eben doch die Bank sprengen – wenn man sehr viel Glück hat.

Verborgene Bedeutungen?

Aberglaube (oder Numerologie) kann zu der Überzeugung führen, eine bestimmte Zahl sei besonders wichtig (beispielsweise die Unglückszahl 13). Dank der Wahrscheinlichkeiten können wir in der Tat mit Zahlen beschreiben, wie viel Glück jemand hat. Aber auch andere Bedeutungen der Zahlen sind denkbar. Durch kulturelle Einflüsse können Zahlen schnell neue Bedeutung erhalten, bei-

Das Problem des Chevalier de Méré

Wie hoch ist die Wahrscheinlichkeit, wenigstens einen Sechserpasch zu erzielen, bei 24 Würfen mit zwei fairen Würfeln? (Ein fairer Würfel ist nicht gezinkt.)

Die Wahrscheinlichkeit für eine 6 ist 1/6 (einer von sechs möglichen Ausgängen des Wurfs). Die Wahrscheinlichkeit für eine 6 und noch eine 6 ist also $1/6 \cdot 1/6 = 1/36$.

Bei allen anderen Ausgängen erhält man *keinen* Sechserpasch, die Wahrscheinlichkeit ist also $1 - 1/36 = 35/36$.

Die Wahrscheinlichkeit, bei 24 Würfen *keinen* Sechserpasch zu werfen, ist also
$35/36 \cdot 35/36 \cdot 35/36 \cdot \ldots \cdot 35/36 = 0,5086$

Bei allen anderen Ausgängen wirft man wenigstens einen Sechserpasch (d. h. einen oder mehr), die Wahrscheinlichkeit ist also
$1 - 0,5086 = 0,4914$

Demnach ist es bei 24 Würfen etwas weniger wahrscheinlich (0,4914), dass ein Sechserpasch auftritt, als dass er nicht auftritt (0,5086). Der Unterschied ist aber gering. Man sollte also darauf wetten, dass kein Sechserpasch gewürfelt wird, dann hat man eine etwas höhere Gewinnchance. Oder man sorgt dafür, dass mehr als 24-mal gewürfelt wird, denn ab 25 Würfen ist die Wahrscheinlichkeit für einen Sechserpasch etwas höher. Bei 50 Würfen liegen die Chancen schon bei 0,7555 (fast 76 %). Und wenn man den Gegner dazu bringen kann, 100-mal zu würfeln, dann hat man fast sicher gewonnen. Die Wahrscheinlichkeit für einen Sechserpasch ist dann 0,94 oder 94 %.

spielsweise 1984 (nach der Utopie von George Orwell) oder 08/15 (nach dem Antikriegsroman von Hans Hellmut Kirst). Es gibt sogar Ausdrücke, in denen das Wort »Zahl« eine neue Bedeutung hat, wenn beispielsweise »rote« oder »schwarze« Zahlen den wirtschaftlichen Zustand beschreiben.

Viele meinen jedoch, man könne mithilfe von Zahlen auch verborgene Bedeutungen an unvermuteter Stelle entdecken. 1984 behaupteten drei Israelis – Doron Witztum, Eliyahu Rips und Yoav Rosenberg –, sie hätten Außergewöhnliches in der Thora gefunden: In bestimmten Buchstabenverteilungen des Textes seien biografische Informationen über einige mittelalterliche Rabbis »verschlüsselt«. Verborgen im Text stünden die Namen der Rabbis gleich neben ihren korrekten Geburts- und Todesdaten. Solche Informationen könne man mithilfe eines Schlüsselsatzes entziffern, in dem einige Schlüsselbuchstaben jeweils durch eine bestimmte Anzahl von Buchstaben voneinander getrennt sind. Ein solcher Satz wird ELS genannt (englisch »equal letter spacing«). Wenn man die sogenannte Sprungzahl findet, so kann man die Botschaft leicht entschlüsseln. Folgendes Beispiel macht dies etwas deutlicher: »Ich ge**b**e 1 S**a**tz, i**n** dem **a**lle **L**ettern in fett einen solchen Schlüssel bilden.«: Das verborgene Wort ist BANAL (die Sprungzahl ist 4, Wortgrenzen und Interpunktion spielen keine Rolle).

Links: Erste Seite der Genesis in der Gutenberg-Bibel. Die Numerologie beschäftigt sich besonders gern mit der Heiligen Schrift.

Die Behauptungen wurden in einer Zeitschrift für Statistik veröffentlicht und lösten eine kontroverse Diskussion aus. Mit »verborgenen Codes« in Bibel oder Thora sagte man seither Unglücksfälle, Katastrophen, das Ende der Welt oder die Ermordung wichtiger Persönlichkeiten voraus, so etwa Michael Drosnin in seinem Buch *Der Bibel-Code*, das in den USA sehr populär war.

So reizvoll diese Idee auch sein mag, nach mathematischen Untersuchungen ist sie nicht mehr überzeugend: Mit den richtigen Zahlen und einer ausreichend großen Textmenge kann man praktisch alle möglichen Botschaften entdecken. Auch wenn Muster (wie Gesichter in den Wolken) bedeutungsvoll zu sein scheinen, heißt das nicht, dass sie wirklich eine Bedeutung haben.

Im Versuch, sein Buch zu verteidigen (oder um die Verkaufszahlen zu steigern), sagte Drosnin: »Wenn meine Kritiker eine Botschaft über die Ermordung eines Premierministers finden, die

Oben: Antikes Mosaik mit hebräischem Text. Solche Texte sollen verborgene Botschaften enthalten, die man mit Zahlen entschlüsseln kann.

in *Moby Dick* verschlüsselt ist, dann glaube ich ihnen.« Der australische Mathematiker Brendan McKay lieferte prompt eine ELS-Analyse von *Moby Dick*, wonach dort nicht nur die Ermordung von Indira Gandhi, sondern auch die Attentate auf Martin Luther King, John F. Kennedy, Abraham Lincoln und Jitzchak Rabin vorhergesagt wurden und dazu noch der Tod von Lady Di. Später zeigte McKay, dass Hinweise auf die Terroranschläge vom 11. September 2001 in den Texten des Rappers Vanilla Ice verschlüsselt waren. Der Mathematiker David Thomas entdeckte mithilfe der ELS-

Analyse im 1. Buch Mose fast 60-mal die Begriffe »Code« und »Schwindel« dicht beieinander. Seine Analyse von Drosnins zweitem Buch *Bibel Code II: Der Countdown* förderte die Botschaft zutage: »Der Bibel-Code ist ein dummer, törichter, verlogener, übler Schwindel und eine Quacksalberei.« Offenbar lässt sich nach entsprechend langer Suche jede gewünschte Botschaft finden.

Man kann mit Zahlen derartige Botschaften in Texten aufdecken – man sollte nur nicht erwarten, dass sie irgendetwas bedeuten. Wir brauchen keine abergläubischen neuen Bedeutungen. Zahlen sind von sich aus faszinierend. Sie haben ihre eigene Bedeutung, mit der wir unsere Welt erforschen und erklären können. Dabei ist es sicher das Beste, sich von Bangemachern und Scharlatanen fernzuhalten, die meist nur Profit aus ihren Fehlinformationen schlagen wollen.

Zahlen sind wie Säulen, sie tragen unser Universum und geben ihm die richtige Form. Wenn π nicht 3,14159... wäre, hätten alle Kreise und Kurven im Universum eine andere Form. Hätte φ nicht den Wert 1,61803..., dann sähen alle geometrischen Figuren, Verhältnisse und Kurven anders aus. Wäre e nicht 2,71828..., gäbe es ganz andere Beziehungen zwischen Ort, Geschwindigkeit und Beschleunigung. Diese Zahlen sind so untrennbar mit unserem Universum verbunden wie Raum und Zeit. Doch sie sind nicht die Einzigen.

SO SCHNELL ES GEHT

KAPITEL c

Es gibt eine Zahl, die so wichtig ist, dass sie unsere ganze Weltsicht veränderte. Es ist c, die Lichtgeschwindigkeit im Vakuum.

Warum ist eine Geschwindigkeit so wichtig? Man glaubte einst, die Schallgeschwindigkeit sei eine undurchdringbare Grenze, aber bald wurde man eines Besseren belehrt. Die Schallgeschwindigkeit in Luft beträgt (bei 15 °C) etwa 340 Meter pro Sekunde (rund 1224 km/h), der genaue Wert hängt von der Lufttemperatur ab (in wärmerer Luft geht es schneller). Heute weiß man, dass man sich schneller als mit Schallgeschwindigkeit bewegen kann. Bei einem Düsenflugzeug hören wir beim Erreichen der Schallgeschwindigkeit einen Über-schallknall (verursacht von der Druckwelle des Flug-zeugs). Befindet man sich am Boden, scheint der Düsenlärm von einem Punkt zu kommen, der weit hinter dem Ort liegt, an dem man das Flugzeug wahrnimmt (weil Licht schneller ist als der Schall, d. h., man sieht das Ereignis eher, als man es hört).

Wenn man aber schneller als der Schall sein kann, kann man dann nicht auch schneller als das Licht sein? Zwar ist das Licht sehr viel schneller als der Schall – 299 792 458 Meter pro Sekunde (1 079 252 848,8 km/h). Aber mit einem Triebwerk an einem Flugzeug oder Raumschiff, das leistungs-stark genug ist, müssten wir doch so weit be-schleunigen können, bis wir eine noch größere Geschwindigkeit erreichen. Oder etwa nicht? Eine Rakete, die über die Energie der Sonne verfügt, müsste uns doch auf 1,1 Milliarden Kilometer pro Stunde beschleunigen können – und wenn das nicht reicht, wie wäre es mit einer Rakete mit der Energie von einer Million Sonnen?

Es mag überraschen, aber wir können es nicht. Egal, wie leistungsstark die Rakete ist, egal, wie stark wir beschleunigen, wir können uns *niemals* schneller als mit Lichtgeschwindigkeit bewegen. Unser Universum hat ein Tempolimit, über das nichts und niemand hinauskommt. Die Lichtge-schwindigkeit ist die absolute Obergrenze. Es brauchte ein Genie wie Albert Einstein, um das Warum zu begreifen, doch zuvor musste man erst die Lichtgeschwindigkeit selbst verstehen.

c erkennen

Jahrtausendelang hielt man schon die Vorstellung von einer begrenzten Lichtgeschwindigkeit für absurd. Von Aristoteles bis Kepler und Descartes glaubte man, das Licht treffe unverzüglich ein. Galileo (der die ersten Teleskope verwendete, um den Nachthimmel zu untersuchen) führte als Erster ein Experiment durch, mit dem man die Geschwindigkeit des Lichts bestimmen können sollte. Er und sein Assistent nahmen zwei ver-schlossene Lampen. Galileo deckte seine Lampe auf, und der Assistent sollte seine Lampe in dem Moment enthüllen, wenn er das Licht aus Galileos Lampe sah. Solange sie nahe beieinanderstanden, konnten sie die Verzögerung auf die menschliche

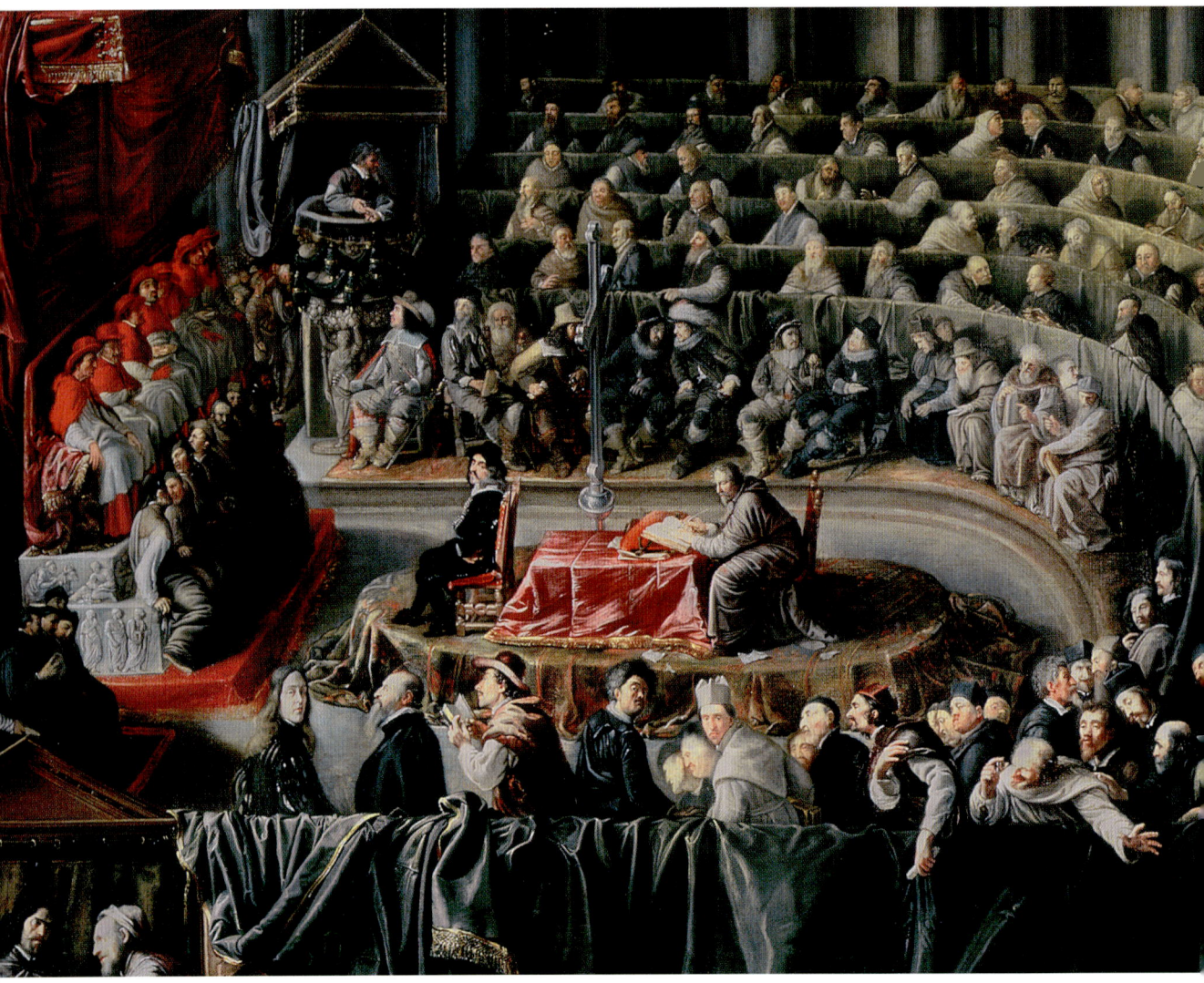

Oben: Galileo Galilei vor der Inquisition (1633).

Reaktionszeit schieben. Daher positionierten sie sich auf zwei auseinanderliegenden Hügeln und wiederholten das Experiment: Galileo deckte seine Lampe auf und wartete auf das Licht aus der Lampe seines Assistenten. Wenn sich das Licht ähnlich ausbreitete wie der Schall, dann müsste man einen Zeitunterschied messen können (der Assistent musste warten, bis das Licht aus Galileos Lampe ihn erreichte, und Galileo wartete darauf, dass das Licht aus der Lampe seines Assistenten zu ihm zurückkam). Bei derselben

Versuchsanordnung mit Schall – Galileo schoss mit einem Gewehr in die Luft, der Assistent schoss seinerseits, sobald er den Schuss hörte – kann es je nach Entfernung tatsächlich zu einer Verzögerung von mehreren Sekunden kommen. Doch das Licht breitet sich, wie vorausgesehen, viel zu schnell aus, als dass man die Verzögerung mit Galileos Idee dingfest machen konnte. Bei seinem Versuch mit den Lampen auf zwei Bergen konnte er keinen Unterschied zu dem Versuch erkennen, bei dem sie nebeneinanderstanden. Er schloss daraus, das Licht müsse mindestens zehnmal schneller sein als der Schall, aber er hatte keine Vorstellung, wie schnell es wirklich war.

Erst 50 Jahre später, im Jahr 1676, gelang es dem Astronomen Ole Rømer, die Lichtgeschwindigkeit zu berechnen. Rømer wurde 1644 im dänischen Århus geboren. Er studierte an der Kopenhagener Universität bei Rasmus Bartholin (einem Wissenschaftler, der die Lichtbrechung untersuchte) und erhielt anschließend eine Stellung am Pariser Observatorium, wo er die Planeten und ihre Monde beobachten sollte.

Rømer studierte dabei die Bewegung von Io, einem Jupitermond. Er konnte erkennen, dass Io den Jupiter in etwa 42,5 Stunden umkreise. Doch es gab eine seltsame Abweichung in seinen Beobachtungen. Wenn Jupiter und Io am weitesten von der Erde entfernt waren, schien Io etwas länger zu brauchen, um aus dem Schatten von Jupiter aufzutauchen. Waren Jupiter und Io der Erde näher, schien Io etwas früher aus dem Schatten herauszutreten. Offenbar beeinflusste die Entfernung

Oben: Durch seine Beobachtung des Jupitermonds Io konnte Rømer die Lichtgeschwindigkeit recht genau berechnen.

zwischen der Erde und dem Paar Jupiter und Io den zeitlichen Ablauf des Io-Umlaufs. Der Unterschied betrug zwar nur wenige Minuten, doch Rømer konnte ihn sogar mit seinen einfachen Teleskopen und Logarithmentabellen feststellen.

Die Änderung des Abstands zwischen Jupiter und Erde überraschte nicht. Seit Kepler wusste man, dass sich ein Planet, der weit von der Sonne entfernt ist, langsamer bewegt. Da die Erde näher an der Sonne liegt, legt Jupiter bei einem Umlauf der Erde um die Sonne nur einen Bruchteil seines eigenen Sonnenumlaufs zurück. Wie ein schneller Rennwagen, der auf der Innenbahn überholt, befindet sich die Erde manchmal »in der Nähe« von Jupiter und manchmal auf der entgegengesetzten Seite von dessen Umlaufbahn.

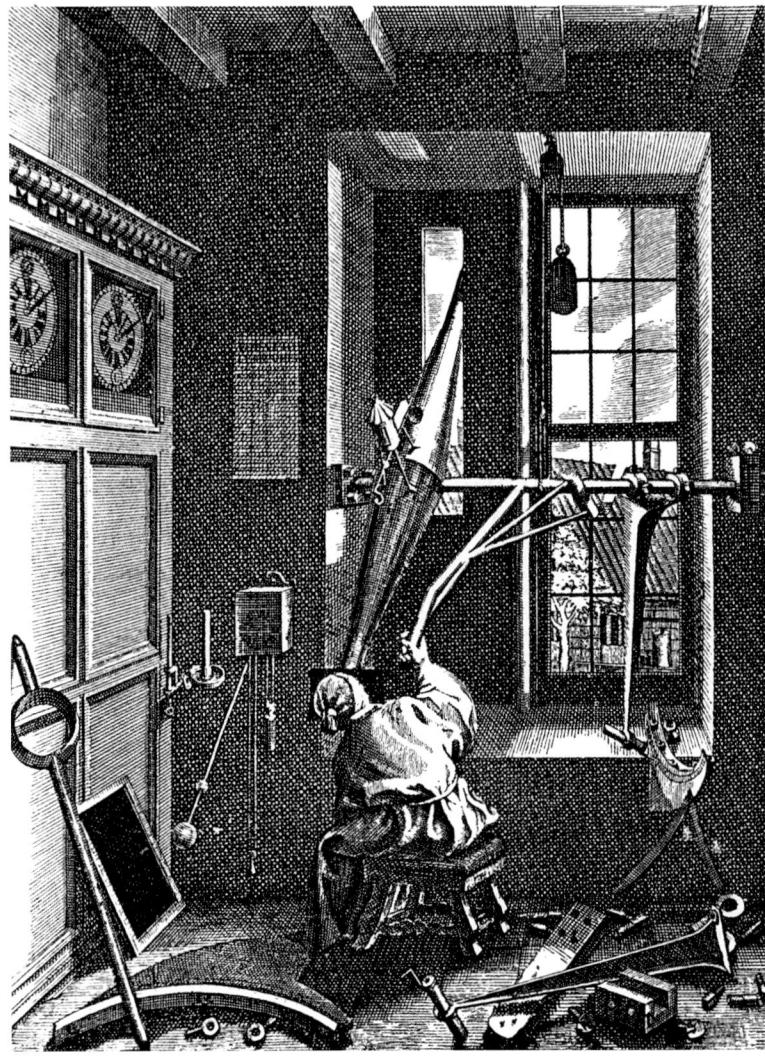

Rechts: Der dänische Astronom Ole Rømer bestimmt mit dem Meridiankreis die Sternpositionen (Radierung).

Rømer wusste, dass die Erde Io nicht direkt beeinflussen konnte – dafür kam sie Io nie nah genug. Die einzige andere denkbare Möglichkeit war, dass seine Beobachtung vom Abstand abhing. Wenn das Licht eine bestimmte Geschwindigkeit hat, dann musste der zusätzliche Abstand, den es gab, wenn Erde und Jupiter weit auseinander waren, eine Verzögerung verursachen. Es müsste dann einige Minuten dauern, bis das

Licht die Erde erreichte. Rømer berechnete, dass das Licht etwa 22 Minuten brauchte, um die Umlaufbahn der Erde zu queren, und konnte so vorhersagen, mit welcher Verzögerung Io erscheinen würde. Allerdings machte er bei der Rechnung einen Fehler – das Licht braucht für diese Strecke nur 17 Minuten; Rømer kam also bei seiner Berechnung auf einen etwas zu kleinen Wert für die Lichtgeschwindigkeit. Trotz des kleinen Irrtums lieferte Rømer als erster Wissenschaftler konkrete Beweise dafür, dass das Licht sich nicht unmittelbar ausbreitet.

Rømer kehrte 1681 nach Kopenhagen zurück und wurde Direktor der Sternwarte. Zu seinen Leistungen gehört die Erfindung des Meridiankreises und anderer Instrumente, mit denen man Teleskope genau ausrichten kann. Er arbeitete das erste standardisierte Gewichts- und Maßsystem aus und engagierte sich für die Einführung des gregorianischen Kalenders in Dänemark. 1705 wurde Rømer Bürgermeister von Kopenhagen sowie Leiter der Polizei. Er verbesserte die Lage der Armen und Prostituierten, führte eine öffentliche Wasserversorgung ein und sogar die erste Straßenbeleuchtung in Kopenhagen, indem er Öllampen aufstellen ließ. 1708, zwei Jahre vor seinem Tod, stellte er dem deutschen Physiker Daniel Fahrenheit sein Thermometer vor. Ergebnis dieser Begegnung war eine Temperaturskala, die noch heute in Verwendung ist.

Trotz seines späteren Ruhms wurden Rømers Arbeiten zur Lichtgeschwindigkeit nicht anerkannt, wobei in den folgenden Jahrzehnte erhitzte Debatten darüber geführt wurden. Erst James Bradley sollte die Angelegenheit 1728 lösen.

Bradley wurde 1693 im englischen Sherborne geboren. Großen Einfluss auf seine Entwicklung hatte sein Onkel James Pound, der Pfarrer und Astronom war. Bradley half Pound bei dessen Beobachtungen im Pfarrhaus von Wanstead. Mit 25 Jahren veröffentlichte er eigene Untersuchungen und wurde bald zum Fellow der Royal Society gewählt. Bradley entschied sich jedoch nicht für die Astronomie, sondern für eine kirchliche Laufbahn und wurde 1719 als Pfarrer von Bridstow ordiniert. In seiner Freizeit beobachtete er weiterhin den Mars und die Jupitermonde. 1721 wurde ihm ein Lehrstuhl für Astronomie in Oxford angeboten, worauf er den kirchlichen Dienst quittierte. In den nächsten Jahren arbeitete er an den Observatorien von Kew und Wanstead und stieß dort auf etwas Merkwürdiges, das er die »Aberration des Lichts« nannte.

Jeder hat schon eine Aberration (Abweichung) erlebt, ohne es zu wissen. Sitzt man beispielsweise im Auto oder im Zug und es regnet, was geschieht dann mit dem Regen? Wenn es windstill ist und man sich nicht bewegt, dann sieht man im Seitenfenster, wie der Regen senkrecht herabfällt. Fährt man aber los und bewegt sich damit in Richtung der fallenden Tröpfchen, so scheint, aus der eigenen Perspektive betrachtet, der Regen in einem bestimmten Winkel zu einem selbst zu fallen – die Regentropfen laufen auf dem Seitenfenster schräg nach unten. Je schneller man fährt, desto schräger scheint der Regen zu fallen oder herunterzulaufen. Gerät man mit dem Fahrrad in den Regen, dann spürt man die Wirkung unmittelbar: Solange man sich nicht bewegt, fällt der Regen senkrecht auf das Regencape. Doch sobald man fährt, fährt man in die fallenden Tröpfchen hinein. Je schneller man radelt, desto mehr Wasser bekommt man ins Gesicht.

Oben: Porträt von James Bradley, dessen Beobachtungen der Parallaxe zur Entdeckung der Lichtaberration führten.

Bradley glaubte, er habe denselben Effekt an Licht beobachtet, das auf die um die Sonne kreisende Erde fällt. Demnach musste sich das Licht mit einer endlichen Geschwindigkeit ausbreiten, wie Rømer behauptet hatte. Wenn man nun wusste, wie schnell die Erde um die Sonne kreist, und wenn man den scheinbaren Winkel zur Erde kannte, dann musste man die Lichtgeschwindigkeit berechnen können.

Aber die Aberration des Lichts zu entdecken ist nicht so einfach wie der Blick an einem Regentag aus dem Zugfenster. Das Licht ist etwa 18 Millionen Mal schneller als der fallende Regen. Fährt man im Zug, scheint auch das Licht leicht schräg auf dem Boden aufzutreffen. Aber der Winkel ist etwa 18 Millionen Mal kleiner als der Winkel, in dem der Regen zu Boden fällt (ein winziger Bruchteil eines Grads), sodass man ihn kaum nachweisen kann. Bradley entdeckte durch einen reinen Zufall die Aberration des Lichts, als er einen völlig anderen Effekt untersuchte, die Parallaxe.

Jeder von uns hat auch die Parallaxe schon erlebt, ohne es zu wissen. Wieder dasselbe Szenario: Man sitzt im Zug und schaut aus dem Fenster. Brücken und Bahnhöfe hasten als verschwommene Flecke vorüber. Weiter entfernte Häuser und Bäume sind langsamer. Und die sehr weit entfernten Wolken am Himmel bewegen sich kaum. Das ist die Parallaxe – die Illusion, Objekte würden sich aufgrund einer Bewegung des Beobachters bewegen. Keines der scheinbar bewegten Objekte bewegt sich wirklich. Der Beobachter im Zug bewegt sich. Und weil die Brücken näher liegen als die Wolken, sind die Brücken scheinbar sehr schnell, während sich die Wolken kaum bewegen.

Bradley war klar, dass sich die Erde, die um die Sonne kreist, im Vergleich zu den Sternen um uns herum ungeheuer schnell bewegt. Er untersuchte, ob sich die Positionen der näher gelegenen Sterne schneller zu bewegen scheinen als die Positionen der weiter entfernten Sterne. Er führte mehrere Jahre lang peinlich genaue Messungen durch, um zu sehen, ob er die Parallaxe der Sterne feststellen könnte. Seine Ergebnisse waren anfangs sehr verwirrend. Es schien, als ob alle Sterne sich auf klei-nen Ellipsen bewegten – was wiederum bedeuten würde, dass alle Sterne gleich weit von uns entfernt sind! Das war eindeutig falsch, und Bradley konnte das Ergebnis bald erklären. Die Parallaxe der Sterne war zu klein, um sie wahrzunehmen (erst später konnten die Astronomen sie messen und damit die Entfernung zu den Sternen bestimmen). Bradleys Ellipsen wurden von der Aberration des Lichts, nicht von der Sternparallaxe verursacht.

Die Aberration des Lichts

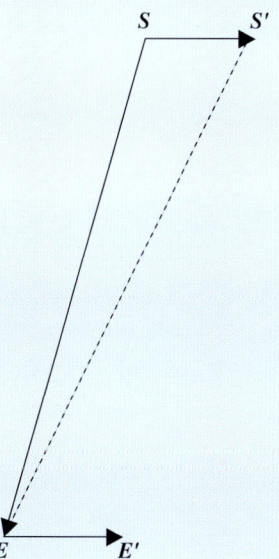

Die Aberration des Lichts gehorcht demselben Prinzip, wie wenn man in einem fahrenden Zug die Regentropfen schräg fallen sieht. Die Erde umkreist mit einer Geschwindigkeit von rund 107 000 km/h die Sonne. Wenn die Erde sich jetzt am Ort E im Raum befindet und eine Stunde später am Ort E' und ein Beobachter das Teleskop auf einen Stern am Ort S ausrichtet, dann sieht er den Stern nicht an der Stelle, wo er wirklich ist. Weil das Licht von S aus einige Minuten braucht, um die Erde zu erreichen, und weil der Beobachter sich bewegt, scheint der Lichtstrahl in Richtung des Beobachters abgewinkelt zu sein. Er sieht den Stern also am Ort S' und nicht an seinem wahren Ort S.

Eine ähnliche Verzerrung von Ort und Größe verursacht die Lichtbrechung bei Objekten unter Wasser. Entsprechend verzerrt die Geschwindigkeit eines Beobachters, wenn er sich nur schnell genug bewegt, die scheinbare Position von entfernten Objekten wie den Sternen.

Die Linie SE stellt das Licht vom Stern S zur Erde E dar, ihre Länge ist durch die Lichtgeschwindigkeit bestimmt. Unsere Bewegung von E nach E' bewirkt, dass der Lichtstrahl scheinbar der Linie $S'E$ folgt. Der Stern scheint durch die Aberration des Lichts um den Winkel SES' von seinem wahren Ort verschoben zu sein. Weil Bradley sehr genau gemessen hatte, konnte er die entstehenden Winkel erkennen. Und weil er die Bahngeschwindigkeit der Erde um die Sonne kannte, konnte er so die Lichtgeschwindigkeit berechnen. Seine Schätzung lag bei 301 000 000 Metern pro Sekunde – bemerkenswert nah am wahren Wert von 299 792 458 Metern pro Sekunde.

Bradley durchlief eine glanzvolle Karriere in der Astronomie. 1742 wurde er zum königlichen Astronomen ernannt und forschte weiter über die Aberration des Lichts. Über mehrere Jahre suchte er nach eindeutigen Beweisen für die Nutation der Erde (ein leichtes Wackeln der Erdachse aufgrund der Anziehungskraft des Mondes).

Spätere Astronomen entwickelten zahlreiche neue Methoden zur Messung der Lichtgeschwindigkeit, doch erst nach 200 Jahren wurde Bradleys Wert verbessert. Zu den heutigen Messmethoden gehört auch der Einsatz von Lasern.

Unten: Die Aberration des Lichts lässt sich mit der Art und Weise vergleichen, wie Regen schräg am Fenster eines fahren-den Zugs herabläuft.

Im Rahmen des Apollo-Programms brachten Astronauten einen Spiegel auf den Mond, den man mit einem Laserstrahl anleuchten kann, um dann die Zeit zu messen, die es braucht, bis das Licht zurück auf der Erde ist. Heute muss man die Lichtgeschwindigkeit nicht mehr messen, sie ist definiert. Mit ihr legt man den Meter und andere Maßeinheiten fest (siehe Kapitel 10). Damit bleibt die »offizielle« Vakuumlichtgeschwindigkeit (auch als »c« bezeichnet) bei ihrem heutigen Wert, unabhängig von der Entwicklung der Messmethoden.

Oben: Im Rahmen des Apollo-Programms setzen Astronauten 1969 einen Reflektor auf der Mondoberfläche ab.

Sehen ist nicht Hören

Licht hat viele merkwürdige Eigenschaften, die auf den ersten Blick dem gesunden Menschenverstand zu widersprechen scheinen. Eine davon betrifft das Relativitätsprinzip. (Das mag nach etwas obskurer Physik klingen, aber die Grundidee ist nicht sehr kompliziert.) Wieder ein Beispiel: Ein Autofahrer fährt mit 100 km/h auf der Autobahn, jemand kommt ihm entgegen, ebenfalls mit 100 km/h. Aus der Perspektive des ersten Fahrers hat das andere Auto relativ zu ihm eine

Geschwindigkeit von 200 km/h – deswegen rast das Auto so schnell an ihm vorbei. Aus der Perspektive des zweiten Fahrers fährt der erste mit 200 km/h relativ zu ihm in die andere Richtung – daher kommt es diesem so vor, als rase jener schnell vorbei. Ein Tempolimit von 120 km/h hätte der Erste – relativ zu dem anderen Auto – schon überschritten, relativ zur Straße hingegen nicht. Beim Relativitätsprinzip handelt es sich also um die Vorstellung, dass Geschwindigkeit immer relativ ist. Die Erde rast mit über 100 000 km/h um die Sonne herum, relativ zur Sonne würde also der Fahrer jedes Tempolimit überschreiten, sogar wenn er stehen bliebe. Normalerweise messen wir Geschwindigkeiten relativ zur Erdoberfläche, aber manchmal hat das keinen Sinn.

Wie bereits erwähnt, bewegt sich der Schall mit 1224,8 km/h. Die Geschwindigkeit des ersten Autos kann das Motorengeräusch nicht dazu bringen, sich schneller auszubreiten. (Anders als bei einem Ball, den man vorwärts aus dem fahrenden Auto wirft: Er hat dann die Geschwindigkeit des Autos plus die Wurfgeschwindigkeit relativ zum Auto, bevor der Luftwiderstand ihn verlangsamt.) Die Ausbreitung des Schalls geschieht durch schwingende Luftmoleküle, die vom ersten Auto nicht sehr wirksam angeschoben werden. Wenn also beide Wagen mit 100 km/h fahren, dann ist das Motorengeräusch schneller als das erste Auto,

und der zweite Fahrer kann es hören. Würden nun beide Autos auf 1300 km/h beschleunigen, würden sie schneller als der Schall fahren. Weil sich der Schall nicht relativ zu ihnen und zu ihrer Geschwindigkeit bewegt, ist seine Geschwindigkeit relativ zur Erde. Die Wagen sind also schneller als ihr Motorengeräusch. Ein Beobachter würde zwei raketengetriebene Autos in totaler Stille aneinander vorbeirasen sehen – und würde das Donnern der Motoren erst hören, wenn sie schon lange außer Sicht sind. Auf einer Flugshow mit Düsenjets kann man genau dieses Phänomen erleben.

Vielleicht überrascht es Sie, aber Licht verhält sich im Vakuum ähnlich wie Schall in der Luft. Egal, wie schnell man sich bewegt, das Licht breitet sich immer mit Lichtgeschwindigkeit aus, nicht schneller. Wenn man in einem Raumschiff mit halber Lichtgeschwindigkeit reist und mit einer Lampe vorausleuchtet, dann »drückt« das Raumschiff den Lichtstrahl nicht mit eineinhalbfacher Lichtgeschwindigkeit nach vorn, so wie schnelleres Autofahren das Motorengeräusch nicht schneller macht.

Doch Licht verhält sich tatsächlich etwas merkwürdiger als der Schall. Wenn man in einem Zug mit halber Schallgeschwindigkeit fährt und ein Geräusch macht, dann breitet sich das Geräusch mit dem Verursacher im Zug aus. Das Geräusch hat die Schallgeschwindigkeit plus die Zuggeschwindigkeit, also eineinhalbfache Schallgeschwindigkeit. Und wie steht es um das Licht? Wenn man in einem Raumschiff mit halber Lichtgeschwindigkeit reist, dann müssten doch die Lampen im Raumschiff ein Licht erzeugen, das sich mit Lichtgeschwindigkeit plus der eigenen Geschwindigkeit ausbreitet, also mit eineinhalbfacher Lichtgeschwindigkeit, oder? Das ist leider falsch. Laut Albert Einstein kann Licht niemals schneller sein, selbst wenn die Lichtquelle in Bewegung ist oder man sich relativ zur Lichtquelle bewegt. Und das ist nun wirklich ein sehr merkwürdiger Umstand.

Oben: Ein Kampfjet durchbricht
die Schallmauer. Der Druck der
nach vorne laufenden Schallwellen komprimiert die Luft-
feuchtigkeit, sodass sich eine
Kugelwolke über dem Heck des
Flugzeugs bildet.

Spezielle Relativitätstheorie

Albert Einstein wurde 1879 in Ulm als Sohn einer assimilierten jüdischen Familie geboren, die bald nach seiner Geburt nach München zog. Von klein an entwickelte er sich etwas anders als die anderen Kinder. So fing er erst spät an zu sprechen, weshalb ihn eine Haushälterin »zurückgeblieben« nannte. Mit fünf Jahren zeigte ihm sein Vater einen Taschenkompass. Als Erwachsener bezeichnete Einstein dies als »eines der aufschlussreichsten Ereignisse meines Lebens«, denn er staunte über die magischen Eigenschaften des Magnetismus, der durch den leeren Raum hindurch die Kompassnadel bewegte.

Einstein besuchte eine katholische Schule und widersetzte sich dort oft den Anweisungen. Er glaubte, striktes Pauken würde ihm beim Lernen nicht helfen. (Als Erwachsener soll er gesagt haben: »Bildung ist das, was übrig bleibt, wenn man alles, was man in der Schule gelernt hat, vergisst.«) Glücklicherweise hatte Einstein Kontakt zu einem Studenten, der jeden Donnerstag zu Besuch kam. Von Max Talmud (freundschaftlich Talmey genannt) wurde er in Philosophie und Mathematik unterrichtet, und seine Ausgabe von Euklids *Elementen* nannte er sein »heiliges Geometriebüchlein«. Später baute er Modelle und mechanische Geräte und las Lehrbücher, die ihm seine Onkel beschafften.

1894, als Einstein 15 Jahre alt war, zogen seine Eltern aus geschäftlichen Gründen nach Pavia in Italien. Einstein sollte in München bleiben, um die Schule abzuschließen, ging dort aber vorzeitig ab, um bei seinen Eltern zu leben. Trotzdem verfasste er für seinen Onkel seine erste wissenschaftliche Untersuchung über Magnetismus. Im Alter von 16 Jahren hatte Einstein ein Schlüsselerlebnis, als er in einen Spiegel blickte und sich fragte, was er sehen würde, wenn er mit Lichtgeschwindigkeit reiste. Das Gedankenexperiment wurde bekannt als »Einsteins Spiegel« und führte Einstein zu der Überzeugung, die Lichtgeschwindigkeit müsse vom Beobachter des Lichts unabhängig sein. Diese Idee sollte später bestimmend werden.

Weil der junge Einstein die Schule abgebrochen hatte, schickten ihn seine Eltern nach Aarau in der Schweiz, um dort das Abitur nachzuholen. Es stellte sich bald heraus, dass Albert kein Elektroingenieur werden wollte, wie sein Vater gehofft hatte. Vielmehr zeigte er Interesse an der Theorie des Elektromagnetismus und anderen Aspekten der theoretischen Physik. Ein Jahr später, mit 17 Jahren, legte Einstein seine Prüfungen ab und schrieb sich an der Eidgenössischen Technischen Hochschule (ETH) in Zürich ein. Im selben Jahr gab er seine deutsche Staatsbürgerschaft auf und wurde so staatenlos. Als er 23 Jahre alt war, besaß Einstein ein Fachlehrerdiplom und war Vater eines unehelichen Kindes. Die Mutter, die serbische Medizinstudentin Mileva Marić, hatte er an der Technischen Hochschule kennengelernt. Das kleine Mädchen wurde Lieserl Einstein genannt. Über ihren weiteren Werdegang ist nichts bekannt. Einstein heiratete Mileva 1903 und hatte noch zwei Söhne mit ihr, Hans Albert und Eduard Einstein. (Hans wurde als Erwachsener Professor für Hydraulik in den USA, Eduard erkrankte an Schizophrenie und starb in einem Sanatorium.)

*Oben: Aus dem unbekannten
Doktoranden und Angestellten
des Patentamts Albert Einstein
wurde ein Physiker, der unser
Weltverständnis veränderte.*

Oben: Einstein bei einer Feier zum 100. Geburtstag von Alfred Nobel im Kreis der Nobelpreis-träger Irving Langmuir (Chemie), Sinclair Lewis (Literatur) und Frank B. Kellogg (Frieden).

Nach dem Abschluss an der Hochschule hatte Einstein zunächst Schwierigkeiten, eine Beschäftigung zu finden. Er bewarb sich an mehreren Universitäten, erhielt jedoch keine Stelle. Ein Freund verhalf ihm schließlich zu einer Anstellung als »technischer Experte III. Klasse« am Eidgenössischen Amt für geistiges Eigentum (Patentamt) in Bern. Dort überprüfte er die technische Machbarkeit der zur Patentierung eingereichten Ideen. Im selben Zeitraum wurde Einstein promoviert. Seine Dissertation aus dem Jahr 1905 trägt den Titel »Eine neue Bestimmung der Moleküldimensionen«. Erstaunlicherweise fand Einstein noch im selben Jahr – seinem *annus mirabilis*, dem »Jahr der Wunder« – die Zeit, vier weitere Auf-

sätze zu verfassen, mit denen er den Grundstein der modernen Physik legte. Drei dieser Aufsätze gelten als nobelpreiswürdig: die Arbeiten zur Brown'schen Bewegung, zum Fotoeffekt und zur speziellen Relativitätstheorie. Die Welt der Physik war verblüfft – ein unbekannter Doktorand und Angestellter eines Patentamts veränderte unsere Vorstellung von den Gesetzen des Universums grundlegend.

Die spezielle Relativitätstheorie verwirrt viele noch heute. Dabei steckt dahinter eigentlich eine sehr einfache Idee, die von zwei Hauptprinzipien ausgeht: Erstens sollen die Gesetze der Physik in allen Inertialsystemen gleich sein. Das bedeutet, dass es den physikalischen Gesetze »egal ist«,

Die spezielle Relativitätstheorie

Die spezielle Relativitätstheorie sagt eine Zeit-dehnung (Verlangsamung) vorher. Sie könnte Weltraumreisen angenehmer machen – wenn wir nur schnell genug sind, verlangsamt sich (im Vergleich zur Erde) tatsächlich die Zeit für uns.

Es klingt bizarr, aber das liegt an der konstan-ten Lichtgeschwindigkeit. Man stelle sich vor, man sei in einem Zug und habe eine Lichtuhr aus zwei Spiegeln und einer Lampe bei sich. Die Uhr tickt, wenn der Lichtstrahl auf einen der Spiegel fällt. Weil der Abstand zwischen den Spiegeln und die Lichtgeschwindigkeit konstant sind, ist die Uhr sehr genau.

Jetzt fährt der Zug an. Die zwei Spiegel haben immer denselben Abstand und bewegen sich jetzt zusammen im Zug. Schall würde uns keine Probleme bereiten, denn die Luft, die den Schall überträgt, bewegt sich mit dem Zug. Der Schall würde also genau dieselbe Zeit brauchen, um zwischen den Spiegeln zu springen. (Ein Beob-achter außerhalb hätte den Eindruck, der Schall würde durch die Zugbewegung beschleunigt.) Aber die Lichtgeschwindigkeit lässt sich nicht ändern. Wenn sich also der Zug bewegt und das Licht auf einen Spiegel fällt, dann bewegt sich währenddessen der zweite Spiegel weiter. Das Licht hat also einen etwas weiteren Weg. Bis es den zweiten Spiegel erreicht, bewegt sich auch der erste Spiegel, und wieder hat das Licht einen

weiteren Weg. Obwohl die zwei Spiegel immer denselben Abstand haben, hat das Licht einen weiteren Weg. Und weil es durch den bewegten Zug nicht beschleunigt werden kann, tickt die Uhr langsamer. Je schneller wir uns bewegen, desto langsamer tickt unsere Uhr.

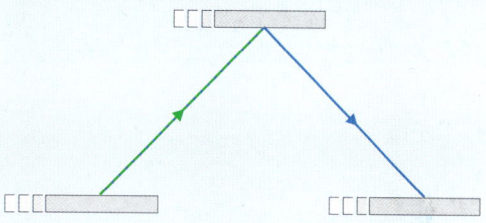

Bei diesen Effekten der speziellen Relativitäts-theorie handelt es sich nicht um Hirngespinste der Physiker. 1971 synchronisierten die Physiker J. C. Hafele und Richard E. Keating mehrere Cäsium-Atomuhren (damals die genauesten Uhren, die verfügbar waren), brachten zwei davon an Bord von normalen Passagierflug-zeugen und ließen sie zweimal um die Erdkugel fliegen. Als sie wieder gelandet waren, zeigte sich im Vergleich zu den nicht bewegten Uhren, dass die Uhren wirklich – wie vorhergesagt – aufgrund der Zeitdilatation verschiedene Zeiten anzeigten. Heute funktioniert das Satelliten-navigationssystem GPS nur deshalb, weil die Wirkung der Zeitdilatation auf die Uhren an Bord der Satelliten durch »relativistische Kor-rekturen« berücksichtigt wird.

Demnach würde sich bei einer Reise in einem Raumschiff, das fast mit Lichtgeschwindigkeit fliegt, die Zeit an Bord so sehr verlangsamen, dass man kaum altert, während auf der Erde Jahrzehnte vergehen. Man konnte so die von den Passagieren erlebte Zeit reduzieren (aber auf der Erde würde man erst nach sehr langer Zeit erfahren, was an Bord geschah.)

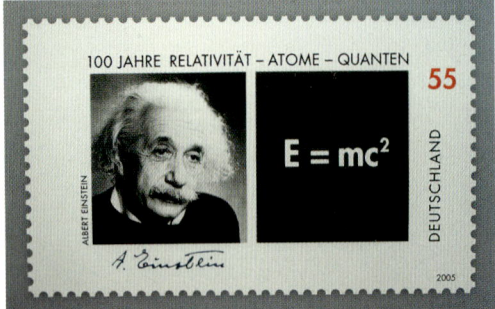

*Oben: Briefmarke, die anlässlich
des 100. Jahrestages der Veröffentlichung von Einsteins
Relativitätstheorie herauskam.*

ob man einen Ball fallen lässt und dabei in einem
fahrenden Bus oder auf der Erde sitzt, die die
Sonne umkreist, der Ball wird genau auf dieselbe
Art und Weise fallen. Im Wesentlichen ist das
dasselbe, was Galileo mit der Aussage »alle Bewegung ist relativ« meinte. Dementsprechend
sind auch alle Wirkungen von Kräften relativ.

Das zweite Prinzip besagt, dass c immer gleich
(invariant) ist. Nach Einstein sollte die Lichtgeschwindigkeit von der Bewegung der Lichtquelle
und der des Beobachters unabhängig, also nicht
relativ sein. (Daher nennt man c eine Naturkonstante – ihr Wert hängt von nichts anderem ab.)
Die beiden Prinzipien ziehen eine Reihe von Folge-
rungen nach sich. So sagt die spezielle Relativitätstheorie, dass die Zeit nicht konstant sein kann. Je
nachdem, wie schnell man sich bewegt, verläuft
die Zeit verschieden schnell (Kasten Seite 209).

Eine zweite Folgerung der speziellen Relativitätstheorie ist die wohl berühmteste Gleichung
der Welt: $E = mc^2$. Einstein hat sie nicht als Erster
entdeckt, aber seine Arbeit war die wohl wichtigste Erklärung, warum die Formel gilt. Die Gleichung sagt uns, warum die Lichtgeschwindigkeit
so wichtig ist: Energie ist gleich Masse mal Lichtgeschwindigkeit zum Quadrat. Einfacher ausgedrückt: Man kann Energie in Masse oder Masse in
Energie umwandeln – beide sind äquivalent. Die
Gleichung sagt auch, warum eine Atombombe so
viel Energie produziert: weil c zum Quadrat eine
sehr große Zahl ist.

Allgemeine Relativitätstheorie

Trotz seiner bahnbrechenden wissenschaftlichen
Leistungen arbeitete Einstein bis 1909 weiter im
Berner Patentamt. Nach einem kurzen Zwischen-
spiel 1911 in Prag wurde Einstein 1912 Professor
an der ETH Zürich. Hier forderte er die Astronomen auf, Anzeichen dafür zu suchen, dass Licht
durch die Gravitationsfelder der Sterne gebogen
würde – das jedenfalls besagte seine neue Theorie. Im Frühjahr 1914, kurz vor Ausbruch des Ersten Weltkriegs, ging Einstein nach Berlin und
wurde Mitglied der Preußischen Akademie der
Wissenschaften sowie Direktor des Kaiser-
Wilhelm-Instituts für Physik. 1915 hielt er eine
Reihe von Vorträgen über seine neue »allgemeine

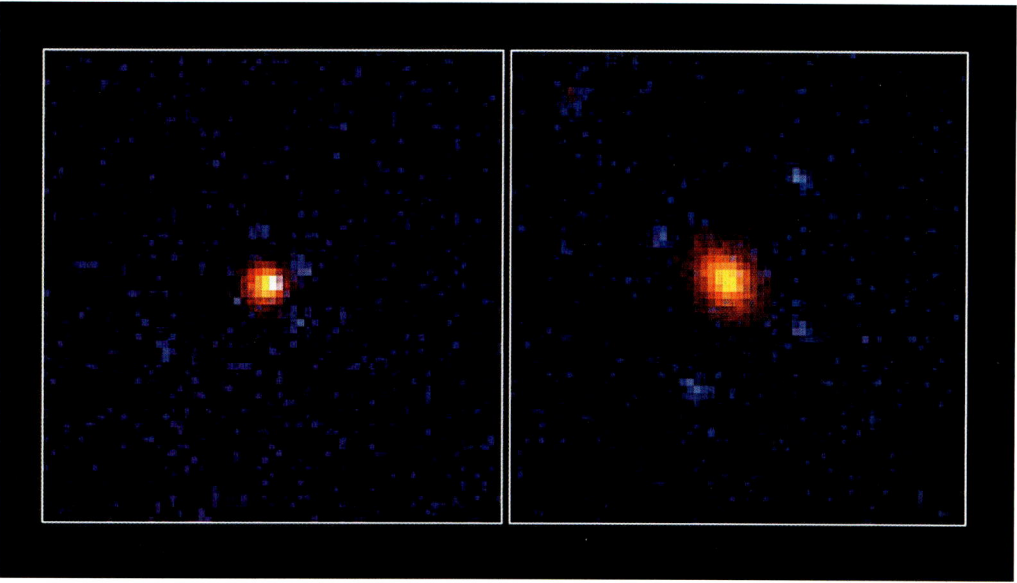

Oben: Aufnahmen des Hubble-Weltraumteleskops, die Gravitationslinseneffekte bei einer entfernten Galaxie zeigen.

Relativitätstheorie«. In seinem letzten Vortrag stellte er eine neue Gleichung vor, die das Newton'sche Gravitationsgesetz ersetzen sollte. Heute ist sie als die »Einstein'sche Feldgleichung« bekannt. Wieder einmal hatte Einstein die wissenschaftliche Welt in Staunen versetzt. Die Gravitation sollte keine Kraft sein, wie Newton sie be - schrieben hatte, vielmehr sah Einstein die Gravitation als eine durch die Gegenwart einer Masse verursachte Verzerrung der Raum-Zeit.

1919 wurde die Theorie durch Messungen während einer Sonnenfinsternis bestätigt. Einsteins Arbeiten gelangten in die Presse, so veröffentlichte die Londoner *Times* einen Artikel mit der Schlagzeile »Revolution in der Wissenschaft – Neue Theorie des Universums – Newtons Ideen zu Fall gebracht«. Andere Wissenschaftler bekräftigten: Die allgemeine Relativitätstheorie sei »die wahrscheinlich größte jemals gemachte wissen-schaftliche Entdeckung« und die »größte Meisterleistung eines Menschen, der über die Natur nachdenkt«. Einstein wurde über Nacht berühmt.

1921 erhielt er den Nobelpreis für Physik, allerdings nicht für seine immer noch strittige Relativitätstheorie, sondern für seine Arbeit zum Fotoeffekt. Die nächsten Jahre reiste Einstein um die Welt und hielt Vorträge. 1932 erhielt er eine Stellung am Institute for Advanced Study in Princeton, wobei er nur fünf Monate im Jahr dort lehren und arbeiten sollte. 1933, während seines ersten Aufenthalts dort, gelangte Hitler an die Macht. Wenig später wurden mit dem »Gesetz zur Wiederherstellung des Berufsbeamtentums« fast alle jüdischen Professoren aus ihren Ämtern entfernt. Eine Hetzkampagne diskreditierte Einsteins Arbeiten als »jüdische Physik« (im Gegensatz zur »arischen« oder »deutschen Physik«). Einstein kehrte nie mehr nach Deutschland zurück.

Die allgemeine Relativitätstheorie

Die allgemeine Relativitätstheorie ist eine Art Verallgemeinerung von Einsteins früherer Theorie. Die zwei Prinzipien der speziellen Relativitätstheorie gelten auch hier, doch nun wollte Einstein damit auch die Schwerkraft erklären. Nach der speziellen Relativitätstheorie sind Energie, Masse und Licht miteinander verbunden (durch die berühmte Gleichung $E = mc^2$), ebenso Licht und Zeit (etwa durch die Zeitdilatation). Die allgemeine Relativitätstheorie sagt im Wesentlichen, dass Masse und Energie den Raum und die Zeit verformen.

Mit anderen Worten: Newtons Gravitationsgesetz ist nicht ganz richtig. Die Schwerkraft ist keine Kraft, sondern ein Feldeffekt – eine von Masse und Energie verursachte Verformung. Man macht sich das am einfachsten klar, wenn man sich Raum und Zeit wie eine Art Trampolin vorstellt. Wenn man eine große Masse (z. B. einen schweren Stein) auf das Trampolin legt, wird dessen Oberfläche verzerrt und gedehnt. Eine Billardkugel, die man auf das Trampolin legt, rollt in Richtung der schweren Masse – so wie die Gravitation eines schweren Körpers andere Objekte anzieht. Wenn man die Billardkugel in eine Richtung anstößt, rollt sie um die schwere Masse herum wie ein Mond, der um einen Planeten kreist.

Aber es wird noch merkwürdiger. Schwere (und energiereiche) Objekte verursachen nicht nur Gravitationsfelder im Raum, sie verzerren auch die Zeit. Je schwerer das Objekt, umso langsamer die Zeit. Je weiter man von der Masse entfernt ist, desto schneller die Zeit. Diese Wirkungen sind messbar – man kann sogar den äußerst kleinen Zeitunterschied zwischen dem Erdgeschoss und der Spitze eines Hochhauses feststellen (an der Spitze ist man etwas weiter von der Masse der Erde entfernt). Man kann auch den von Einstein vorhergesagten »Gravitationslinsen«-Effekt erkennen, wonach weit entfernte Sterne und Galaxien wegen der von ihnen verursachten Raum-Zeit-Verzerrung den Weg des Lichts um sie herum verformen.

Im gekrümmten Raum funktioniert die euklidische Geometrie nicht mehr. In der Nähe eines sehr schweren Objekts wie eines schwarzen Lochs addieren sich die Innenwinkel in einem Dreieck nicht zu 180°. Glücklicherweise gibt es in unserer Nähe keine schwarzen Löcher. So, wie die Gleichungen von Newton meist richtig sind, gilt auch Euklids Geometrie in den meisten Fällen – und dennoch hat Einstein in noch mehr Fällen recht.

Dank der allgemeinen Relativitätstheorie kann man auch verstehen, warum wir uns nie schneller als mit Lichtgeschwindigkeit bewegen können. Nach den Gleichungen brauchen wir immer mehr Energie, um dieselbe Beschleunigung zu erzielen (d. h., dieselbe Energie führt, je schneller wir sind, zu immer weniger Beschleunigung). Für Reisen mit Lichtgeschwindigkeit bräuchte man unendlich viel Energie, deshalb sind sie unmöglich. Und Reisen mit Über-Lichtgeschwindigkeit (wie sie oft in Science-Fiction-Serien unternommen werden) existieren nur in der Fantasie. Man kann nicht mehr als ein unendliches Maß an Energie aufbringen. Vielleicht ist die einzige Möglichkeit, das Tempolimit von c zu umgehen und weite Reisen im Weltraum zu machen, der Weg durch ein Wurmloch (wie in Kapitel 3 beschrieben).

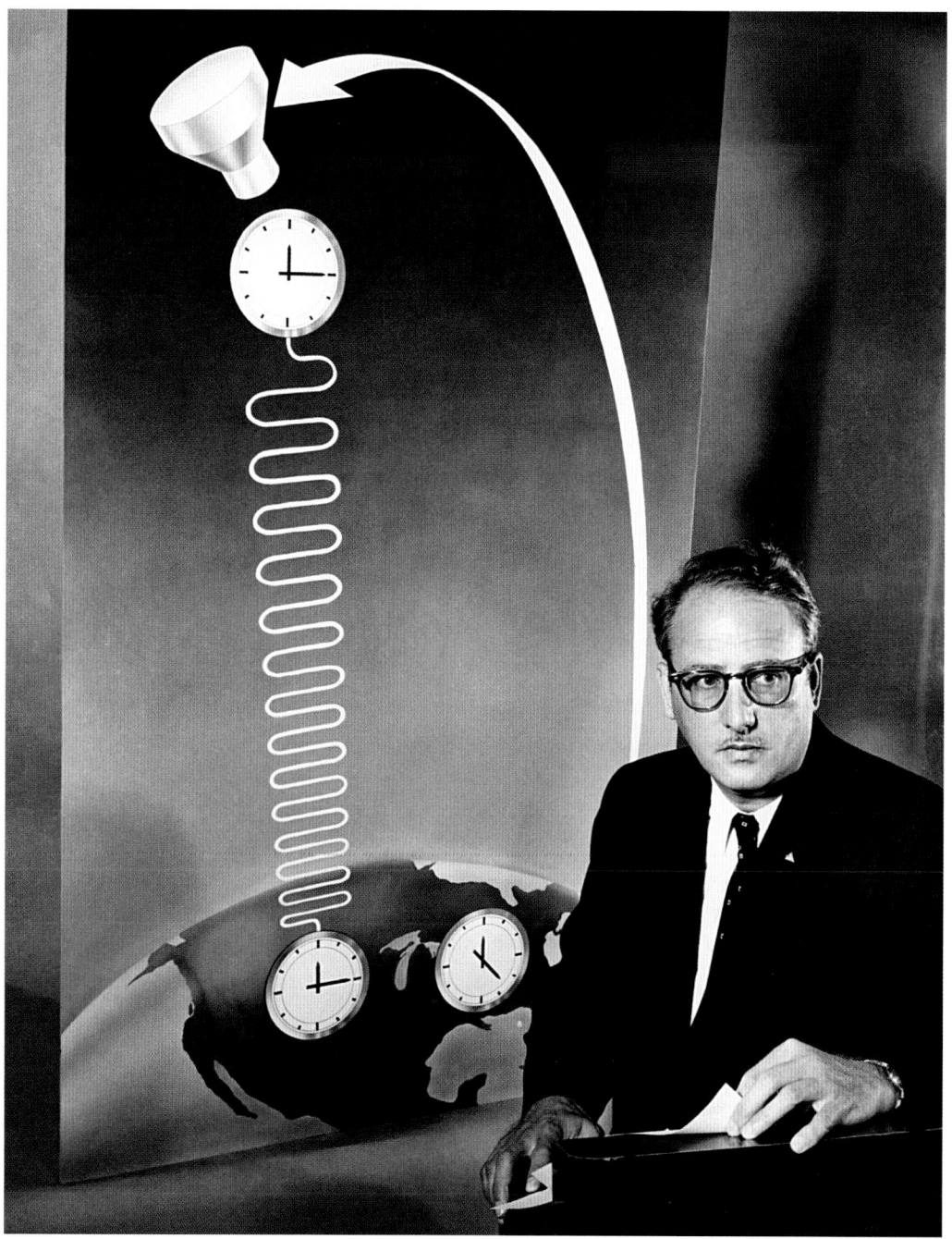

Oben: Harold Lyons erläutert
das Experiment mit einer in
einem Satelliten montierten
Atomuhr, mit dem die Relativitätstheorie geprüft wurde.

Einstein gab sich mit der allgemeinen Relativitätstheorie nicht zufrieden. Bis zum Schluss versuchte er, die Gesetze der Physik, insbesondere die Gravitation und den Elektromagnetismus, zu vereinheitlichen. Er suchte eine Gleichung, die so elegant und einfach wie $E = mc^2$ sein und Magnetismus, elektromagnetische Wellen, Schwerkraft und alles andere in der Physik erklären sollte. Er hatte keinen Erfolg und erklärte selbst:

»Ich habe mich in ziemlich hoffnungslose wissenschaftliche Probleme vergraben und fühle mich, je älter ich werde, immer mehr der Gesellschaft entfremdet.«

Das Ziel, alles durch eine einzige, vereinheitlichte Gleichung zu erklären, verfolgen die Physiker noch heute. Eine solche Gleichung zu finden wäre ein Durchbruch, der dem Einsteins gleichkäme.

1939 unterzeichnete Einstein einen Aufruf, der Präsident Roosevelt dazu aufforderte, ein Forschungsprogramm zur Kernspaltung in die Wege zu leiten und so den Bau der Atombombe voranzutreiben, weil es Befürchtungen gab, dass Hitler-Deutschland an einer solchen Bombe arbeitete. Daraus entstand das *Manhattan Project*, in dem die 1945 gegen Japan eingesetzten Kernwaffen entwickelt wurden. Später bedauerte Einstein, diese Unterschrift geleistet zu haben. Er gründete noch 1945 das »Emergency Committee of Atomic Scientists« und setzte sich als dessen Präsident für die friedliche Nutzung der Kernenergie ein. Einstein fühlte sich sehr oft als Außenseiter. Als alter Mann schrieb er:

»Ich habe nie mit vollem Herzen zu irgendeinem Land oder Staat, zu meinem Freundeskreis oder nicht einmal zu meiner eigenen Familie gehört. ... Als ich noch ein ziemlich frühreifer junger Mann war, wurde mir schon höchst lebendig die Vergeblichkeit der Hoffnungen und Ziele klar, denen die meisten Menschen während ihres Lebens nachgehen. Wohlbefinden und Glück erschienen mir nie als ein absolutes Ziel. Ich bin sogar geneigt, solche moralischen Ziele mit den Ambitionen eines Schweins zu vergleichen.«

Seit 1950 hatte Einstein gesundheitliche Probleme. 1952 lehnte er das Angebot der israelischen Regierung ab, Staatspräsident zu werden. Eine Woche vor seinem Tod stimmte Einstein in einem Brief an Bertrand Russell zu, seinen Namen auf ein Manifest gegen Kernwaffen zu setzen.

Im Lauf seines Lebens veränderte Einstein unsere Vorstellungen vom Universum und von der Wirklichkeit. Am besten lässt sich die Zeit, die er hier auf unserem Planeten verbrachte, wohl mit seinen eigenen Worten zusammenfassen:

»Jeder von uns besucht die Erde unfreiwillig und ohne Einladung. Für mich reicht es aus, sich über ihre Geheimnisse zu wundern.«

*Oben: Atompilz über
Französisch-Polynesien
im südlichen Pazifik.*

Wie groß kann eine Zahl sein? Eine der größten Zahlen, für die wir einen Namen haben, ist die Centillion – eine 1 mit 600 Nullen. Sie ist aber nicht die größte Zahl, denn sie wird von »Googolplex« um ein Vielfaches übertroffen. »Googolplex« ist eine 1 mit Googol Nullen (und ein Googol ist wiederum eine 1 mit 100 Nullen). Und es gibt noch größere Zahlen. Manche sind so unvorstellbar groß, dass man sie nicht schreiben kann, ohne eine neue Schreibweise zu erfinden, zum Beispiel »Grahams Zahl« und »Mosers Zahl«, die nach ihren Schöpfern benannt sind und eine Rolle in recht exotischen Beweisen spielen.

DIE UNENDLICHE

KAPITEL ∞

Große Zahlen lassen sich leicht herstellen. Man könnte beispielsweise eine »Bentley-Zahl« definieren und sicherstellen, dass sie die größte ist, indem man die Centillion mit Googolplex und Grahams Zahl und Mosers Zahl multipliziert und das Ergebnis mit dem Produkt jeder einzelnen Zahl in diesem Buch malnimmt, die Seitenzahlen eingeschlossen. Obwohl das eine riesige Zahl zu sein scheint, handelt es sich nicht um die größtmögliche Zahl. Man stelle sich nur vor, was man erhält, wenn man die Bentley-Zahl mit sich selbst multipliziert. Und das wäre noch winzig, verglichen mit der Bentley-Zahl zur eigenen Potenz erhoben. Und selbst dieses Ergebnis verschwände im Vergleich zu der Zahl, die man erhält, wenn man dieses Ergebnis nochmals zur eigenen Potenz erhebt.

GESCHICHTE

Mit Zahlen können wir das Universum beschreiben, im Gegensatz zu diesem sind sie jedoch nicht begrenzt. Wir können uns derart große Zahlen vorstellen, dass sie die Anzahl aller Dinge im Universum übertreffen. (Die Anzahl der Atome im Universum ist verschwindend gering im Vergleich zu den eben genannten Zahlen.) Es gibt keine Grenze hinsichtlich der Größe von Zahlen, die wir verwenden – sie können so groß sein, wie wir wollen. Eine besondere Raffinesse der Zahlen ist, dass keine größte Zahl existiert. (Wenn man denkt, man hätte sie, zählt man 1 hinzu und erhält eine noch größere Zahl.)

Manchmal möchte man über einen anderen Begriff nachdenken, nicht über eine Zahl, sondern eine bestimmte Idee, etwa die Vorstellung von »unbegrenzt«, »immer weiter«, »unaufhörlich«, »ewig«. Wir nennen diese Idee Unendlichkeit.

Der Beginn des Unendlichen

Seit Tausenden von Jahren denken Philosophen über das Unendliche nach. Der Grund liegt auf der Hand: Wenn sich das Universum scheinbar unbegrenzt in alle Richtungen erstreckt und man die Ausmaße des Universums nicht klären kann, dann muss man sich auf Erklärungen verlassen, die dem Anschein nach Sinn ergeben. Wenn sich der Raum nicht immer weiter erstreckt, wie sieht dann sein Rand aus? Was würde geschehen, wenn man ein Objekt über den Rand des Universums wirft? Wohin fällt es dann? Kann es einen Rand geben, ohne dass etwas auf der anderen Seite ist?

Mit Argumenten wie diesen glaubten einige Philosophen darlegen zu können, dass der Raum sich ewig fortsetzt. Aber nicht alle waren einverstanden. Sogar der Begriff »ewig« war nur schwer mit der realen Welt in Einklang zu bringen. Denn die Erfahrung lehrt uns, dass nichts ewig dauert. Konnte also etwas unendlich groß oder klein sein?

Zeno.

Einer der Ersten, die solche Ideen untersuchten, war Zeno von Elea, geboren um 490 v. Chr. im süditalienischen Elea. Zeno war Schüler des Philosophen Parmenides an der Schule von Elea, einer der führenden Schulen der griechischen Philosophie. Er wurde im Monismus unterwiesen. Gemeint ist damit die Überzeugung, alle Dinge seien Aspekte einer einzigen ewigen Realität, des Seins. Veränderung war unmöglich – denn im Monismus war alles eins, und ein Nichtsein war unvorstellbar.

Zeno war von derartigen Ideen fasziniert und schrieb ein Buch mit Paradoxa (Trugschlüssen), die die Philosophen der nachfolgenden Jahrhunderte verblüffen und frustrieren sollten. Nach Platons Angaben wurde das Buch gestohlen und ohne Zenos Erlaubnis veröffentlicht (d. h. von Hand abgeschrieben). Zeno wurde durch seine Arbeiten bekannt, später besuchte er Athen und traf dort unter anderem den jungen Sokrates.

Links: Zeno von Elea wollte den Monismus belegen, indem er etwas in unendlich kleine Teile zerlegte. Seine Ideen wurden von Aristoteles abgelehnt.

Zenos Paradox von Achilles und der Schildkröte

Achilles ist ein schneller Läufer und rennt mit einer Schildkröte um die Wette. Er lässt der Schildkröte einen Vorsprung, weil sie so viel langsamer ist als er. Nachdem die Schildkröte 100 Meter gelaufen ist, startet Achilles. Er braucht nicht lange bis zu dem Punkt, an dem die Schildkröte zuvor war. Aber in dieser Zeit ist die Schildkröte weitergelaufen und ist jetzt 5 Meter voran. Achilles erreicht wiederum den Punkt, an dem die Schildkröte zuvor war, aber die Schildkröte läuft immer noch und ist ein kleines Stück voraus (25 cm). Achilles läuft immer weiter und erreicht in kürzester Zeit den Punkt, an dem die Schildkröte war, doch diese hat sich nun um 1,25 cm weiterbewegt. In dem winzigen Augenblick, den Achilles braucht, um diesen Punkt zu erreichen, hat sich die Schildkröte wieder bewegt und ist nun weniger als 1 mm voraus. Und so geht es immer weiter. Jedes Mal, wenn Achilles den Punkt erreicht, an dem die Schildkröte gerade gewesen ist, hat sich die Schildkröte ein winziges Stück weiterbewegt. Der schnelle Läufer Achilles kann die Schildkröte also niemals einholen!

Zenos Paradoxa sollten vor allem bestätigen, dass alles eins war, wie der Monismus lehrte. Mit seinem Teilungsparadoxon wollte er zeigen, dass die Teilung von etwas in immer kleinere und schließlich unendlich kleine Teile zu einem sinnlosen Ergebnis führt. Sein berühmtestes Paradox handelt von dem schnellen Läufer Achilles und der Schildkröte. Durch scheinbar logische Argumente konnte Zeno zeigen, dass Achilles die Schildkröte niemals würde überholen können, wenn er ihr einen Vorsprung lässt (Kasten gegenüber).

Aristoteles war von Zenos Argumenten nicht sonderlich beeindruckt. Er nannte sie schlichtweg Trugschlüsse, ohne sie aber widerlegen zu können. Erst 2000 Jahre später verfügte man über die mathematischen Kenntnisse, um mit solchen unendlichen Reihen umgehen und erklären zu können, warum Achilles das Rennen doch gewinnen würde. Das Paradox funktioniert nur, wenn wir uns auf den immer kleiner werdenden Zeitraum konzentrieren, unmittelbar bevor Achilles die Schildkröte erreicht. Wenn wir aber den Läufer im Auge behalten, überholt er die Schildkröte geradewegs ohne Pause. Zeno hatte in seinem Scheinparadox Zahlen verwendet, die immer kleiner und schließlich unendlich klein wurden. Doch Aristoteles Ansichten zur Unendlichkeit waren insgesamt brauchbarer.

Aristoteles wurde 384 v. Chr. im makedonischen Stageira geboren. Sein Vater Nicomachus war Arzt, und wahrscheinlich begleitete der junge Aristoteles ihn bei seinen Patientenbesuchen. Doch der Vater starb, als Aristoteles erst zehn Jahre alt war. Statt ebenfalls Arzt zu werden, wurde Aristoteles von einem Onkel erzogen und in Griechisch, Rhetorik und Dichtung unterwiesen.

Oben: Porträt des griechischen Philosophen und Naturforschers Aristoteles (Gemälde von Justus van Gent, um 1476).

vant li maistes
ot fine la pmi

enees li maistres auques
enestecement pour que les
les cmimens sont si ent

Im Alter von 17 Jahren trat er in Platons Akademie in Athen ein (siehe auch Kapitel √2). Aristoteles blieb 20 Jahre an der Akademie, zunächst als Student, später als Lehrer. Er verließ die Einrichtung etwa zu der Zeit, als Platon starb.

Aristoteles zog nach Assos, eine Stadt in Kleinasien, die gegenüber der Insel Lesbos liegt, und leitete mit Unterstützung des dortigen Herrschers Hermeias eine Gruppe von Philosophen. Er entwickelte eigene Überzeugungen, die von Platons

Oben: Aristoteles unterrichtet den jungen Alexander (aus der illuminierten Handschrift Das Leben des Aristoteles).

Oben: Durch die Schriften des Thomas von Aquin aus dem 13. Jahrhundert wirkte die aristotelische Philosophie auf die kirchliche Lehre ein.

Lehren deutlich abwichen, und stützte sich dabei vor allem auf biologische Untersuchungen und die Anatomie. Später wurde er Erzieher des makedonischen Prinzen Alexander, der als Alexander der Große in die Geschichte einging. Politische Unruhen zwangen Aristoteles, erneut umzuziehen, denn die Perser griffen die Stadt an und töteten Hermeias. Kurze Zeit später kam Alexander an die Macht. Er unterstützte nicht nur die Akademie, sondern ließ Aristoteles mit dem Lykeion einen weiteren Ort der Gelehrsamkeit einrichten. Im Unterschied zur Akademie, die einen eng gesteckten Lehrkanon aufwies, setzte Aristoteles im Lykeion auf eine breitere Bildung: Er lehrte Logik, Physik, Astronomie, Meteorologie, Zoologie, Metaphysik, Theologie, Psychologie, Politik, Wirtschaft, Moral, Rhetorik und Poetik. Damit war Aristoteles auch der Begründer vieler dieser Wissenschaftszweige, denn einige waren noch nie zuvor gelehrt worden. Seine Auffassungen waren so überzeugend, dass sich die wichtigsten philosophischen und wissenschaftlichen Ideen des Abendlandes in den nächsten zwei Jahrtausenden auf Aristoteles stützten. Durch Beobachtung und logisches Denken hatte er Erklärungen für die unterschiedlichsten Phänomene geliefert. Nicht alle waren richtig, wie etwa seine Überzeugung, dass die Erde das Zentrum des Universums sei, oder sein Gedanke, dass sich das Licht unmittelbar ausbreitet. Aber er dachte auch über die Unendlichkeit nach.

Aristoteles meinte Beweise für die Unendlichkeit gefunden zu haben, die er nicht widerlegen konnte. Er konnte sich den Anfang oder das Ende der Zeit nicht vorstellen, daher meinte er, eine abstrakte Vorstellung von Unendlichkeit könne existieren. Allerdings betrachtete er diese eher als eine Möglichkeit, weniger als Realität. Aristoteles liefert dazu ein Beispiel: Beschreibt man jemandem die Olympischen Spiele, kann man sie nur als Möglichkeit beschreiben – sie werden in der Zukunft stattfinden, aber im Augenblick (aktual) gibt es sie nicht. Dasselbe gilt nach Aristoteles für die Unendlichkeit. Sie existiert als Möglichkeit, aber nicht aktual. Nichts in unserer physischen Welt kann unendlich groß oder alt sein, man wird also niemals etwas aktual Unendlichem begegnen.

Diese Ansichten zur Unendlichkeit wurden geltende Meinung, und weite Teile der Mathematik funktionierten so für Jahrhunderte ganz gut. Durch die Schriften des Theologen Thomas

Oben: Giordano Bruno, Autor philosophischer Dialoge und einiger Schriften zu Physik und Mathematik.

von Aquin im 13. Jahrhundert fand die aristotelische Philosophie Eingang in die Grundüberzeugungen der christlichen Glaubenslehre. So galt Gott als unendlich (man kann Gott in unserer physischen Welt nicht begegnen). Die Vorstellung von einer ewigen Seele war ein tröstlicher Gedanke, dem die freudlose Aussicht auf ein ewiges Nichtsein der Ungläubigen entgegenstand. Die Kirche übernahm die aristotelische Weltsicht, nach der das Universum begrenzt ist und die Erde im Zentrum steht. (In einigen Texten finden sich auch Gedanken zu den räumlichen Maßen des Himmels.) Die Vorstellung, die hellen Punkte im Himmel könnten entfernte Sonnen und das Universum unendlich sein, wurde nicht nur als lächerlich abgetan, sie galt als Ketzerei. Wer es wagte, der kirchlichen Lehrmeinung zu widersprechen, war nicht gut gelitten.

So etwa Giordano Bruno, der zwar kein Mathematiker war, aber das Buch *De l'infinito, universo et mondi* (»Über das Unendliche, das Universum und die Welten«, 1584) verfasste. Er wurde neun Jahre gefoltert, auf dass er seine Ansichten widerriefe. Bruno gab nicht nach – möglicherweise hat er die Inquisition sogar absichtlich herausgefordert. 1600 wurde er auf dem Scheiterhaufen in Rom verbrannt.

Was die Größe des Universums angeht, stimmt die moderne Wissenschaft allerdings mit Aristoteles und der Kirche überein – es ist zwar sehr, sehr groß, aber eben doch begrenzt, nicht unendlich.

Kreise innerhalb von Kreisen

Galileo kannte Giordano Brunos Schicksal. Es war gefährlich, die Kirche herauszufordern. Das hielt Galileo aber keineswegs davon ab, über die Welt nachzudenken. Nach aristotelischer Auffassung war Unendlichkeit nur eine Möglichkeit, niemals eine physische Realität. Galileo ging zunächst daran, Kreise zu untersuchen. Er betrachtete zwei konzentrische Kreise, wobei ein Kreis größer als der andere war, und dachte darüber nach, wie viele Punkte jeweils auf dem Umfang dieser Kreise sein müssen. Er kam zu dem Schluss, auf beiden müsse es eine unendliche Anzahl von Punkten geben, obwohl der eine größer als der andere war (Kasten gegenüber)!

Galileo war beunruhigt. Wie konnte eine Unendlichkeit größer sein als eine andere? Die Unendlichkeit war doch laut Definition unendlich? Er schrieb: »… wir versuchen mit unserem begrenzten Verstand, die Unendlichkeit zu erörtern, und schreiben ihr Eigenschaften zu, die wir dem Begrenzten und Beschränkten geben; aber ich glaube, dass dies falsch ist, denn wir können nicht von unendlichen Mengen sprechen, die größer oder kleiner oder gleich einer anderen sind.«

Galileo stellte sich nun eine Liste aller positiven ganzen Zahlen und eine Liste aller Quadratzahlen vor. Für jede ganze Zahl gibt es ein Quadrat: 1:1, 2:4, 3:9, 4:16, 5:25 usw. Dann musste es aber genauso viele Quadratzahlen geben wie ganze Zahlen. Doch viele Zahlen sind keine Quadratzahlen, es muss also mehr ganze Zahlen als Quadrate geben. Irgendwie ist die Anzahl der ganzen Zahlen größer, aber auch gleich der Anzahl der Quadratzahlen. Und doch gehen beide Listen immer weiter, sie sind also beide unendlich. Galileo fand folgende Lösung: »… die Gesamtheit aller Zahlen ist unendlich, und die Anzahl der Quadratzahlen ist unendlich; weder ist die Anzahl der Quadrate kleiner als die Gesamtheit aller Zahlen noch die Letztere

Galileos Kreise

Galileo stellte sich zwei konzentrische Kreise vor (d. h. zwei Kreise mit demselben Mittelpunkt). Der äußere Kreis hat eindeutig einen größeren Umfang.

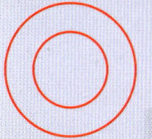

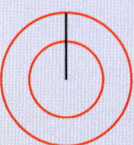

Was geschieht, wenn eine Linie die Kreise überstreicht, so wie der Zeiger einer Uhr?

Zu einem beliebigen Zeitpunkt muss diese Linie den größeren Kreis in genau einem Punkt kreuzen. Ebenso muss sie den kleineren Kreis in einem Punkt kreuzen! Obwohl der größere Kreis eine längere Kreislinie hat und somit mehr Punkte auf dem Umfang liegen müssen, gibt es zu jedem einzelnen Punkt auf dem Umfang des großen Kreises einen passenden Punkt auf dem Umfang des kleineren Kreises.

Selbst wenn die Linie, die die Kreise überstreicht, nur um einen unendlich kleinen Betrag bewegt wird, kreuzt sie immer den größeren Kreis an einem Punkt und auch den kleineren Kreis an einem Punkt. Es gibt also eine unendliche Anzahl von Punkten, die den kleineren Kreis bilden, und eine unendliche, scheinbar größere Anzahl von Punkten, die den größeren Kreis bilden.

größer als die Erstere; und die Attribute *gleich*, *größer* und *kleiner* sind nur auf endliche Größen, aber nicht auf die Unendlichkeit anwendbar.«

Erst Georg Cantor klärte diese merkwürdigen Aspekte der Unendlichkeit (zu Cantor siehe auch Kapitel √2). Er bemerkte eine Eigenschaft der Zahlen, die derjenigen ähnelt, die bereits Galileo verwirrt hatte. Er nahm sich vor zu beweisen, dass einige Zahlenmengen sich nicht auf die Art und Weise mit ganzen Zahlen paaren lassen, wie Galileo es mit den Quadratzahlen getan hatte. Und wenn es eine solche Zahlenmenge gab, dann musste sie größer sein als die Menge der ganzen Zahlen, obwohl beide unendliche Mengen sind (siehe Kasten gegenüber).

Unten: Georg Cantor ist als Schöpfer der Mengenlehre bekannt, einer wichtigen Grundlage der Mathematik.

So hatte Cantor gezeigt, dass einige Mengen nicht abzählbar sind, ja sogar, dass einige unendliche Mengen größer (»mächtiger«) sind als andere. Unendlichkeit war also nicht mehr einfach »so groß es geht« – jede Unendlichkeit konnte größer oder kleiner als eine andere Unendlichkeit sein. Nur weil Unendlichkeit immer weitergeht, heißt das nicht, dass sie immer gleich groß ist.

Treffpunkt im Unendlichen

Galileo lebte 300 Jahre vor Cantor. Cantor konnte Galileo also nie erklären, dass sich »größer« oder »kleiner« doch auf Unendliches anwenden lässt. Doch was ist mit Aristoteles' 2000 Jahre alter Auffassung, wonach das Unendliche nur eine Möglichkeit und niemals Realität ist? Mit Sicherheit kann man weder Cantors unendliche Listen aufnotieren noch die genaue Anzahl der Punkte auf Galileos Kreisen bestimmen. Hatte Aristoteles also recht? Gibt es in unserem Universum nichts, das wirklich unendlich ist?

An dieser Stelle hilft erst Albert Einstein weiter. Gemäß seiner allgemeinen Relativitätstheorie verzerrt ein ausreichend schweres Objekt Raum und Zeit so sehr, dass es unter seiner eigenen Gravitation zusammenbricht. Man stelle sich z. B. vor, die Erde sei aus Papier, habe aber dieselbe Masse – dann würde ihre eigene Gravitation die Oberfläche zusammenziehen und zerknüllen. Einsteins Gleichungen besagen, dass ein ausreichend schwerer Stern dasselbe tut und sich selbst auf ein immer kleineres Volumen zusammenpresst.

Der Astronom Karl Schwarzschild berechnete mit Einsteins Feldgleichungen das, was wir heute den Schwarzschild-Radius für eine Masse nennen.

Cantors Diagonalargument

Mit einigen Tricks konnte Cantor beweisen, dass einige unendliche Mengen größer sind als andere. Einer der berühmtesten Tricks ist Cantors Diagonalargument.

Cantor konstruierte eine unendliche Zahlenmenge. Dazu bildete er eine unendliche Menge aus Listen von 1 und 0, jede Liste mit einem fortwährend wiederholten Muster:

{0, 1, 0, 1, 0, 1, 0, 1,... }
{1, 1, 0, 0, 1, 1, 0, 0,... }
{0, 0, 1, 0, 0, 1, 0, 0,... }
...

Danach stellte sich Cantor vor, aus dieser unendlichen Menge eine neue unendlich lange Liste von Zahlen zu konstruieren. Die erste Zahl auf dieser neuen Liste ist dabei anders als die erste Zahl auf der ersten Liste der Menge. Die zweite Zahl ist wiederum verschieden zur zweiten Zahl in der zweiten Liste der Menge, die dritte Zahl ist verschieden zur dritten Zahl der dritten Liste der Menge. Und das geht immer so weiter.

{**0**, 1, 0, 1, 0, 1, 0, 1,... }
{1, **1**, 0, 0, 1, 1, 0, 0,... }
{0, 0, **1**, 0, 0, 1, 0, 0,... }
Neue Liste: {**1, 0, 0,**... }

Diese neue Zahlenliste kann in der unendlichen Menge der Listen nicht vorkommen, denn aufgrund ihrer Konstruktion muss sie sich von jeder anderen Liste in der Menge unterscheiden. Wählt man etwa die 100. Liste in der Menge, würde sich die neue Liste in ihrer 100. Stelle von ihr unterscheiden, so auch bei jeder anderen Zahl. Dieses sogenannte Cantor'sche Diagonalargument (es heißt so wegen des Diagonalmusters aus Zahlen, aus denen man die neue Liste konstruiert) zeigt, dass eine unendliche Menge von Zahlenlisten nicht alle möglichen Zahlenlisten enthalten kann. Es gibt also mehr Zahlenmengen, als es Zahlen gibt. Und nicht nur das: Es gibt auch mehr Mengen von Zahlenmengen, als es Zahlenmengen gibt. Und mehr Mengen von Mengen von Zahlenmengen, als es Mengen von Zahlenmengen gibt usw. Die Mathematiker sprechen hier von der unterschiedlichen Mächtigkeit der Mengen.

Der Schwarzschild-Radius bezeichnet die Größe, bei der ein nichtrotierendes Objekt unter seiner eigenen Gravitation zusammenbricht. Wenn wir unsere Sonne zu einer Kugel mit einem Radius von 3 km oder die Erde auf die Größe einer Murmel mit 9 mm Radius zusammenquetschen würden, dann würden sie zu schwarzen Löchern werden. Alles würde von deren enormen Gravitationsfeldern aufgesogen werden, sogar das Licht, weswegen sie auch schwarze Löcher heißen. Sie ziehen ihre Oberfläche immer mehr zusammen, bis eine Singularität entsteht: ein Punkt mit

*Oben: Karl Schwarzschild
untersuchte die Gravitations-
wirkung und ihre Beziehung
zu Objekten mit null Größe
und unendlicher Masse.*

null Größe und unendlicher Masse. Vereinzelt heißt es, ein rotierendes schwarzes Loch könne eine ringförmige Singularität schaffen, die sich dann wie ein Wurmloch in der Raum-Zeit verhält und durch das Universum treibt, um sich mit einem anderen rotierenden schwarzen Loch zu verbinden (ähnlich wie das Loch im Möbius-Band in Kapitel 3). Aber die Science-Fiction-Geschichten, in denen immer wieder von Reisen durch Wurm-löcher die Rede ist, vergessen die entsetzlichen Gravitationswirkungen, die jeden in Stücke kleiner als Atome reißen, bevor man auch nur in die Nähe eines solchen Lochs kommt, ganz abgesehen von der Äonen währenden Zeitdilatation.

Der Ursprung des Universums ist – folgt man der allgemeinen Relativitätstheorie – eine »kausale Singularität«, ein Punkt ohne Größe oder Zeit, der im Urknall explodierte und alles in unserem Uni-versum schuf, auch Raum und Zeit.

Wir haben sogar Beweise dafür, dass es Der-artiges gibt. Das Hubble-Weltraumteleskop hat mehrere Aufnahmen von riesigen rotierenden Gaswolken im Herzen weit entfernter Galaxien gemacht. Weil die Wolken rotieren, kann man Radius und Geschwindigkeit ihrer Bestandteile messen und darüber ihre Masse berechnen. Astronomen können auch zeigen, dass diese weit entfernten Objekte ungeheuer schwer sind. Wegen ihrer Größe muss es sich um schwarze Löcher handeln, die Gase und Sterne um sich herum aufsaugen.

Es gibt weitere Anhaltspunkte für den Urknall. Seit Edwin Hubble 1929 die Entdeckung machte, dass sich alle Galaxien von einem einzigen Punkt wegbewegen, ist klar, dass sich das Universum ausdehnt. Im Grunde bewegen sich aber nicht die

Galaxien selbst, sondern der Raum, in dem sie sich befinden. Ein Beispiel soll hier wieder weiterhelfen: Zeichnet man einige Punkte auf einen Luftballon und bläst den Ballon auf, kann man denselben Effekt beobachten – die Punkte scheinen sich auseinanderzubewegen, doch eigentlich dehnt sich nur die Fläche, auf der sie sitzen. (Daher muss das Universum ebenfalls eine begrenzte Größe haben – es begann als ein Punkt und hatte

Oben: Das Hubble-Weltraumteleskop hat schnell rotierende Gaswolken im Zentrum von Galaxien aufgenommen, die schwarze Löcher sein könnten.

bis jetzt lediglich Zeit, sich auf eine gewisse Größe auszudehnen.) Wir können auch die Hintergrundstrahlung im All messen, die von den hohen Temperaturen beim Urknall geblieben ist. Nach den Berechnungen ist unser Universum zwischen 13 und 14 Milliarden Jahre alt. Die Erde und unser Sonnensystem sind etwa 4,54 Milliarden Jahre alt, und die ersten primitiven Lebensformen sind vor etwa 3,8 Milliarden Jahren aufgetreten.

Beweisen diese Anzeichen zweifelsfrei, dass es Singularitäten im Universum gibt? Punkte mit unendlicher Masse ohne Ausdehnung? Die Antwort fällt knapp aus: Wir wissen es nicht. Wir können keinen Blick auf ein schwarzes Loch oder den Urknall werfen. Einsteins Gleichungen sagen Singularitäten vorher, andere Gleichungen nicht. Bislang hat sich noch immer ein kleiner Fehler in einer physikalischen Gleichung gefunden, wenn in ihr ein Unendliches auftauchte. Viele Physiker glauben, das müsse auch beim Urknall und den

Oben: Sternfeld mit einem kreisförmigen schwarzen Loch im Zentrum.

schwarzen Löchern so sein. Es sind also noch viele physikalische Untersuchungen nötig, um unser Universum zu verstehen. Wir sind dank einiger schlauer Köpfe schon weit gekommen, doch wir brauchen neue Genies, um mehr zu begreifen.

Der Physiker Richard Feynman sagte über die Unendlichkeit: »Ich habe Sie zu überzeugen, sich nicht abzuwenden, weil Sie es nicht verstehen. Wie Sie sehen, verstehen meine Studenten es auch nicht. Weil ich selbst es nicht verstehe. Niemand versteht es.«

Vielleicht hatte Aristoteles doch recht. Vielleicht ist die Unendlichkeit etwas, das wir zwar denken können, aber niemals sehen werden. Die Antwort liegt bislang im Dunkeln.

Oben: Durch die Untersuchung der Sternbildung verstand man den Urknall besser und schlussfolgerte, das Universum musse begrenzt sein.

Das dichte Zahlengewebe, aus dem sowohl Geschichte als auch Zukunft bestehen, ist eng mit der Realität verbunden. Um einen Bruch zu erstellen, braucht man nur einen Apfel zu zerschneiden. π ist in jedem Kreis sichtbar. Und um überhaupt etwas zu sehen, muss man nur die Augen öffnen und die Photonen mit der Geschwindigkeit c auf die Netzhaut auftreffen lassen. Alle Zahlen sind mit unserer physischen Welt verbunden. Aber es gibt eine Zahl mit einer komplizierteren Beziehung zur Realität. Es ist eine komplexe oder eine imaginäre Zahl, kurz – es handelt sich um i.

UNVORSTELLBAR

KAPITEL i

Die imaginäre Zahl ist die Antwort auf eine Frage, die die Mathematiker jahrhundertelang beschäftigte und verwirrte. Die Frage taucht dann auf, wenn man über Quadrate und Wurzeln nachdenkt. Wie in Kapitel $\sqrt{2}$ gesehen, sagt uns die Quadratwurzelfunktion, welche Zahl man mit sich selbst multiplizieren muss, um die Ausgangszahl zu erhalten. Die Wurzel aus 2 muss größer sein als 1 (denn $1 \cdot 1 = 1$), aber sie muss auch kleiner sein als 2 (denn $2 \cdot 2 = 4$). Es zeigt sich, dass $\sqrt{2}$ eine irrationale Zahl ist, nämlich 1,414213562373095… Man kann diesen Wert genau bestimmen, indem man ein Quadrat mit einer Seitenlänge von 1 m mit äußerster Präzision aufzeichnet und anschließend den Abstand von Ecke zu Ecke entlang der Diagonalen misst.

KOMPLEX

Bei der Wurzel handelt es sich also im Grunde um eine ganz einfache Idee. Aber nun stellt sich folgende Frage: Was ist die Wurzel von −1? Und welchen Wert hat dann $\sqrt{-1}$?

Die Antwort lautet nicht −1, denn $-1 \cdot -1 = 1$. Die Antwort kann aber auch nicht 1 sein, denn auch $1 \cdot 1 = 1$. Man kann kein Quadrat mit einer Seitenlänge von −1 zeichnen. Und wenn man mit dem Taschenrechner nach der Lösung sucht, erscheint lediglich eine Fehleranzeige – auch der Rechner kennt die Antwort auf diese Frage nicht.

Man stelle sich vor

Das Problem ist seit Jahrhunderten bekannt. Der griechische Mathematiker Heron von Alexandria stieß 50 v. Chr. darauf, als er versuchte, das Volumen eines Pyramidenteils zu berechnen. Doch erst der Italiener Niccolò Fontana verwendete 1500 Jahre später die Wurzel einer negativen Zahl in seinen mathematischen Berechnungen.

Fontana wurde 1499 oder 1500 in Brescia geboren. Er war der Sohn eines Postkuriers. Als er sechs Jahre alt war, wurde sein Vater ermordet, und die Familie verarmte. Doch es kam noch schlimmer. Fontana war gerade 13 Jahre alt, als die französische Armee die Stadt einnahm und mehrere Tausend Einwohner tötete. Er versteckte sich mit seiner Schwester in der Kathedrale, aber Soldaten entdeckten die beiden und versetzten dem Jungen einen Schwerthieb ins Gesicht. Dank der Pflege seiner Mutter erholte er sich zwar, es blieben aber schlimme Narben im Gesicht zurück, und Fontana war außerstande, normal zu sprechen. Von da an nannte man ihn *Tartaglia*, den Stotterer. Als Erwachsener trug er einen Bart, um seine Narben zu verdecken.

Oben: Die Wurzel einer negativen Zahl tritt zuerst bei Heron
auf, dessen Werke später ins Italienische übersetzt wurden (hier
sein Artifitiosi et Curiosi, 1589).

Fontana brachte sich selbst Mathematik bei.
Er zeigte zwar großes Talent, doch wegen seines
übertrieben selbstsicheren Auftretens fand er nur
schwer Arbeit. Mit 18 Jahren erhielt er dennoch
eine Stellung als Rechenlehrer, er heiratete und
gründete eine Familie. Mit 35 Jahren ging er nach
Venedig und trat eine besser bezahlte Stellung als
Rechenmeister an.

Trotz seines Stotterns erwarb Fontana bald
den Ruf eines außerordentlich begabten Mathematikers, der besonders in mathematischen Wett-

Kubische Gleichungen

Kubische Gleichungen enthalten einen Ausdruck, der zur dritten Potenz erhoben, also »kubiert« ist. Eine solche Gleichung könnte so aussehen:

$$x^3 - 6x^2 + 11x - 6 = 0$$

Aufgezeichnet beschreibt die zugehörige Funktion eine Kurve wie diese:

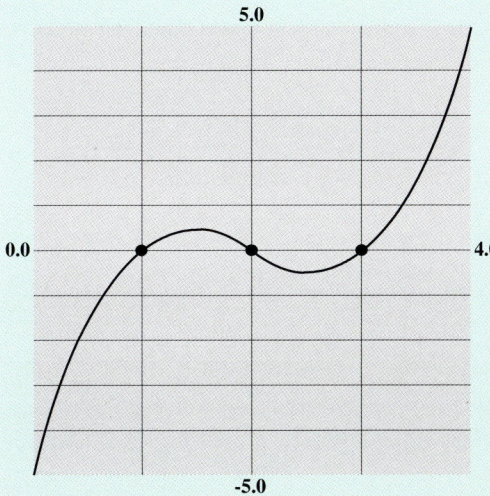

Diese Kurve schneidet die x-Achse an 3 Stellen, nämlich bei $x = 1$, 2 und 3. Diese Stellen heißen die Lösungen der Gleichung. Man kann nachprüfen, dass diese Lösungen richtig sind, denn wenn man sie in die Gleichung einsetzt, ergibt das jedes Mal 0:

$x = 1$ $1 \cdot 1 \cdot 1 - 6 \cdot 1 \cdot 1 + 11 \cdot 1 - 6 = 0$

$x = 2$ $2 \cdot 2 \cdot 2 - 6 \cdot 2 \cdot 2 + 11 \cdot 2 - 6 = 0$

$x = 3$ $3 \cdot 3 \cdot 3 - 6 \cdot 3 \cdot 3 + 11 \cdot 3 - 6 = 0$

Setzt man aber irgendeine andere Zahl in die Gleichung ein, ist das Ergebnis nicht mehr 0. (Das lässt sich wiederum sehr leicht nachprüfen, sollte man daran zweifeln.)

Die Mathematiker stellten sich nun folgende Frage: Wie erhält man die Lösungen einer beliebigen kubischen Gleichung, ohne sie aufzuzeichnen? Die Frage ist leider schwieriger zu beantworten, als es zunächst aussieht. Denn der Verlauf der Kurve hat manchmal eine ganz andere Form, oder er liegt mitunter so ober- oder unterhalb der x-Achse, dass die x-Achse nicht immer an drei Punkten geschnitten wird.

kämpfen glänzte. Diese Wettkämpfe wurden meist öffentlich vor großem Publikum ausgetragen. Dabei forderten sich zwei Mathematiker gegenseitig heraus, indem sie sich die neuesten und schwierigsten mathematischen Probleme zur Lösung vorlegten. Gewinner war derjenige, der die meisten Aufgaben lösen konnte.

Fontana schrieb mehrere wichtige Bücher und übersetzte Euklids *Elemente* ins Italienische. Aber es waren seine Arbeiten zu kubischen Gleichungen, die ihn berühmt machten – und ruinierten.

QVESITI ET INVEN-
TIONI DIVERSE
DE NICOLO TARTAGLIA,
DI NOVO RESTAMPATI CON VNA
GIONTA AL SESTO LIBRO, NELLA
quale si mostra duoi modi di redur una Città inespugnabile.
LA DIVISIONE ET CONTINENTIA DI TVTTA
l'opra nel seguente foglio si trouara notata,
CON PRIVILEGIO

APPRESSO DE L'AVTTORE
M D L I I I I.

Oben: Titelseite der Quesiti et inventioni diverse *von Niccolò Fontana Tartaglia (1554).*

Ein anderer italienischer Mathematiker namens Scipione del Ferro hatte eine Teillösung für die kubische Gleichung gefunden – er konnte einfache Gleichungen vom Typ $x^3 + ax = b$ lösen. Del Ferro hielt seinen Lösungsvorschlag aber geheim und verriet ihn erst auf dem Sterbebett seinem Assistenten Antonio Maria Fior. Jahre später prahlte Fior vor anderen Mathematikern,

er könne jede kubische Gleichung lösen. Da auch Fontana Gleichungen vom Typ $x^3 + ax^2 = b$ lösen konnte, forderte er Fior heraus. Beide Mathematiker sollten einander 30 ihrer schwersten Aufgaben zusenden; gewonnen habe, wer die meisten Lösungen in der kürzesten Zeit angeben konnte.

Fontana schickte Fior eine Auswahl unterschiedlichster mathematischer Probleme. Da Fior sicher war, nur er allein könne kubische Gleichungen lösen, sandte er 30 kubische Probleme. Fontana löste sie in zwei Stunden und erwies sich so als der überlegene Rechenmeister.

Andere Mathematiker hörten von Fontanas Erfolg und wollten seine allgemeine Lösung für die kubische Gleichung kennenlernen. Fontana zögerte anfangs, gab dann aber in der Hoffnung nach, diese Leistung könne ihm eine bessere Stellung verschaffen. So stellte er seine Methode dem berühmten Arzt und Mathematiker Gerolamo Cardano vor – in Form eines Gedichts, um so den Ideendiebstahl zu erschweren. Cardano schwor, folgendes Geheimnis zu bewahren:

Wenn der Würfel und die Dinge zusammen
Einer bestimmten Zahl gleich sind,
Finde zwei weitere Zahlen, die sich von ihr
  unterscheiden.
Dann behalte als eine Regel,
Dass ihr Produkt immer gleich sein soll,
Genau dem Würfel von einem Drittel der Dinge.
Der Rest dann, als eine allgemeine Regel,
Von ihren subtrahierten Kubikwurzeln
Wird gleich deinem Hauptdinge sein.
In der zweiten dieser Taten,
Wenn der Würfel alleine bleibt,
Siehest du diese andere Regeln:

Zerlege die Zahl sogleich in zwei Teile,
Sodass der Eine mal dem Anderen produziert
Den Würfel vom dritten der Dinge genau.
Dann von diesen zwei Teilen als eine Regel
Nimm die Kubikwurzeln, zusammengezählt,
Und diese Summe wird dein Gedanke sein.
Die dritte unsrer Berechnungen
Wird mit der zweiten gelöst, wenn du fein
  sorgfältig bist,
Denn es liegt in ihnen, dass sie fast zueinander-
  passen.
Diese Dinge fand ich heraus, nicht in schleppen-
  dem Schritt,
Im Jahr eintausendfünfhundertvierunddreißig.
Mit Grundlagen stark und unerschütterlich
In der vom Meer umgebenen Stadt.

*Unten: Porträt von
Gerolamo Cardano.*

Cardanos Problem

Um zu sehen, wie Fontana und Cardano komplexe Zahlen verwendeten, betrachten wir ein
von Cardano gelöstes Problem:

*Teile 10 in zwei gleiche Teile, deren Produkt
40 ist.*

Cardano sagt dazu selbst: »Es ist klar, dass
dieser Fall unmöglich ist. Dennoch werden wir
auf diese Art vorgehen: Wir teilen 10 in zwei
gleiche Teile, jeweils 5. Diese quadrieren wir,
so haben wir 25. Ziehe nun 40 von der so pro-
duzierten 25 ab, so ergibt dies einen Rest
von −15. Die Wurzel daraus zu 5 hinzugezählt
oder abgezogen, ergibt Teile, deren Produkt 40
ist, nämlich $5 + \sqrt{-15}$ und $5 - \sqrt{-15}$.

Ohne uns größere Gedanken zu machen, multi-
plizieren wir $5 + \sqrt{-15}$ mit $5 - \sqrt{-15}$ und erhalten
25 − (−15). Daher ist das Produkt 40. ... Und so
weit geht die Raffinesse des Rechnens, von der
dies hier, nämlich das Extrem, so raffiniert ist,
dass es, wie ich gesagt habe, nutzlos ist.«

Erstaunlicherweise hatte Cardano mit diesem
Problem einen Weg gefunden, 10 in zwei gleiche Zahlen zu teilen, jeweils mit einem Realteil
(5) und einem Imaginärteil ($\sqrt{-15}$). Jede Wurzel
kann entweder positiv oder negativ sein. Beispielsweise ist die Wurzel aus 4 sowohl 2 als
auch −2, denn 2 · 2 = 4 und (−2) · (−2) = 4. Die
von Cardano gesuchten »gleichen Teile« sind
also die reelle Zahl *plus* die Wurzel und die
reelle Zahl *minus* die Wurzel. Addiert ergeben
sie 10, multipliziert 40.

Cardano bemerkte rasch, dass Fontanas
Methode einige seltsame Wirkungen auf Zahlen
hat. So treten bei manchen kubischen Gleichungen Ergebnisse auf, für die man die Wurzel aus
negativen Zahlen ziehen muss. Er bat Fontana
um Hilfe, doch dieser bedauerte inzwischen wohl,
Cardano sein Geheimnis verraten zu haben. Seine
kryptische Antwort sollte Cardano verwirren:

*Oben: Ansicht von Venedig,
auch »die vom Meer umgebene
Stadt« genannt. Hier lebte und
forschte der Mathematiker
Niccolò Fontana.*

»Und so gebe ich dir zur Antwort, dass du die wahre Kunst nicht beherrschst, solcherlei Probleme zu lösen, ich würde sogar sagen, dass deine Methoden völlig falsch sind.«

Aber Cardano begriff bald, auf welche Art und Weise Fontana Gleichungen lösen konnte, in denen sogar die Wurzel einer negativen Zahl erschien: Er behandelte die Ergebnisse, als ob sie Zahlen wären. Cardano erschloss sich langsam Fontanas Lösungsmethode für kubische Gleichungen und konnte sie mit seinem Schüler Lodovico Ferrari sogar auf Gleichungen vierten Grades erweitern. Die beiden entdeckten auch, dass die Lösung für kubische Gleichungen ursprünglich von del Ferro stammte. Indem sie del Ferros und ihre eigene Arbeit veröffentlichten, umgingen sie den Schwur, Fontanas Verfahren geheim zu halten.

Fontana war wütend und gab seine Arbeit im Jahr darauf als Buch heraus. Der Geschichte über seine eigene Entdeckung fügte er Beleidigungen und bösartige Kommentare über Cardano hinzu. Ferrari hörte davon und begann einen erhitzten Briefwechsel mit Fontana. In einem seiner Briefe schrieb er an Fontana:

»Sie haben die Infamie zu sagen, Cardano sei mathematisch ungebildet, Sie nennen ihn unzivilisiert und einfältig, er sei ein Mann von niederem Stand und plumper Sprache, und nennen ähnliche kränkende Wörter, die zu ermüdend sind, zu wiederholen. Da Seine Exzellenz durch seinen Rang

gehindert ist und weil mich diese Angelegenheit persönlich betrifft, da ich sein Schüler bin, habe ich es auf mich genommen, Ihre Falschheit und Bosheit öffentlich zu machen.«

Wie zu einem Duell forderte Ferrari Fontana zu einer öffentlichen Debatte heraus. Fontana lehnte ab, er wollte sich allein mit Cardano messen. Doch 1548 wurde ihm ein ruhmvoller Lehrauftrag in seiner Heimat Brescia angeboten. Um seinen Stellenwert als Mathematiker unter Beweis zu stellen, stimmte Fontana einer Debatte mit Ferrari zu. Zu seinem großen Entsetzen musste er feststellen, dass Ferrari sogar Gleichungen dritten und vierten Grades sehr viel besser handhaben konnte als er selbst. Um sich nicht in aller Öffentlichkeit zu blamieren, machte sich Fontana nach nur einem Tag aus dem Staub. Ferrari wurde zum Gewinner erklärt.

Fontanas Rückzug war ein Fehler gewesen. Nach einem Jahr in Brescia erfuhr er, dass man ihn für seine Arbeit nicht bezahlen würde. Trotz einer Klage war er gezwungen, in seine alte Stellung zurückzukehren. Und während Cardano einer der berühmtesten (und umstrittensten) Ärzte und Mathematiker seiner Zeit wurde, starb Fontana völlig verarmt im Alter von 57 Jahren in Venedig.

Imagination sichtbar machen

Seit Fontanas Zeit tauchen imaginäre Zahlen, heute komplexe Zahlen genannt, immer wieder in der Mathematik auf. Doch sie stifteten schon immer beträchtliche Verwirrung, weshalb sie nicht sonderlich beliebt waren. Descartes (der Erfinder der kartesischen Geometrie) prägte die Bezeichnung »imaginäre Zahlen« in abfälligem Sinn – es war doch so viel besser, reelle Zahlen zu verwenden. Einige Jahrzehnte später verbanden der Mathematiker Abraham de Moivre und Isaac

Newton die Trigonometrie mit komplexen Zahlen, um einige der schwierigeren Probleme zu lösen, die Cardano in Angriff genommen hatte. Und noch etwas später erfand Euler (der Begründer unserer modernen mathematischen Schreibweise) das i. Dabei handelt es sich um eine einfachere Art und

Weise, die imaginäre Zahl $\sqrt{-1}$ zu schreiben, die endlich das Schreckgespenst einer negativen Wurzel verschwinden ließ.

Rund 300 Jahre nach Fontanas Geburt deutete der norwegische Feldmesser und Kartograf Caspar Wessel als Erster komplexe Zahlen auf geometrische Weise. Leider blieb Wessels Arbeit unbeachtet. Den Ruhm erntete nämlich Jean Robert Argand, ein Pariser Buchhalter und Hobby-

Darstellung komplexer Zahlen in der Zahlenebene

Argand-Diagramme sind sehr einfache geometrische Schaubilder, mit denen man sich komplexe Zahlen verdeutlichen kann. Jede komplexe Zahl wird als ein Zahlenpaar geschrieben: $a + b$i, wobei a den Realteil und b den Imaginärteil darstellt. Eine komplexe Zahl wird in ein Koordinatensystem gezeichnet, in dem die x-Achse (die Horizontale) den Realteil und die y-Achse (die senkrechte) den Imaginärteil angibt. Eine komplexe Zahl wie 2 + 3i lässt sich leicht zeichnen:

Zahlen rechnen. Genau das war der Vorschlag von Wessel und Argand. Möchte man beispielsweise zwei komplexe Zahlen addieren, zeichnet man beide Zahlen in ein Argand-Diagramm ein. Die Verbindungslinien vom Ursprung (0, 0) zu jeder Zahl sind die Vektoren z_1 und z_2. Die Vektorsumme ergibt dann wiederum den Vektor der neuen komplexen Zahl.

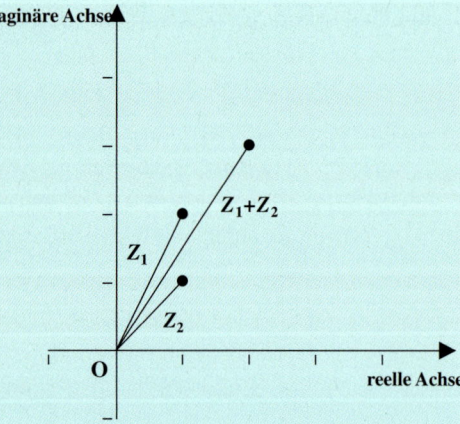

Wenn man eine einzelne Zahl als einen Punkt zeichnet, dann kann man mithilfe von Trigonometrie und Vektorrechnung auch mit komplexen

Beim Subtrahieren zieht man einen Vektor vom anderen Vektor ab, beim Multiplizieren addiert man die Winkel zwischen den Vektoren und der reellen Achse und multipliziert dann die Länge der Vektoren.

mathematiker, der 1806 eine geometrische Interpretation von komplexen Zahlen veröffentlichte, bei der i als Drehung um 90 Grad gesehen wird. Etwas zu Unrecht heißen seither solche geometrischen Darstellungen von komplexen Zahlen Argand-Diagramme und nicht Wessel-Diagramme (siehe Kasten gegenüber). Heute spricht man von der Darstellung komplexer Zahlen in der Gaußschen Zahlenebene.

Träume werden Wirklichkeit

Die komplexen Zahlen blieben jahrzehntelang ein Rätsel. Man hatte zwar eine Vorstellung von ihnen und konnte sie sogar zeichnen, aber ihre wirkliche Bedeutung war nicht klar. Wenn π zu Kreisen gehörte, gehörte i dann zu einem bis dahin unbekannten, geheimnisvollen Etwas in der Natur? Wenn i imaginär war, wie sah dann die zugehörige Wirklichkeit aus?

Der Mathematiker Carl Friedrich Gauß verhalf uns zu einem besseren Verständnis der komplexen Zahlen. Gauß wurde 1777 in Braunschweig geboren. Schon mit sieben Jahren beeindruckte er seine Lehrer mit seinen mathematischen Fähigkeiten. Als er alle ganzen Zahlen von 1 bis 100 addieren sollte, hatte er die Lösung sofort parat. Er hatte intuitiv erkannt, dass es 50 Zahlenpaare gibt, die addiert jeweils 101 ergeben (1 + 100, 2 + 99, 3 + 98, ... 49 + 52, 50 + 51); die Lösung ist also einfach 50 · 101 = 5050. Eine bemerkenswerte Leistung für einen Siebenjährigen.

Oben: Der deutsche Mathematiker Carl Friedrich Gauß.

Gauß studierte später klassische Philologie, Latein und Mathematik, entschied sich dann aber ganz für die Mathematik. Bis zum 18. Lebensjahr hatte er eigenständig viele wichtige mathematische Theorien und Ideen entwickelt, darunter den Binomialsatz, das arithmetisch-geometrische Mittel und den Primzahlsatz. Mit 18 Jahren ging er nach Göttingen, wo er die bedeutendsten Entdeckungen der Geometrie seit Jahrhunderten

machte, darunter die Konstruktion des regelmäßigen 17-Ecks mit Zirkel und Lineal. Hier eine
der Formeln, die er dabei benutzte:

$$\sin(\pi/17)=\sin(180°/17)=\tfrac{1}{8}\sqrt{34-2\sqrt{17}-2\sqrt{2}\sqrt{17-\sqrt{17}}-2\sqrt{68+12\sqrt{17}+2\sqrt{2}(\sqrt{17}-1)\sqrt{17-\sqrt{17}}-16\sqrt{2}\sqrt{17+\sqrt{17}}}}$$

Im Alter von 24 Jahren promovierte Gauß über
den Fundamentalsatz der Algebra.

   Gauß machte in seinem langen Leben – er
starb erst 1855 – weitere Entdeckungen zur
Zahlentheorie, Astronomie, Geometrie, Landver-

Die Gauß'sche Schreibweise

In seiner Doktorarbeit führte Gauß formal die
Schreibweise $a + b$i für komplexe Zahlen ein.
Daraus lässt sich ableiten, dass die reellen Zahlen eine spezielle Art von komplexen Zahlen
sind, bei denen b null ist. Auf Gauß geht auch
der Ausdruck »komplexe Zahlen« zurück. Heute
hat sich der Sprachgebrauch dahingehend ver-
festigt, dass man Zahlen der Form $a + b$i als
komplexe Zahlen bezeichnet, Zahlen mit $b = 0$
heißen reelle Zahlen und Zahlen mit $a = 0$ imaginäre Zahlen. Gauß fand zudem den bis dahin
besten Beweis für den Fundamentalsatz der
Algebra.

Der Gauß'sche »Fundamentalsatz der Algebra«
ist eigentlich eine Fehlbezeichung, denn es geht
in dem Satz eigentlich nicht um Algebra. Es geht
eher darum aufzuzeigen, dass der Bereich der
komplexen Zahlen algebraisch abgeschlossen
ist. Und das bedeutet, dass eine Polynomglei-
chung (so etwas wie $3x^2 + 1 = 0$) eine Lösung
aus demselben Zahlenbereich hat, aus dem
die Koeffizienten stammen. Für die Beispiel-
gleichung stammen die Koeffizenten 3 und 1

aus dem Bereich der reellen Zahlen, aber die
Lösung ist $\sqrt{-3}$, und das ist imaginär, nicht reell.
Die Lösung liegt also in einem anderen Zahlen-
bereich als die Koeffizienten der Gleichung.
Damit ist gezeigt, dass der Bereich der reellen
Zahlen nicht algebraisch abgeschlossen ist.
Gauß bewies als Erster die Abgeschlossenheit
der komplexen Zahlen. Wie bereits gesehen,
ist der Grad einer algebraischen Gleichung die
höchste Potenz für die Variable x (eine Glei-
chung mit x^2 hat den Grad 2, eine mit x^3 den
Grad 3 und eine mit x^n den Grad n). Nach dem
Gauß'schen Beweis hat jede algebraische
Gleichung vom Grad n über den komplexen
Zahlen (mit n größer als 1) genau n komplexe
Lösungen. Dass eine solche Gleichung keine
komplexe Lösung hat, ist niemals der Fall.

All dies besagt letztlich nur, dass man bei der
Suche nach der Lösung einer solchen Gleichung
mit komplexen Zahlen niemals stecken bleibt.
Komplexe Zahlen sind also für komplizierte
Gleichungen am besten geeignet – was von
der modernen Physik auch genutzt wird.

messung und Physik (insbesondere bei seinen
Untersuchungen zum Magnetismus). Mit dem
Göttinger Physiker Wilhelm Eduard Weber baute
er sogar einen Telegrafen, mit dem er Nachrichten
über ein 1,5 km langes Kabel versenden konnte.
Richard Dedekind, einer seiner letzten Doktoranden, beschrieb, wie es war, mit Gauß zu arbeiten:

»... gewöhnlich saß er in bequemer Haltung,
sah zu Boden, leicht vornübergebeugt, die Hände
im Schoß gefaltet. Er sprach ganz frei, sehr deutlich, einfach und schlicht; wenn er aber einen
neuen Gesichtspunkt hervorheben wollte, ... so
erhob er plötzlich den Kopf, wandte sich zu seinem
Nachbarn und blickte ihn während der nachdrück-
lichen Rede ernst mit seinen schönen, durchdrin-
genden blauen Augen an. ... Wenn er von der
Erläuterung der Grundlagen zur Entwicklung einer
Gleichung kam, erhob er sich, stand sehr aufrecht
an der Tafel und schrieb in seiner eigenartigen
schönen Handschrift. Er überzeugte stets durch
Ökonomie und wohlüberlegte Anordnung, sodass
er nur wenig Platz benötigte. Für Zahlenbeispiele,
auf deren sorgfältige Bearbeitung er besonderen
Wert legte, brachte er die nötigen Angaben auf
kleinen Zettelchen mit.«

Oben: Der deutsche Physiker
Wilhelm Eduard Weber, der mit
Gauß den ersten elektromagne-
tischen Telegrafen baute.

Nachdem der Fundamentalsatz der Algebra
den Nutzen der komplexen Zahlen bewiesen
hatte, wurde das ursprünglich rein imaginäre Konzept rasch zu etwas ganz Realem. Heute verein-
facht man mit komplexen Zahlen vor allem physikalische Berechnungen. Auf einem Gebiet sind die
komplexen Zahlen mehr als nur nützlich – hier sind
sie wesentlich: in der Quantenmechanik.

Neben der allgemeinen Relativitätstheorie ist
die Quantenmechanik ein Hauptpfeiler der modernen Physik und Technik. Aber während Einsteins
»große« Theorie den weiten, beobachtbaren Kos-

Oben: Computermodell einer quantenmechanischen Wellenfunktion in einem Topf. Durch den quantenmechanischen Tunneleffekt kann ein Teilchen durch die Begrenzung »tunneln« und in einem klassisch unmöglichen Bereich erscheinen.

mos rings um uns beschreibt, geht es in der Quantenmechanik um das winzig Kleine, um den Mikrokosmos und sogar um das Unbeobachtbare (siehe Kasten unten).

Wie die Relativitätstheorie kann die Quantenmechanik noch nicht vollendet sein, denn die Gleichungen der beiden Theorien passen nicht zusammen. Einstein und zahlreiche Physiker nach ihm haben versucht, die Theorien so zu vereinigen, dass man sie zusammen anwenden kann. Bislang ist das aber niemandem gelungen. Wir brauchen also einige neue Genies, um zu verstehen, wie die Welt funktioniert. Zurzeit ist unser Verständnis des Universums, das wir mit komplexen Zahlen erreichen können, zwar unvollständig, aber doch gut genug für unsere aktuelle Technik. Ein neuer, »vereinter« Blick auf die Physik könnte uns sicher zu außergewöhnlichen technischen Innovationen verhelfen, von Quantenteleportation bis hin zu Antigravitation oder Impulsvernichtern.

Quantenmechanik

Der Quantenmechanik zufolge ist Energie quantisiert, d. h. auf kleine Pakete aufgeteilt. Jedes Paket verhält sich wie ein echtes Teilchen. Die Lichtenergie besteht also aus Lichtteilchen, die sich mit Lichtgeschwindigkeit bewegen, Materialien wie Glas durchdringen, von anderen Objekten abprallen und schließlich unter Umständen auf die Netzhaut treffen. Bekannte Experimente belegen genau diese Auffassung. Doch andere, nicht minder berühmte Untersuchungen zeigen, dass sich Licht wie eine Welle verhält. Deshalb existieren auch verschiedene Farben, denn Licht kann verschiedene Wellenlängen haben. Aber wie ist es möglich, dass Licht zur gleichen Zeit sowohl Teilchen als auch Welle sein kann?

Die Quantenmechanik löst dieses Rätsel auf: Jedes Teilchen hat eine damit verbundene Wellenfunktion, die komplexe Werte für die Wahrscheinlichkeit angibt, dass sich ein Teilchen in einem bestimmten Zustand befindet. Allerdings kann ein Teilchen entweder an einem bestimmten Ort sein oder einen bestimmten Impuls (oder eine andere messbare Eigenschaft) haben. Aus den komplexen Werten der Wellenfunktion können wir die reelle Wahrscheinlichkeit berechnen, dass sich das Teilchen an einem bestimmten Ort befindet oder eine bestimmte Eigenschaft hat. Für solche Rechnungen sind komplexe Zahlen unentbehrlich. Die Kombination von Realteil (der zu einer messbaren Realität gehört) und Imaginärteil (der zu einer erweiterten Realität gehört, die im Augenblick nicht messbar ist) liefert uns eine sehr viel eingehendere und vollständigere Sicht auf den Mikrokosmos. Der Mathematiker Jacques Salomon Hadamard hat es folgendermaßen ausgedrückt:

»Der kürzeste Weg zwischen zwei reellen Größen geht über das Komplexe.«

Dass wir heute die unbestimmbare Natur der subatomaren Teilchen berechnen und auswerten können, ist Grundlage der modernen Technik. Das betrifft sowohl den Laser als auch den Mikroprozessor.

Wenn man immer noch mit den komplexen Zahlen hadert und vielleicht wie Descartes denkt, dass sie niemals real sein können, dann sollte man sich klarmachen, dass sich eine komplexe Zahl nicht so sehr von einer reellen Zahl unterscheidet: Laut Definition ist $i^2 = -1$. Man kommt dann leicht auf $(2i)^2 = -4$ und $i^3 = -i$. Den verblüffendsten Blick auf i gewährt aber wohl die Rechnung $i^i = 0{,}20787957635076190854\ldots$

Komplexe Bilder

So schön es ist, mit i zu rechnen oder Punkte zu zeichnen, die zu komplexen Zahlen gehören: Wie steht es mit der Geometrie? Mit reellen Zahlen können wir verschiedene geometrische Formen beschreiben – Körper, Flächen, Kurven in zwei, drei oder noch mehr Dimensionen. Und wie steht es um die Geometrie der komplexen Zahlen? Kann man mit ihnen komplizierte geometrische Formen definieren? Der Mathematiker Benoît Mandelbrot lieferte als Antwort ein entschiedenes Ja.

Mandelbrot wurde 1924 in Warschau geboren. Sein Vater war Kleiderhändler, seine Mutter Ärztin, die Verwandtschaft hatte einen akademischen Hintergrund. Als Benoît zwölf Jahre alt war, emigrierte die Familie nach Frankreich, und ein Onkel, Mathematikprofessor in Paris, übernahm Benoîts Ausbildung. Der Onkel war ein begeisterter Anhänger des britischen Mathematikers Godfrey Harold Hardy. Hardy betrieb als extremer Pazifist nur reine Mathematik, weil er glaubte, man könne die angewandte Mathematik in Kriegszeiten zur Entwicklung von Waffen heranziehen. Doch die ausschließliche Ausrichtung auf die reine Mathe-

Oben: Der unendlich komplexe Rand einer Mandelbrot-Menge.

matik schreckte Mandelbrot ab, er interessierte sich eher für die angewandten Bereiche wie die Geometrie. Nach Beginn des Zweiten Weltkriegs konnte Mandelbrot nicht mehr regelmäßig die Schule besuchen und bildete sich autodidaktisch weiter. Später schrieb er einen großen Teil seines Erfolgs dieser unkonventionellen Ausbildung zu, durch die er seine eigenen Erkenntnisse und ein sicheres Gefühl für die Geometrie entwickelt

Die Mandelbrot-Menge

Mandelbrot interessierte sich für die Schwankungen bei komplexen Zahlenfolgen. Dazu betrachtete er eine einfache Gleichung:

$$x_{t+1} = x_t^2 + c$$

Dabei sind x und c komplexe Zahlen, und t ist ein Ordnungsparameter (z. B. die Zeit). Man berechnet die Werte von x_t, indem man t jedes Mal um 1 erhöht. Die Gleichung sagt: »Setze den aktuellen Wert von x_t gleich dem vorherigen Wert, multipliziert mit sich selbst, und addiere c hinzu.« Zur Illustration verwendet man reelle Zahlen, was bedeutet: Der vorherige Wert von x_t ist 3, und c hat den Wert 1; dann ist der aktuelle Wert 3 · 3 + 1, also 10. Im nächsten Schritt ist der vorherige Wert 10, der aktuelle Wert wird dann zu 10 · 10 + 1, also 101.

Mandelbrot wollte herausfinden, für welche c der Betrag von x_t nicht mehr steigen würde, wenn man die Rechnung beliebig oft wiederholt. Er entdeckte, dass der Betrag über alle Grenzen hinauswachsen würde, wenn er einmal größer als 2 sein würde. Aber für die richtigen c sprang der Betrag von x_t einfach zwischen verschiedenen Werten. Mandelbrot berechnete mit einem Computer die Gleichung viele Male für verschiedene Werte von c. Der Computer sollte anhalten, wenn der Betrag des Imaginärteils von x_t bei 2 oder darüber lag. Wenn der Computer nach einer bestimmten Anzahl von Schritten für diesen Wert von c nicht angehalten hatte, wurde ein schwarzer Punkt gezeichnet. Dieser Punkt wurde auf der Koordinate (m, n) platziert, wobei m und n die Zahlen sind, aus denen die komplexe Zahl c zusammengesetzt ist: $c = m + ni$. Mandelbrot variierte m im Bereich zwischen –2,4 und 1,34, n lag zwischen 1,4 und –1,4.

Mandelbrot erwartete, in den Punktmustern eine geometrische Form vorzufinden, vielleicht einen Kreis oder ein Quadrat. Was er aber nicht erwartete, war ein »Apfelmännchen« mit Ranken und komplizierten Mustern am Rand. Um sich die Muster genauer anzusehen, vergrößerte er die Darstellung (dazu wird ein kleinerer Bereich von Werten für c bildschirmfüllend durchgerechnet). Er entdeckte verborgen in den Mustern eine große Komplexität, darunter auch Muster, die erneut wie das Apfelmännchen aussahen. Je mehr er vergrößerte, umso größer wurde die Komplexität. Er schloss daraus, dass die Muster unendlich waren – ganz gleich, wie stark er vergrößerte, in der Tiefe war immer noch mehr Komplexität verborgen.

habe. Mandelbrot studierte zunächst an der École Polytechnique, besuchte dann das California Institute of Technology in Pasadena und wurde 1952 in Paris promoviert. John von Neumann war von dem jungen Mandelbrot beeindruckt und lud ihn zu einem Arbeitsbesuch nach Princeton ein. 1955, zwei Jahre vor von Neumanns Tod, ging Mandelbrot nach Frankreich zurück. Allerdings war er unzufrieden mit den Forschungsbedingungen am

Oben: Beispiel für eine Mandelbrot-Menge.

Centre National de la Recherche Scientifique, sodass er drei Jahre später in die USA zurückkehrte und in die berühmte Forschungsabteilung bei IBM eintrat. Dort hatte er Zugriff auf leistungsstarke Großrechner und konnte ohne weitere Einschränkungen forschen. Er nutzte diese Freiheit und erstellte die ersten Computergrafiken mit den merkwürdigen Formen, die sich beim Rechnen mit komplexen Zahlen ergaben.

Mandelbrot bezeichnete das dabei entstehende Muster als Fraktal, weil es einem Bruch ähnlich ist (so, wie man eine Zahl in einen Bruch teilen kann,

lässt sich auch das Muster immer weiter unterteilen). Er erkannte zudem, dass fraktale Formen überall in der Natur zu finden sind, und verglich den fein strukturierten Rand seines Fraktals mit der Küstenlinie einer Insel – je genauer man hinsieht, desto verschlungener erscheint die Grenze zwischen Wasser und Land. Außerdem bezog er auch die Selbstähnlichkeit (gemeint ist damit das Phänomen, dass man in verschiedenen Vergrößerungsstufen immer wieder auf ähnliche Muster stößt) auf natürliche Formen, etwa die Blutgefäße im Körper.

Heute bezeichnet man das von ihm entdeckte Fraktal als Mandelbrot-Menge. Deren Visualisierung, das sogenannte Apfelmännchen, dürfte das berühmteste Computerbild überhaupt sein. So könnte man in einem entsprechenden Programm einen zufällig ausgewählten Bereich der Mandelbrot-Menge vergrößern und stößt dann auf Muster, die kein Mensch zuvor gesehen hat.

Seit Mandelbrots Entdeckung sind weitere Fraktale entdeckt worden. Sie gehören zu einem neuen Bereich der Mathematik, der sogenannten Chaostheorie (siehe Kasten Seite 248f.).

Die Arbeiten von Mandelbrot und Edward Lorenz markieren den Beginn einer neuen Ära der Mathematik. Anstatt komplizierte Gleichungen zu lösen, konnte man diese mit dem Computer numerisch untersuchen: Man gibt Unmengen von Zahlenwerten ein und wartet, was dabei herauskommt. Mit Computern kann man sehr komplizierte Gleichungen oder eine große Zahl von einfachen Gleichungen auswerten, die auf chaotische oder unbekannte Weise interagieren. Heute können wir biologische Systeme modellieren und sehen, wie Neuronen im Gehirn miteinander kommunizieren oder wie die Evolution die Gene verändert und unsere Zellen aufeinander einwirken. Dieser moderne Bereich der Mathematik, die Komplexitätswissenschaft, führt zu neuen Theorien der Komplexität. Wir verstehen jetzt, dass sich einige Systeme (insbesondere biologische Systeme) nicht so verhalten, dass sie mit konventioneller Mathematik oder gar der Chaostheorie vorhersagbar sind. Wenn sehr viele Einheiten miteinander wechselwirken und sich dynamisch verändern, tauchen spontan neue Formen der Komplexität auf, sei es bei der Evolution von Organismen, beim Vogelzug oder bei Meldungen unseres Immunsystems oder unseres Bewusst-

Links: Die genaue Bewegung eines solchen Wasserrads lässt sich nicht vorhersagen, weil die Bewegung des auftreffenden Wassers chaotisch ist.

Chaostheorie

Die Chaostheorie besagt, dass einige Systeme sich zufällig zu verhalten scheinen, obwohl sie in keiner Weise zufällig sind. Chaotische Systeme sind näherungsweise vorhersagbar, die Details sind aber im Wesentlichen unvorhersehbar, selbst wenn wir die Gleichungen kennen, die sie beschreiben.

Ein gutes Beispiel ist ein undichtes Wasserrad. Wenn das Wasser direkt von oben auf das Wasserrad fällt und aus dem obersten Fach in die Fächer darunter tropft, dann dreht sich das Rad manchmal links und manchmal rechts herum, je nachdem, wie das Wasser läuft. Es ist nicht möglich, genau vorherzusagen, in welche Richtung sich das Rad dreht. Wir können nur sagen, dass es eine gewisse Verteilung von Links- und Rechtsdrehungen gibt. Obwohl es in diesem System keinen Zufall gibt (Wasser fällt immer nach unten, die Fächer lecken mit stets gleicher Rate, das Rad dreht sich immer, wenn die Fächer auf einer Seite schwerer sind als auf der anderen), ist das Verhalten chaotisch.

Doch obwohl das Verhalten von chaotischen Systemen im Detail unvorhersehbar sein kann, lassen sich die möglichen Bewegungszustände und der Wechsel von einem zum anderen Bewegungszustand berechnen und sogar aufzeichnen. Die entstehenden Formen heißen »Seltsame Attraktoren« und sind fraktal. Das Muster bleibt erhalten, aber je näher man herankommt, desto mehr erkennt man.

Ein Beispiel für die Unvorhersagbarkeit chaotischer Systeme ist bekannt als »Schmetterlingseffekt«: Kleine Störungen der Anfangsbedingungen können riesige und unvorhersehbare Wirkungen verursachen. Im Beispiel des Wasserrads ändert sich das Bewegungsmuster, wenn das Rad sich um ein Milliardstel Grad mehr nach links dreht oder wenn ein Fach noch einige Wassermoleküle aus einem vorherigen Lauf enthält. Diesen Effekt bemerkte 1961 der Meteorologe und Mathematiker Edward Lorenz, als er versuchte, eine langfristige Wettervorhersage mit einem Computer zu erstellen. Er fügte die Option hinzu, den Zustand des Computermodells zu speichern, sodass er die Rechnung später wiederholen konnte. Aber sein Computer sicherte die Ergebnisse als dreistellige Zahlen, während er intern mit sechsstelligen Zahlen arbeitete. Die gespeicherten Ergebnisse waren also um einige Dezimalstellen falsch. Der konventionellen Mathematik zufolge sollten solche winzigen Abweichungen in der Eingabe auch nur zu winzigen Unterschieden bei den Ergebnissen führen. Doch als Lorenz die Rechnung mit leicht variierten Zahlen wiederholte, traf das Modell ganz andere Wettervorhersagen. Lorenz' Modell war also chaotisch – winzige Unterschiede in den Anfangsbedingungen schaukelten sich derart auf, bis sie enorme Auswirkungen auf die Vorhersage hatten. Bekannt wurde diese Vorstellung durch ein Bild, das in den Medien kursierte: Der Flügelschlag eines Schmetterlings auf einem Kontinent könne verstärkt werden und schließlich auf einem anderen Kontinent völlig anderes Wetter verursachen – daher der Name »Schmetterlingseffekt«. Doch das ist etwas zu einfach ausgedrückt: Das Verhalten chaotischer Systeme wird von seinem »Seltsamen Attraktor« angezogen und folgt zwar unvorhersehbaren, aber ähnlichen Mustern. Es ist jedoch schwierig vorherzusagen, welche Anfangsbedingungen das Gleichgewicht zerstören und welche keinerlei Auswirkung haben.

Fragt man sich nun, wie der fraktale »Seltsame Attraktor« für das Wasserrad und für das Lorenz'sche Wettermodell aussehen, stellt man fest, dass sie beide gleich aussehen: Diese Form nennt man den »Lorenz-Attraktor«.

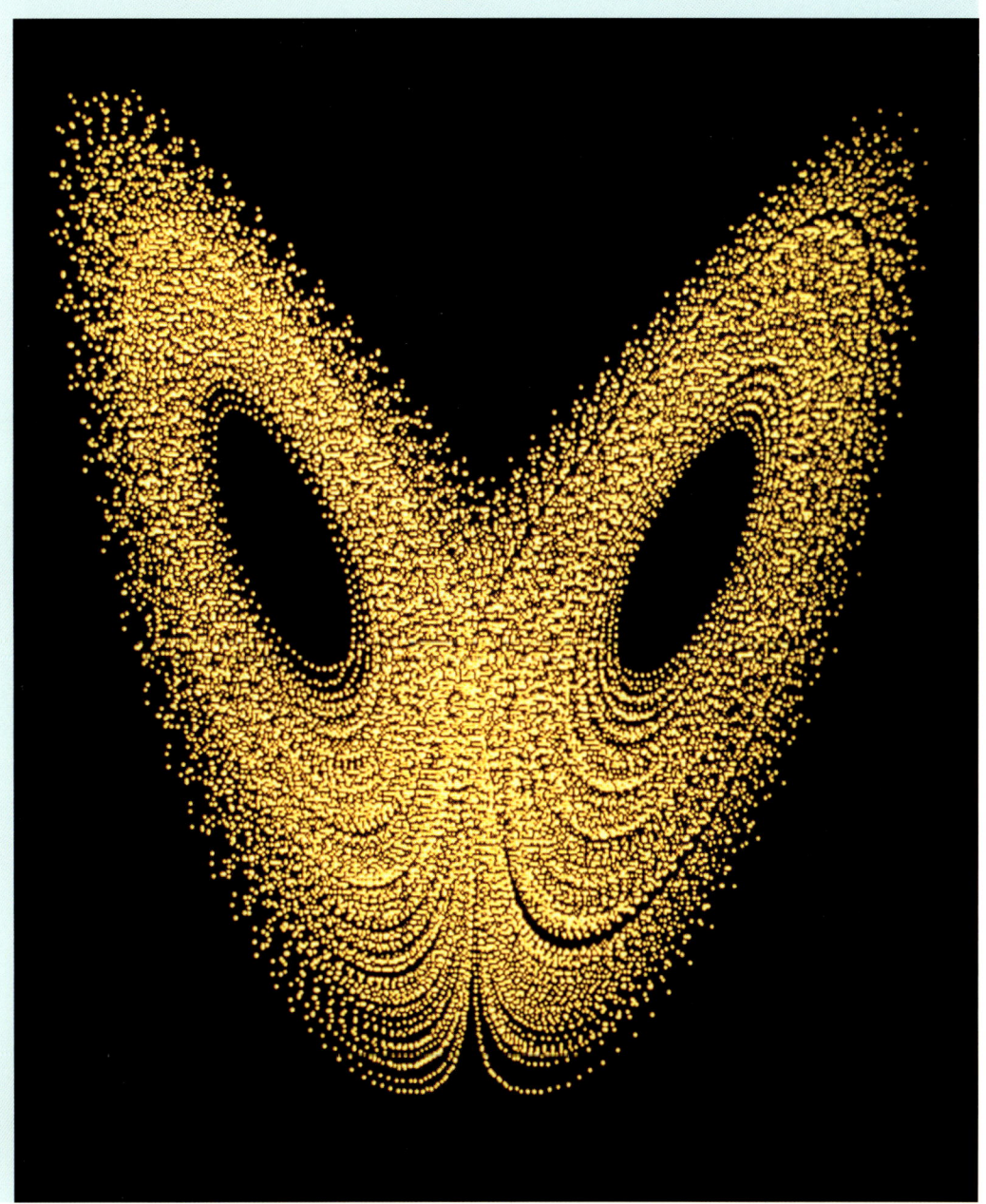

seins. Indem wir analysieren, wie und warum diese Komplexität entsteht, beginnen wir zu verstehen, wie sich andere Formen der Komplexität regeln lassen. Es gibt zahlreiche komplexe Systeme. Dazu zählen die Ausbreitung von Krankheiten und die Schwankungen der Wirtschaft ebenso wie die Dynamik von vernetzten Computern (etwa im Internet), die Vorhersagen zu Umweltveränderungen oder die Weitergabe von Wissen in unserer Kultur. Wenn wir die Zahlen verstehen, die komplexe Systeme steuern, können wir vielleicht auch verstehen, wie sich unsere Eingriffe in die Umwelt in Zukunft auswirken (und in der Vergangenheit ausgewirkt haben).

Alles ist Zahl

Die Pythagoreer glaubten mit religiösem Eifer daran, dass Zahlen im Herzen des Universums liegen. Wissenschaftler wie Einstein sagen uns mit Gleichungen wie $E = mc^2$, wie Zahlen die Basis von Zeit und Raum bilden. Doch die endgültige und eleganteste Kombination von Zahlen, die in diesem Buch vertreten sind, stammt von Euler, dem Schöpfer der modernen mathematischen Schreibweise. Seine Formel wurde charakterisiert als »die tiefsinnigste mathematische Aussage, die jemals geschrieben wurde«, oder als »unheimlich und erhaben« und »überwältigend«. Der Physiker Richard Feynman hielt sie für »die bemerkenswerteste Formel der Mathematik«. Und sie sieht folgendermaßen aus:

$$e^{i\pi} + 1 = 0$$

Eine höchst bemerkenswerte Formel

Euler entdeckte die Gleichung während einer Untersuchung von komplexen Zahlen und wandte Trigonometrie auf sie an. Damit konnte er einige merkwürdige Beziehungen aufzeigen. Wenn man beispielsweise mit i eine imaginäre Kreisbewegung darstellt, dann gilt folgende trigonometrische Beziehung:

$$e^{i\theta} = \cos \theta + i \sin \theta$$

Misst man Winkel im Bogenmaß (d. h. in Vielfachen von π statt in Grad, was die Rechnung erleichtert), kann man einen halbkreisförmigen imaginären Pfad mit einem Winkel, der exakt π entspricht, beschreiben (das entspricht 180°).

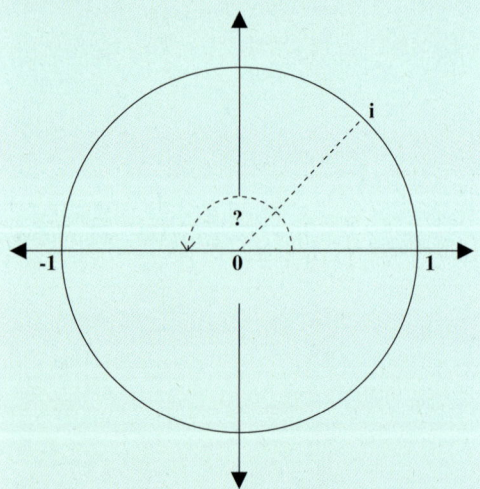

Setzen wir π für θ ein, erhalten wir ein außergewöhnliches Ergebnis:

$$e^{i\pi} = -1$$

Oder anders ausgedrückt:

$$e^{i\pi} + 1 = 0$$

Diese einfache mathematische Gleichung ist das Leuchtfeuer im Herzen der Mathematik. Sie kombiniert die Zahlen e, i, π, 1 und 0 mithilfe von Arithmetik, Analysis, Trigonometrie, komplexen und reellen Zahlen.

Eulers elegante Gleichung liefert uns eine leise Ahnung von den Zahlen, die im Weltenmuster miteinander verflochten sind. Sie sind alle Aspekte ein und derselben Sache. Vielleicht stellt sich eines Tages heraus, dass alle Fäden im Gewebe der Welt miteinander verbunden sind. Vielleicht erweisen sich alle Dinge, die wir heute als verschieden bezeichnen, einmal als Aspekte einer einzigen Wahrheit. Besteht das Weltengewebe aus nur einem Faden? Wir haben noch viel zu lernen, doch eines ist sicher: Unser Universum ist voller Muster, die wir Zahlen nennen. Solange es existiert, solange wird es auch die Zahlen geben. Alles und jeder besteht aus Zahlen, das sollte man genießen.

BIBLIOGRAFIE

Internet

The MacTutor History of Mathematics archive, School of Mathematics and Statistics, University of St Andrews Scotland: http://www-history.mcs.st-andrews.ac.uk/history/

Wikipedia: http://de.wikipedia.org/

Allgemein

G. Ifrah: *Universalgeschichte der Zahlen.* Frankfurt a. M./New York 1986.

P. J. Nahin: *An imaginary tale. The story of √–1 (the Square Root of Minus One).* Princeton 1998.

P. J. Nahin: *Dr. Euler's fabulous formula. Cures many mathematical ills.* Princeton 2006.

I. Stewart: *Die Zahlen der Natur. Mathematik als Fenster zur Welt.* Heidelberg/Berlin 1998.

D. Adams: *Per Anhalter durch die Galaxis.* München 1981.

S. King: *Der dunkle Turm, Bd. 3: Tot.* München 1992.

T. Pratchett, I. Stewart u. J. Cohen: *Die Philosophen der Rundwelt.* München 2004.

Brahmagupta

H. T. Colebrooke (Hg.): *Algebra with arithmetic and mensuration from the Sanscrit of Brahmagupta and Bhaskara.* London 1817, Neudr. Wiesbaden 1973.

G. Ifrah: *The universal history of numbers. From prehistory to the invention of the computer.* London 1998.

S. Prakash Sarasvati: *A critical study of Brahmagupta and his works. The most distinguished Indian astronomer and mathematician of the sixth century A.D.* Delhi 1986.

Bhaskara

G. G. Joseph: *The crest of the peacock.* London 1991.

K. S. Patwardhan: *S. A. Naimpally and S. L. Singh, Lilavati of Bhaskaracarya.* Delhi 2001.

Guillaume de L'Hospital

J. Peiffer: Le problème de la brachystochrone à travers les relations de Jean I. Bernoulli avec L'Hôpital et Varignon. In: *Der Ausbau des Calculus durch Leibniz und die Brüder Bernoulli.* Wiesbaden 1989, S. 59–81.

M. C. Solaeche Galera: La controversia L'Hospital–D. Bernoulli. In: *Divulgaciones matemáticas* 1 (1993), S. 99–104.

J.-P. Wurtz: La naissance du calcul différentiel et le problème du statut des infiniment petits. Leibniz et Guillaume de L'Hospital. In: *La mathématique non standard.* Paris 1989, S. 13–41.

Jakob, Johann und Daniel Bernoulli

H. Bernhardt: Die Mathematikerfamilie Bernoulli. In: *Biographien bedeutender Mathematiker.* Berlin ⁴1989, S. 227–235.

J. O. Fleckenstein: *Johann und Jakob Bernoulli.* Basel 1949.

V. A. Nikiforovskij: Die großen Mathematiker Bernoulli (russisch). Moskau 1984.

Aloysius Lilius

The Catholic Encyclopedia, Volume IX. Copyright © 1910 by Robert Appleton Company. http://www.newadvent.org/cathen/ Online Edition Copyright © 2003 by K. Knight.

Pythagoras

P. Gorman: *Pythagoras. A life.* London 1979.

T. L. Heath: *A history of Greek mathematics,* Bd. 1. Oxford 1921.

Iamblichus: *Pythagoras. Legende, Lehre, Lebensgestaltung,* hg. v. M. v. Albrecht. Zürich/Stuttgart 2007.

L. E. Navia: *Pythagoras: An annotated bibliography.* New York 1990.

D. J. O'Meara: *Pythagoras revived. Mathematics and philosophy in late antiquity.* New York 1990.

Abu'l Hasan Ahmad ibn Ibrahim Al-Uqlidisi

R. Rashed: *The development of Arabic mathematics. Between arithmetic and algebra.* London 1994.

R. Rashed: *Entre arithmétique et algèbre. Recherches sur l'histoire des mathématiques arabes.* Paris 1984.

A. S. Saidan (Übers.): *The arithmetic of al-Uqlidisi. The story of Hindu-Arabic arithmetic as told in 'Kitab al-fusul fial-hisab al-Hindi' written in Damascus in the year 341, A.D. 952/953.* Dordrecht u. a. 1978.

Araber und die befreundeten Zahlen
M. Gardner: *Mathematical Magic Show.* London 1984.

Augustinus
Aurelius Augustinus: *Vom Gottesstaat (De civitate dei),* übers. v. W. Thimme, hg. v. C. Andersen. München 2007.

Pierre de Fermat
W. W. R. Ball: *A short account of the history of mathematics.* Cambridge ⁴1908.

Leonhard Euler
C. B. Boyer: The Age of Euler. In: *A History of Mathematics.* New York u. a. 1968, S. 481–509.

R. Thiele: *Leonhard Euler.* Leipzig 1982.

Euklid von Alexandria
Euklid: *Die Elemente, Bücher I–XIII,* übers. u. hg. v. C. Thaer. Frankfurt a. M. ⁴2003.

C. B. Glavas: *The place of Euclid in ancient and modern mathematics.* Athen 1994.

G. R. Morrow (Hg.): *A commentary on the first book of Euclid's »Elements«.* Princeton 1992.

I. Mueller: *Philosophy of mathematics and deductive structure in Euclid's »Elements«.* Cambridge/London 1981.

René Descartes
D. M. Clarke: *Descartes' Philosophy of Science.* Manchester 1982.

S. Gaukroger (Hg.): *Descartes: Philosophy, Mathematics, and Physics.* Brighton 1980.

J. F. Scot: *The scientific work of René Descartes.* New York u. a.1987.

W. R. Shea: *The magic of numbers and motion. The scientific career of René Descartes.* Canton 1991.

T. Sorell: *Descartes.* Freiburg i. Brsg. u. a. 1999.

J. R. Vrooman: *René Descartes. A Biography.* New York 1970.

Eratosthenes von Kyrene
D. H. Fowler: *The mathematics of Plato's academy. A new reconstruction.* Oxford 1987.

T. L. Heath: *A History of Greek Mathematics,* 2 Bde. Oxford 1921.

Georg Cantor
J. W. Dauben: *Georg Cantor. His mathematics and philosophy of the Infinite.* Cambridge 1979.

P. E. Johnson: *A history of set theory.* Boston 1972.

W. Purkert u. H. J. Ilgauds: *Georg Cantor 1845–1918.* Basel u. a. 1987.

D. Stander: Makers of modern mathematics. Georg Cantor. In: *Bulletin of the Institute of Mathematics and its Applications* 25 (1989), S. 200/201.

Hippokrates von Chios
A. Aaboe: *Episodes from the early history of mathematics.* Washington 1964.

A. R. Amir-Moéz u. J. D. Hamilton: Hippocrates. In: *Journal of Recreational Mathematics* 7 (1974), S. 105–107.

Iamblichus: *Pythagoras. Legende, Lehre, Lebensgestaltung,* hg. v. M. v. Albrecht. Zürich/Stuttgart 2007.

Archimedes
A. Aaboe: *Episodes from the early history of mathematics.* Washington 1964.

R. S. Brumbaugh: *The philosophers of Greece.* Albany 1981.

E. J. Dijksterhuis: *Archimedes.* Kopenhagen 1956 u. Princeton 1987.

T. L. Heath: *A History of Greek Mathematics,* Bd. 2. Oxford 1921.

Platon
R. S. Brumbaugh: *Plato's mathematical imagination: The mathematical passages in the dialogues and their interpretation.* Bloomington 1954, Nachdr. New York 1968.

R. S. Brumbaugh: *The philosophers of Greece.* Albany 1981.

G. C. Field: *Die Philosophie Platons.* Stuttgart 1952.

G. C. Field: *Plato and his contemporaries: A study in fourth-century life and thought.* London 1930, Nachdr. New York 1974.

D. H. Fowler: *The mathematics of Plato's academy. A new reconstruction.* Oxford 1987.

F. Lasserre: *The birth of mathematics in the age of Plato.* London 1964.

J. Moravcsik: *Plato and Platonism. Plato's conception of appearance and reality in ontology, epistemology, and ethics, and its modern echoes.* Oxford u. a. 1992.

A. E. Taylor: *Plato. The Man and His Work.* London ⁷1969.

A. Wedberg: *Plato's Philosophy of Mathematics.* Stockholm 1955, Nachdr. Westport 1977.

Abu abd Allah Muhammad Ibn Musa al-Charismi
A. A. al'Daffa: *The Muslim contribution to mathematics.* London 1978.

J. N. Crossley: *The emergence of number.* Singapur ²1987.

S. Gandz (Hg.): *The Mishnat ha middot and the geometry of Ibn Musa Al-Khowarizmi.* Berlin 1932.

E. Grant (Hg.): *A source book in medieval science.* Cambridge 1974.

O. Neugebauer: *Vorlesungen über die Geschichte der antiken mathematischen Wissenschaften.* Berlin u. a. ²1969.

R. Rashed: *The development of Arabic mathematics. Between arithmetic and algebra.* London 1994.

F. Rosen (Übers. u. Hg.): *The algebra of Mohammed Ben-Musa.* London 1830/31, Nachdr. Frankfurt a. M. 1997.

Leonardo da Vinci
M. Clagett: *The science of mechanics in the Middle Ages.* Madison 1959.

K. Clark: *Leonardo da Vinci.* Reinbek b. Hamburg ²⁰2000.

B. Dibner: Maschinen und Waffen. In: *Leonardo der Erfinder.* Stuttgart 1981, S. 72–123.

M. Kemp: *Leonardo.* München 2005.

R. MacLanathan: *Images of the Universe: Leonardo da Vinci. The artist as scientist.* New York 1966.

L. Reti: Der Ingenieur. In: *Leonardo der Erfinder.* Stuttgart 1981, S. 124–185.

V. C. Zubov: *Leonardo da Vinci.* Cambridge 1968.

Fibonacci
J. Gies u. F. Gies: *Leonard of Pisa and the new mathematics of the Middle Ages.* New York 1969.

H. Lüneburg, *Leonardi Pisani Liber Abbaci oder Lesevergnügen eines Mathematikers.* Mannheim ²1993.

Johannes Kepler
A. Armitage: *John Kepler.* London 1966.

C. Baumgardt: *Johannes Kepler. Leben und Briefe.* Wiesbaden 1953.

J. V. Field: *Kepler's Geometrical Cosmology.* Chicago 1988.

J. Kepler: *Astronomia nova. Neue, ursächlich begründete Astronomie,* übers. v. M. Caspar., bearb. v. F. Krafft. Wiesbaden 2005.

J. Kepler: *Das Weltgeheimnis. Mysterium cosmographicum,* übers. u. eingel. v. M. Caspar. München/ Berlin 1936.

A. Koestler: *The Watershed. A Biography of Johannes Kepler.* Garden City 1960, Nachdr. Lanham 1985.

Simon Stevin
E. J. Dijksterhuis u. R. Hooykaas (Hg.): *Simon Stevin. Science in the Netherlands around 1600.* Den Haag 1970.

D. J. Struik: *The land of Stevin and Huygens.* Dordrecht/Boston 1981.

D. J. Struik (Hg.): *The principal works of Simon Stevin, Bd. 2: Mathematics.* Amsterdam 1958.

K. van Berkel: The legacy of Stevin. A chronological narrative. In: *A History of Science in The Netherlands.* Leiden 1999, S. 3–235.

Gottfried Wilhelm Leibniz
E. J. Aiton: *Gottfried Wilhelm Leibniz. Eine Biographie.* Frankfurt a. M./ Leipzig 1991.

D. Bertoloni Meli: *Equivalence and priority. Newton versus Leibniz. Including Leibniz's unpublished manuscripts on the »Principia«.* Oxford 1993.

H. Ishiguro: *Leibniz's philosophy of logic and language.* Cambridge ²1990.

D. Rutherford: *Leibniz and the rational order of nature.* Cambridge 1995.

R. S. Woolhouse (Hg.): *Leibniz. Metaphysics and philosophy of science.* London u. a. 1981.

Joseph Jacquard
J. Essinger: *Jacquard's Web. How a Hand-Loom led to the Birth of the Information Age.* Oxford 2004.

Charles Babbage
H. W. Buxton: *Memoir of the life and labours of the late Charles Babbage Esq. F. R. S.* Cambridge u. a. 1988.

B. Dotzler (Hg.): *Babbages Rechen-Automate. Ausgewählte Schriften.* Wien/New York 1996.

A. Hyman: *Charles Babbage 1791– 1871. Philosoph, Mathematiker, Computerpionier.* Stuttgart 1987.

George Boole
D. MacHale: *George Boole. His life and work.* Dublin 1985.

G. C. Smith: *The Boole – De Morgan correspondence, 1842–1864.* Oxford/ New York 1982.

Bertrand Russell
B. Russell: *Principia mathematica.* Vorw. u. Einl. v. A. N. Whitehead. Frankfurt a. M. 1986.

A. J. Ayer: *Bertrand Russell.* München 1973.

R. W. Clark: *Bertrand Russell. Philosoph – Pazifist – Politiker.* München 1984.

A. R. Garciadiego: *Bertrand Russell and the Origins of the Set-Theoretic »Paradoxes«.* Basel u. a. 1992.

F. A. Rodriguez-Consuegra: *The Mathematical Philosophy of Bertrand Russell. Origins and Development.* Basel u. a. 1991.

R. M. Sainsbury: *Russell.* London u. a. 1985.

P. A. Schilpp (Hg.): *The Philosophy of Bertrand Russell.* Chicago 1944, New York [3]1963.

J. G. Slater: *Bertrand Russell.* Bristol 1994.

Kurt Gödel
F. A. Rodriguez-Consuegra (Hg.): *Kurt Gödel. Unpublished philosophical essays.* Basel 1995.

H. Wang: *Reflections on Kurt Gödel.* Cambridge [4]1995.

P. Weingartner u. L. Schmetterer (Hg.): *Gödel remembered. Salzburg, 10–12 July 1983.* Neapel 1987.

Alan Turing
J. L. Britton, D. C. Ince u. P. T. Saunders (Hg.): *Collected works of A. M. Turing.* Amsterdam u. a. 1992.

A. Hodges: *Alan Turing. Enigma.* Wien/New York 1994.

A. Hodges: *Alan Turing. A natural philosopher.* London 1997.

S. Turing: *Alan M. Turing.* Cambridge 1959.

János (John) von Neumann
W. Aspray: *John von Neumann and the origins of modern computing.* Cambridge 1990.

S. J. Heims: *John von Neumann and Norbert Wiener. From mathematics to the technologies of life and death.* Cambridge 1980.

T. Legendi u. T. Szentivanyi (Hg.): *Leben und Werk von John von Neumann.* Mannheim 1983.

N. Macrae: *John von Neumann. Mathematik und Computerforschung, Facetten eines Genies.* Basel u. a. 1994.

W. Poundstone: *Prisoner's dilemma. John von Neumann, game theory and the puzzle of the bomb.* Oxford 1993.

N. A. Vonneuman: *John von Neumann. As seen by his brother.* Meadowbrook 1987.

Konrad Zuse
W. Mons, H. Zuse u. R. Vollmar: *Konrad Zuse.* Berlin 2007.

Claude Shannon
F. Kittler (Hg.): *Ein – Aus. Ausgewählte Schriften zur Kommunikations- und Nachrichtentheorie.* Berlin 2000.

N. J. A. Sloane u. A. D. Wyner (Hg.): *Claude Elwood Shannon. Collected papers.* New York 1993.

John Napier
D. J. Bryden: *Napier's bones. A history and instruction manual.* London 1992.

L. Gladstone-Millar: *John Napier.
Logarithm John.* Edinburgh 2003.

C. G. Knott (Hg.): *Napier Tercentenary
Memorial Volume.* London 1915.

M. Napier: *Memoirs of John Napier
of Merchiston, his lineage, life, and
times, with a history of the invention
of logarithms.* Edinburgh 1834.

Isaac Newton
Z. Bechler: *Newton's physics and the
conceptual structure of the scientific
revolution.* Dordrecht u. a. 1991.

Bertoloni Meli: *Equivalence and
priority. Newton versus Leibniz.
Including Leibniz's unpublished
manuscripts on the »Principia«.*
Oxford 1993.

D. Brewster: *Sir Isaak Newton's
Leben nebst einer Darstellung seiner
Entdeckungen.* Leipzig 1833.

S. Chandrasekhar: *Newton's
»Principia« for the common reader.*
Oxford/Now York 1995.

G. E. Christianson: *In the Presence of
the Creator. Isaac Newton and His
Times.* New York 1984.

D. Gjertsen: *The Newton Handbook.*
London 1986.

J. Gleick: *Isaac Newton.* Düsseldorf/
Zürich 2004.

A. R. Hall: *Isaac Newton. Adventurer
in Thought.* Oxford 1992, Nachdr.
Cambridge 1996.

R. S. Westfall: *Isaac Newton. Eine
Biographie.* Heidelberg u. a. 1996.

R. S. Westfall: *Never at Rest.
A Biography of Isaac Newton.*
Cambridge 1990.

August Möbius
J. Fauvel, R. Flood u. R. Wilson (Hg.):
Möbius und sein Band. Basel 1994.

Augustus de Morgan
S. E. de Morgan: *Memoir of Augustus
de Morgan with selections from his
letters.* London 1882.

Ludolph van Ceulen
D. Huylebrouck: [Ludolph] van
Ceulen's [1540-1610] tombstone.
In: *The Mathematical Intelligencer*
4 (1995), S. 60/61.

Hipparch
D. R. Dick: *The geographical fragments
of Hipparchus.* London 1960.

O. Neugebauer: *A history of ancient
mathematical astronomy.* New York
1975.

Claudius Ptolemäus
A. Aaboc: *On the tables of planetary
visibility in the Almagest and the Handy
Tables.* Kopenhagen 1960.

G. Grasshoff: *Die Geschichte des
Ptolemäischen Sternenkatalogs.*
Hamburg 1985.

R. R. Newton: *The crime of Claudius
Ptolemy.* Baltimore 1977.

G. J. Toomer (Übers.): *Ptolemy's
Almagest.* London 1984.

Galileo Galilei
T. Campanella: *A defense of Galileo,
the mathematician from Florence.*
Notre Dame 1994.

S. Drake: *Galileo.* Freiburg i. Brsg. 1999.

M. A. Finocchiaro: *Galileo and the art
of reasoning. Rhetorical foundations
of logic and scientific method.*
Dordrecht u. a. 1980.

P. Machamer (Hg.): *The Cambridge
companion to Galileo.* Cambridge 1998.

P. Redondi: *Galilei. Der Ketzer.*
München 1989.

E. Schmutzer u. W. Schütz: *Galileo
Galilei.* Thun/Frankfurt a. M. 1989.

M. Sharratt: *Galileo. Decisive Innovator.*
Cambridge 1994.

Gabriel Mouton
P. Humbert: Les astronomes français
de 1610 à 1667. In: *Bulletin de la
Société d'études scientifiques et
archéologiques de Draguignan et du
Var* 42 (1942), S. 5–72.

**Jérôme Le Français de la Lande
(Lalande)**
K. Alder: *Das Maß der Welt. Die Suche
nach dem Urmeter.* München 2003.

R. Hahn: *L'anatomie d'une institution
scientifique. L'Académie des Sciences
de Paris 1666–1803.* Brüssel 1993.

Blaise Pascal
D. Adamson: *Blaise Pascal. Mathe-
matician, physicist and thinker about
God.* Basingstoke 1995.

F. X. J. Coleman: *Neither angel nor
beast. The life and work of Blaise
Pascal.* New York 1986.

A. W. F. Edwards: *Pascal's arithmetical
triangle.* London u. a. 1987.

A. J. Krailsheimer: *Pascal*. Oxford 1980.

H. Loeffel: *Blaise Pascal 1623–1662*. Basel u. a. 1987.

Ole Rømer

K.-D. Herbst (Hg.): *Astronomie um 1700. Kommentierte Edition des Briefes von Gottfried Kirch an Olaus Römer vom 25. Oktober 1703*. Thun/Frankfurt a. M. 1999.

Roemer et la vitesse de la lumière. Table ronde du Centre national de la recherche scientifique. Paris 1978.

James Bradley

S. P. Rigaud (Hg.): *Miscellaneous Works and Correspondence of James Bradley*. Oxford 1832, Nachdr. New York 1972.

Albert Einstein

M. Beller, J. Renn u. R. S. Cohen (Hg.): *Einstein in context*. Cambridge 1993.

D. Brian: *Einstein. Sein Leben*. Weinheim 2005.

H. Dukas u. B. Hoffmann (Hg.): *Albert Einstein. The human side. New glimpses from his archives*. Princeton 1979.

J. Earman, M. Janssen u. J. D. Norton (Hg.): *The attraction of gravitation. New studies in the history of general relativity*. Boston u. a. 1993.

D. P. Gribanov: *Albert Einstein's philosophical views and the theory of relativity*. Moskau 1987.

A. J. Hey u. P. Walters: *Einstein's mirror*. Cambridge 1997.

G. J. Holton u. Y. Elkana (Hg.): *Albert Einstein. Historical and cultural perspectives*. Princeton 1982.

G. J. Holton: *Einstein. Die Geschichte und andere Leidenschaften*. Wiesbaden 1998.

D. Howard u. J. Stachel (Hg.): *Einstein and the history of general relativity*. Boston u. a. 1989.

C. Lánczos: *The Einstein decade (1905–1915)*. New York/London 1974.

M. White: *Albert Einstein. A life in science*. London 1993.

Zeno

A. Grünbaum: *Modern Science and Zeno's Paradoxes*. London 1968.

G. S. Kirk, J. E. Raven u. M. Schofield: *Die vorsokratischen Philosophen*. Stuttgart/Weimar 1994.

W. C. Salmon: *Zeno's Paradoxes*. Indianapolis 1970.

Aristoteles

J. L. Ackrill: *Aristoteles*. Berlin/New York 1985.

D. J. Allan: *Die Philosophie des Aristoteles*. Hamburg 1955.

J. Barnes: *Aristoteles*. Stuttgart 2003.

Z. Bechler: *Aristotle's theory of actuality*. Albany 1995.

W. K. C. Guthrie: *A history of Greek philosophy, Bd. 6: Aristotle, an encounter*. Cambridge 1981.

J. P. Lynch: *Aristotle's school. A Study of a Greek Educational Institution*. Berkeley 1972.

R. Sorabji: *Time, Creation, and the Continuum: Theories in Antiquity and the Early Middle Ages*. London 1983.

S. Waterlow: *Nature, Change, and Agency in Aristotle's »Physics«*. Oxford 1982.

Niccolò Fontana

S. Drake (Hg.): *Mechanics in Sixteenth-Century Italy. Selections from Tartaglia, Benedetti, Guido Ubaldo, and Galileo*. Madison 1960.

G. B. Gabrieli: *Nicolo Tartaglia. Invenzioni, disfide e sfortune*. Siena 1986.

Carl Friedrich Gauß

W. K. Bühler: *Gauß. Eine biographische Studie*. Berlin 1981.

T. Hall: *Carl Friedrich Gauss. A Biography*. Cambridge 1970.

G. M. Rassias (Hg.): *The mathematical heritage of C. F. Gauss*. Singapur 1991.

Benoît Mandelbrot

D. J. Albers u. G. L. Alexanderson (Hg.): *Mathematical People. Profiles and Interviews*. Boston 1985, S. 205–226.

P. Clark: *Presentation of Professor Benoit Mandelbrot for the Honorary Degree of Doctor of Science*. St. Andrews, 23. Juni 1999.

B. Mandelbrot: *Die fraktale Geometrie der Natur*. Basel u. a. 1991.

REGISTER

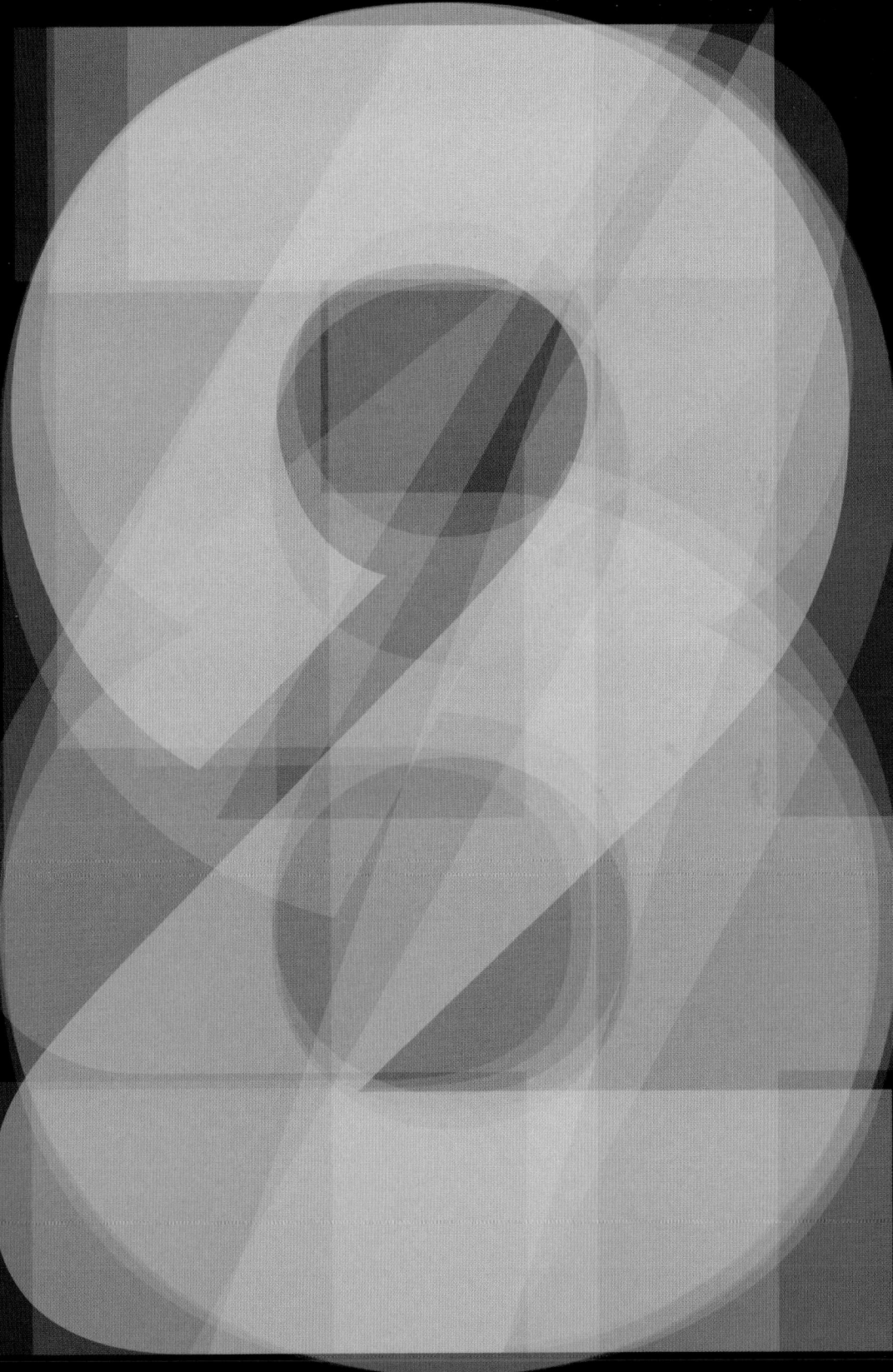

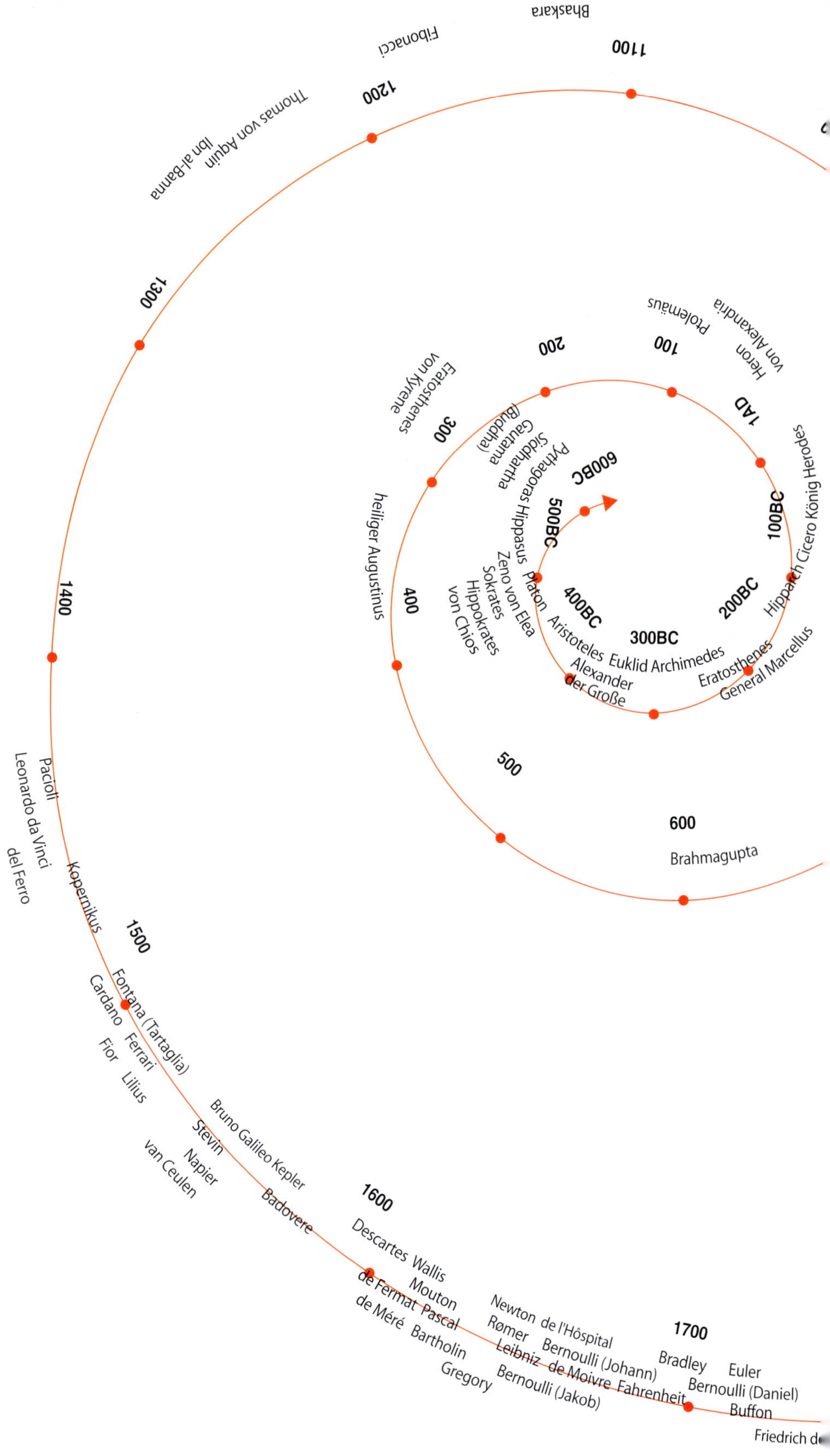

Bhaskara

Fibonacci

1100

1200

Thomas von Aquin
Ibn al-Banna

1300

Ptolemäus

Heron
von Alexandria

200

100

1AD

300

Eratosthenes

Siddhartha
(Gautama)
(Buddha)

600BC

Pythagoras Hippasus
Zeno von Elea
Sokrates
Hippokrates
von Chios

500BC

Platon

400BC

Aristoteles Euklid Archimedes

300BC

Hipparch Cicero König Herodes

100BC

200BC

Eratosthenes
General Marcellus

Alexander
der Große

heiliger Augustinus

400

500

1400

600

Brahmagupta

Pacioli
Leonardo da Vinci

del Ferro

Kopernikus

1500

Fontana (Tartaglia)
Cardano Ferrari
Fior   Lilius

Stevin
Napier
van Ceulen

Bruno Galileo Kepler

Badovere

1600

Descartes Wallis
Mouton
de Fermat Pascal
de Méré Bartholin   Leibniz de Moivre Fahrenheit
Gregory   Bernoulli (Jakob)

Newton de l'Hôspital
Rømer Bernoulli (Johann)

1700

Bradley   Euler
Bernoulli (Daniel)
Buffon

Friedrich de

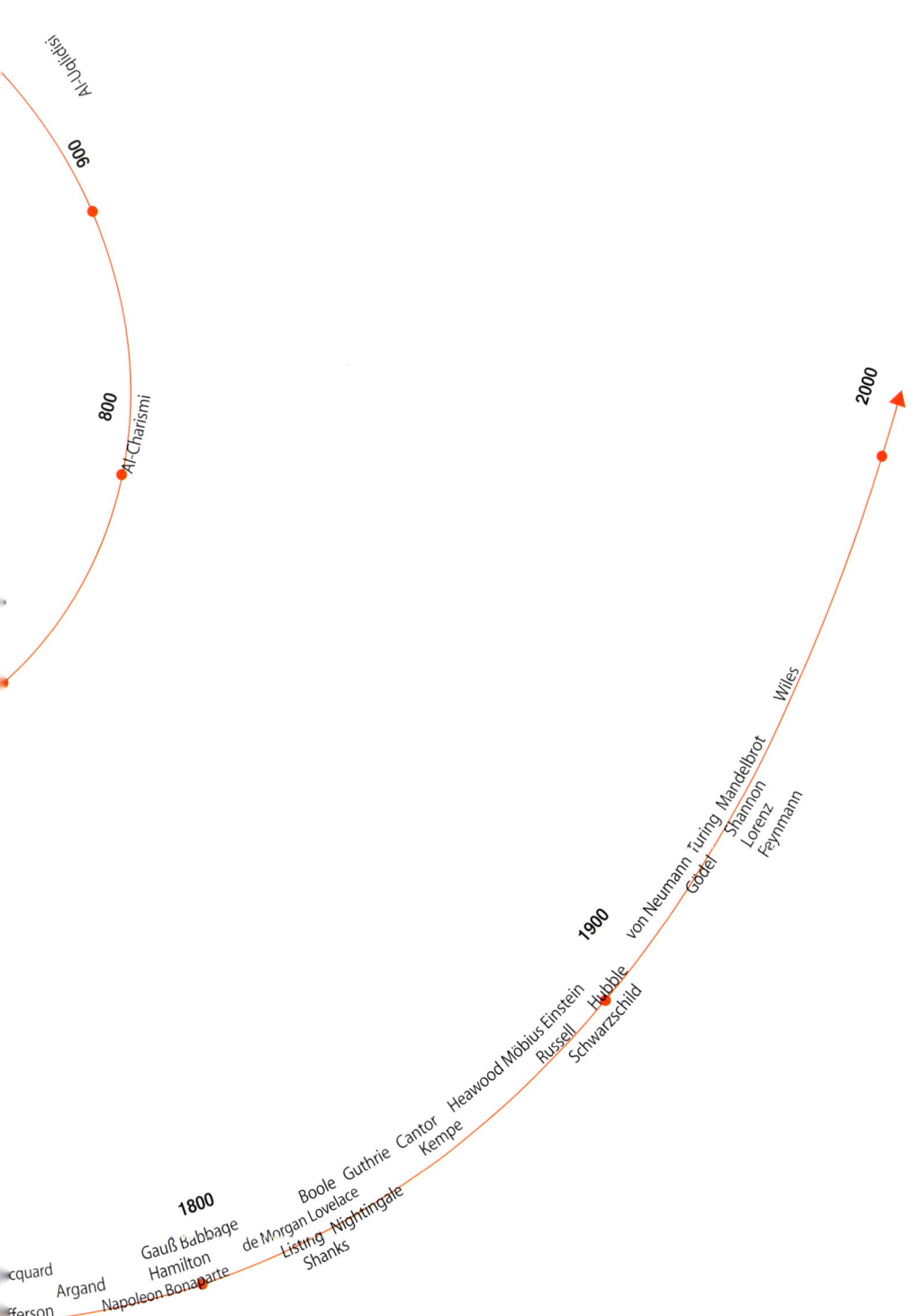

Al-Uqlidisi

900

800

Al-Charismi

2000

Wiles

von Neumann Turing Mandelbrot

Gödel Shannon

Lorenz

Feynmann

1900

Hubble

Russell

Schwarzschild

Boole Guthrie Cantor

Heawood Möbius Einstein

Kempe

1800

Gauß Babbage

de Morgan Lovelace

Hamilton

Listing Nightingale

Shanks

cquard

Argand

Napoleon Bonaparte

fferson

ZU GUTER LETZT

Wo sind die Frauen?

Zum Schluss noch eine Anmerkung für die aufmerksamen Leser, denen der Mangel an Frauen im vorliegenden Buch aufgefallen ist. Er hat nur einen einzigen Grund: die historische Genauigkeit. Es ist leider so, dass den Frauen in den Zeiten, von denen der größte Teil unserer Geschichte handelt, ein Universitätsstudium verwehrt wurde. Es ist leider auch so – und das gilt bis heute –, dass es nie so viele Mathematikerinnen und Physikerinnen gab wie Mathematiker und Physiker. Vielleicht weil Frauen eher praktische oder kulturelle Inhalte bevorzugen, vielleicht aber auch, weil das Bildungssystem eher an männlichen Bedürfnissen ausgerichtet ist. Frauen studieren sehr viel seltener mathematisch-physikalische Fächer, und sie verschreiben sich noch seltener der Forschung auf diesem Gebiet.

Natürlich gab es schon in der Vergangenheit Ausnahmen: Die Pythagoreer zählten nicht nur Jünger, sondern auch Jüngerinnen zu ihrer Sekte. Als Babbage seine ersten Computerprogramme schrieb, hatte er eine Assistentin namens Ada Lovelace. Florence Nightingale war nicht nur Krankenschwester, sondern auch Statistikerin.

Und so manche Ehefrau der hier genannten Pioniere hat weit mehr für ihren Mann getan, als ihm nur die Haushaltssorgen abzunehmen. Es gibt mittlerweile viele erfolgreiche Professorinnen. Doch die Geschichte der Zahlen wurde, zumindest in den letzten 2000 Jahren, aus derselben männlichen Sicht geschrieben, die wir z. B. aus den religiösen Texten vergangener Zeiten kennen. Wenn Sie eine Frau sind und meinen, das sei doch unfair, dann haben Sie recht. Doch ich möchte Sie ermutigen, nicht über diese Ungerechtigkeit zu klagen, sondern etwas dagegen zu tun, sodass die zukünftige Geschichte der Zahlen auch von Frauen handelt. Die Welt hat sich verändert, und in vielen Ländern werden Mädchen und Frauen bewusst gefördert, wenn sie sich Wissenschaft und Forschung verschreiben. Mit Ihrer Hilfe ist der nächste Euler vielleicht eine Leonie und der nächste Einstein eine Alberta.

BILDNACHWEIS

DANKSAGUNG

Vielen Dank an

Iain MacGregor für die Idee,

Gordon Wise fürs Geschäftliche,

Laura Price, die mir eine großartige Lektorin war,

Jenny Doubt für ihre Achtsamkeit aufs Detail,

Greg Laabs für seine Statistik von der Website zur
Auswahl von Zufallszahlen,

Mark Hammonds für seine Originalabbildungen
und die Gestaltung,

Jools Greensmith fürs Korrekturlesen und
ihre Begeisterung,

die University of St Andrews für ihre unschlagbaren
Forschungsarbeiten zur Geschichte der Mathematik,

alle beim Verlag Cassell Illustrated für die Hilfe bei
der Herstellung eines solch schönen Buchs und die
Ermutigung an Sie, meine wissbegierigen Leser,
es auch zu genießen.

Schließlich möchte ich noch (wie immer) dem grau-
samen und ungerichteten, doch erstaunlich kreativen
Evolutionsprozess danken, der mir die Inspiration
für mein ganzes Werk gegeben hat. Möge es noch
lange so bleiben.